図解 空母

F FILES No.045

野神明人／坂本雅之 著

新紀元社

はじめに

　「空母艦載機乗り」という言葉には、比類なき魅力が詰まっています。大空を自在に飛び回るパイロットという姿と、大海原を行くシーマンとしての姿が、二重に込められているからです。空と海にまたがる広大な世界に君臨することを託された特別な存在が、彼らなのですから。

　20世紀最大の発明品ともいえる航空機の登場は、新たな交通手段というだけではなく、軍事の世界にも大きな変革をもたらしました。その航空機を海上で運用するために空母が誕生したのは、わずか100年前のことです。

　そして70余年前に、日本海軍機動部隊の真珠湾攻撃での活躍が全世界を驚愕させ、それまで軍事パワーの象徴であった巨大戦艦を過去の遺物に追いやりました。以来、第二次大戦から現在に至るまで、空母という新しい軍艦は、世界の軍事力を象徴するスーパーパワーとして君臨しています。

　現代の国際社会においても、巨大な空母の存在は特別な意味を持っています。ここ20年を振り返っても、ペルシャ湾、アフガニスタン、そしてイラクと、世界史に刻まれた大きな戦場にはアメリカのスーパーキャリアの姿がありました。「空母が派遣された」というニュースは、そこに国際的な大きな事件が起きていることを、人々に強く実感させるのです。

　我々日本人にとっては、空母は特別な存在です。空母という武器の威力を見出し、その真価を決定的なものに育て上げたのは、他ならぬ日本なのです。また、現代の世界秩序の一端を担うアメリカスーパーキャリアの、唯一の国外にある母港は日本の横須賀にあります。その圧倒的な雄姿を間近に見て感銘を受けた人もいるかもしれません。

　空母には、軍事技術の粋を集めた様々なものが、ギッシリと詰まっています。しかし同時に、それを操るために日々訓練を重ねているパイロットやクルーたちの、ストイックながらも人間くさい営みにも出会うことができます。そんな空母が抱く魅力や面白さの一部分でも、この本を手に取っていただいた読者諸氏にお伝えできたら幸いです。

著者

目次

第1章 空母発達の歴史と空母の種類　7

- No.001 空母の定義とは？ ── 8
- No.002 空母の元祖は？　誕生に至る歴史 ── 10
- No.003 第二次大戦前までの空母の発達 ── 12
- No.004 空母が主役に躍り出た第二次大戦 ── 14
- No.005 戦後のジェット機時代の空母 ── 16
- No.006 空母の種類分け1　大きさによる分類 ── 18
- No.007 空母の種類分け2　成り立ちと任務による分類 ── 20
- No.008 空母の種類分け3　発着艦方式による分類 ── 22
- No.009 空母の役割 ── 24
- No.010 軍艦や商船を元にした改造空母 ── 26
- No.011 縁の下の力持ち、護衛空母 ── 28
- No.012 太平洋の消耗戦を支えた空母 ── 30
- No.013 空母の概念を変えた原子力空母 ── 32
- No.014 V/STOL機が生み出した現代の軽空母 ── 34
- No.015 対潜空母と対潜ヘリ空母 ── 36
- No.016 戦後の空母1　アメリカ ── 38
- No.017 戦後の空母2　NATO諸国 ── 40
- No.018 戦後の空母3　その他の国々 ── 42
- No.019 空母から生まれた強襲揚陸艦 ── 44
- No.020 なぜ空母を持てる国は限られるのか？ ── 46
- No.021 もうすぐ登場、近未来の空母 ── 48
- No.022 トンデモ空母も考えられた ── 50
- コラム　潜水空母　伊－400型 ── 52

第2章 空母の構造と機能性　53

- No.023 空母黎明期の飛行甲板の発達 ── 54
- No.024 飛行甲板の材質は？ ── 56
- No.025 飛行甲板の革新、アングルド・デッキ ── 58
- No.026 迷走した煙突の配置と工夫 ── 60
- No.027 航空機発艦の補助装置 ── 62
- No.028 カタパルトの発達史 ── 64
- No.029 大戦時の発艦手順 ── 66
- No.030 現代の空母の発艦手順 ── 68
- No.031 着艦制動装置 ── 70
- No.032 着艦の誘導と手順 ── 72
- No.033 着艦時の最後の砦 ── 74
- No.034 夜間の発着艦作業 ── 76
- No.035 甲板で働く支援車両 ── 78
- No.036 エレベーター ── 80
- No.037 設計思想で違った艦首と格納庫の構造 ── 82
- No.038 艦載機はどのように積載されるか ── 84
- No.039 艦載機の整備や修理はどうするか？ ── 86
- No.040 艦載機に搭載する武器の扱いは？ ── 88
- No.041 艦橋の機能 ── 90
- No.042 戦闘時の頭脳中枢は？ ── 92
- No.043 空母の目 ── 94
- No.044 艦を動かす動力1　通常動力 ── 96
- No.045 艦を動かす動力2　原子力 ── 98
- No.046 固定武装1　対空兵器 ── 100
- No.047 固定武装2　対艦兵器 ── 102
- No.048 空母のウィークポイントとは？ ── 104
- No.049 空母のダメージコントロール ── 106
- No.050 空母への補給 ── 108
- No.051 巨大な収容力 ── 110
- No.052 空母の建造 ── 112
- No.053 空母の整備とローテーション ── 114
- No.054 退役した空母の行く末は？ ── 116
- No.055 空母の乗員構成 ── 118
- No.056 空母の指揮系統は？ ── 120
- No.057 クルーの居住環境 ── 122
- No.058 巨大空母の食事事情 ── 124
- No.059 空母に備わる医療設備 ── 126
- No.060 空母は移動する大きな街 ── 128
- コラム　スーパーキャリア乗組員の過酷な生活サイクル ── 130

目次

第3章　艦載機　131

- No.061　艦載機と陸上機の違い — 132
- No.062　初期の艦載機 — 134
- No.063　第二次大戦時の艦上攻撃機 136
- No.064　第二次大戦時の艦上爆撃機 138
- No.065　第二次大戦時の艦上戦闘機 140
- No.066　ジェット機時代の艦上攻撃機 142
- No.067　ジェット機時代の艦上戦闘機 144
- No.068　空母に変革をもたらしたV/STOL機 146
- No.069　現代の主力、マルチロール艦載機 148
- No.070　艦上偵察機 — 150
- No.071　早期警戒機 — 152
- No.072　艦上電子戦機 — 154
- No.073　艦上対潜哨戒機 — 156
- No.074　艦上輸送機・救難機 — 158
- コラム　空母から大型機は発艦できるのか？ 160

第4章　空母のミッションと運用　161

- No.075　創始期に課された空母の役割 162
- No.076　空母は動く航空基地？ — 164
- No.077　空母を中心とした艦隊編成 166
- No.078　空母の天敵は？ — 168
- No.079　空母を守る艦隊陣形 — 170
- No.080　空母を守る戦闘機 — 172
- No.081　空母を守れ！　対空ミッション 174
- No.082　空母を守れ！　対潜ミッション 176
- No.083　第二次大戦時の空母航空部隊編成 178
- No.084　機動部隊による空母の集中運用 180
- No.085　第二次大戦時の対艦攻撃ミッション 182
- No.086　第二次大戦時の空母対空の攻撃ミッション 184
- No.087　敵艦隊を発見せよ！ — 186
- No.088　真珠湾攻撃 — 188
- No.089　ミッドウェー海戦 — 190
- No.090　マリアナ沖海戦 — 192
- No.091　九州沖の大和迎撃戦 — 194
- No.092　第二次大戦時の対地攻撃ミッション 196
- No.093　第二次大戦時の船団護衛ミッション 198
- No.094　現代の空母航空団編成 200
- No.095　現代の対地攻撃ミッション 202
- No.096　現代の対艦攻撃ミッション 204
- No.097　現代の制空ミッション — 206
- No.098　シーレーン防衛と砲艦外交 208
- No.099　空母による核攻撃 — 210
- No.100　全世界を網羅する米海軍 — 212
- No.101　各国が空母に求める役割1　NATO諸国 214
- No.102　各国が空母に求める役割2　その他 216
- No.103　冷戦期の空母の役割 — 218
- No.104　フォークランド戦争での空母の役割 220
- No.105　湾岸戦争での空母の役割 — 222
- No.106　アフガニスタン戦争、イラク戦争での空母の役割 224
- コラム　「トモダチ作戦」(Operation Tomdachi)とアメリカ空母 226

索引 — 227
参考文献 — 238

第1章
空母発達の歴史と空母の種類

No.001
空母の定義とは？

20世紀の初頭に航空機を搭載して運用するための軍艦として登場した空母。空母と呼ぶためには、いくつかの条件がある。

●航空機が発着艦できる軍艦

　空母は、正式にいえば航空母艦であり、英語でいえばAircraft Carrierと称される軍艦だ。**艦種記号**はCVで表される。航空機を搭載して運用し、それを主な武器としている。

　空母は軍艦の中では比較的新しい艦種だ。イギリスで建造中の高速客船を改造した「アーガス」が世界初の空母として就役したのが、1918年のことで、その歴史は100年に満たない。もっとも航空機にしても、ライト兄弟が初飛行に成行した1903年を起源としているわけだから、そのわずか15年後には空母が誕生したことになる。以来、空母は主な武器となる航空機の進化と歩みを同じくして、今日まで目覚ましい発展を続けてきた。第二次大戦時には、戦艦から海洋戦力の主力艦の座を奪い取り、今や絶対的な軍事力の象徴として世界の海に君臨しているのだ。

　ところで、航空機を積んでいる軍艦が、すべて空母と呼べるわけではない。空母の定義には航空機を積載する以外に3つの条件がある。まず1つ目は、航空機が滑走できる長さの平らな飛行甲板を備えていること。2つ目が、滑走路から離陸する普通の航空機が飛行甲板から発艦できること、そして3つ目が、その普通の航空機が飛行甲板に着艦できることだ。この3つの機能が備わっていないと空母と呼ぶことはできない。

　第二次大戦時の一部の戦艦や巡洋艦などのように、水上機を火薬式カタパルトで射出できる軍艦もあるが、飛行甲板がなく艦上に着艦させることができないため、空母ではない。また戦後に普及した回転翼機（ヘリコプター）を運用できる軍艦も現在では多いが、これもヘリ搭載艦、もしくはヘリ空母として区別されている。あくまでも普通の航空機を艦上の飛行甲板から発着艦できることが、空母と呼ぶための定義だ。

空母は航空機を主な武器としている軍艦

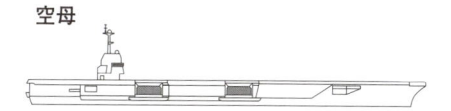

空母

● **航空機が主な武器**
大型艦に航空機を搭載して運用し、航空機が持つ戦闘力を主要な戦力として、離れた相手を攻撃する。

戦艦・巡洋艦など

● **艦載砲が主な武器**
大口径の艦載砲を最大の武器として攻撃する大型艦。最近ではミサイルを主な武器とする場合もある。

駆逐艦、魚雷艇、ミサイル艇など

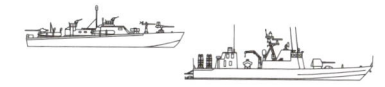

● **魚雷やミサイルが主兵装**
比較的小型の艦艇に積んだ魚雷やミサイルを主な武器として攻撃する。速度や小回りのよさが強み。

空母と呼ばれるための条件とは?

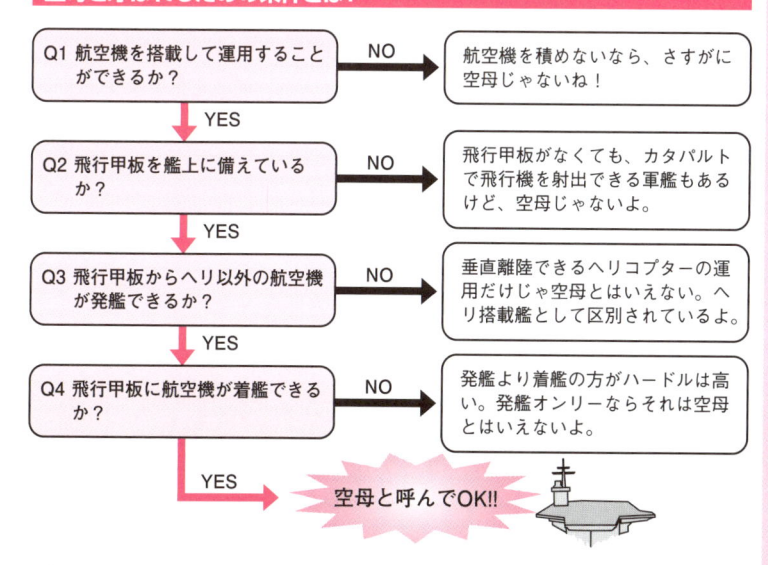

Q1 航空機を搭載して運用することができるか? → NO → 航空機を積めないなら、さすがに空母じゃないね!

↓ YES

Q2 飛行甲板を艦上に備えているか? → NO → 飛行甲板がなくても、カタパルトで飛行機を射出できる軍艦もあるけど、空母じゃないよ。

↓ YES

Q3 飛行甲板からヘリ以外の航空機が発艦できるか? → NO → 垂直離陸できるヘリコプターの運用だけじゃ空母とはいえない。ヘリ搭載艦として区別されているよ。

↓ YES

Q4 飛行甲板に航空機が着艦できるか? → NO → 発艦より着艦の方がハードルは高い。発艦オンリーならそれは空母とはいえないよ。

↓ YES

空母と呼んでOK!!

用語解説

● **艦種記号** → 海軍において軍艦の種類によって付けられるアルファベット2文字から4文字の記号。主に米海軍で使われている記号が世界標準になっている。ちなみに空母の艦種記号はCVだが、戦艦はBB、重巡洋艦はCA、軽巡洋艦はCL、駆逐艦はDD、潜水艦はSSとなる。

No.001 第1章 ● 空母発達の歴史と空母の種類

No.002
空母の元祖は？ 誕生に至る歴史

20世紀の前半、航空機が発明されてまもなく軍艦で航空機を運用する試みが始まった。それは空母という新しい艦種を誕生させた。

●水上機母艦から始まり、ついに空母が誕生した

1903年に誕生してから、戦場を変える新兵器として瞬く間に発展していった航空機。海軍でも注目度は高く、1910年にはアメリカの飛行家ユージン・イーライによって、仮設の滑走台を設けた軽巡洋艦「バーミンガム」から、カーチス陸上複葉機を発艦させることに成功している。

一方でフロートを備えた**水上機**による実験も進んだ。1911年にはグレン・カーチスが試作した水上機が、軍艦のそばの海面に着水。さらにデリック（クレーンの一種）で艦上に上げてから再び降ろされ、離水に成功した。

空母につながる艦船では、水上機を運用する水上機母艦が元祖。1912年にフランス海軍が、水雷艇母艦「フードル」に水上機を積めるように改装したのが始まりだ。その後、日本、イギリス、アメリカなどで相次いで水上機母艦が就役している。1913年に輸送艦から改造された日本海軍の「若宮」は、4機のモーリス・ファルマン水上機を搭載して、翌1914年に第一次大戦の青島攻略戦に参加。これが世界初の水上機母艦の実戦参加とされている。当時はまだデリックで海面に水上機を降ろしていたが、後には火薬式カタパルトを装備し、艦上から直接射出できる水上機母艦も登場した。

同時に、**陸上機**を軍艦に搭載し運用する試みも、熱心に進められた。当時、その開発をリードしていたのはイギリス海軍で、1917年には実験的に陸上機を搭載した軽巡洋艦「ヤーマス」が実戦参加し、ドイツの飛行船を撃墜する戦果を上げている。ただし空戦後には機体を水面に不時着させて、搭乗員のみを回収した。この戦果をきっかけに、イギリス海軍は多くの大型艦艇に航空機を搭載して成果を上げたが、航空機は使い捨てだった。

そして1917年には、未完成の巡洋艦「フューリアス」を改造し、格納庫やエレベーター、飛行甲板を備えた航空機運用艦を誕生させたのだ。

空母に先駆けて登場した水上機母艦

水上機母艦「若宮」

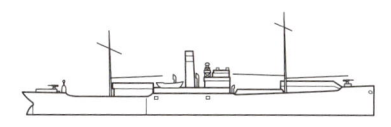

基準排水量：5,180t
全長：111.25m
搭載機数：4機
最大速力：10ノット

実戦に参加した初めての水上機母艦。

火薬式カタパルトに載った水上機
（1930年以後）

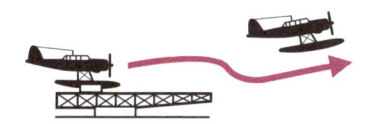

- 70馬力エンジン
- 複葉の主翼
- 車輪の代わりにフロート

若宮に搭載された
モーリス・ファルマン水上機

列強の海軍が競った陸上機の軍艦搭載実験

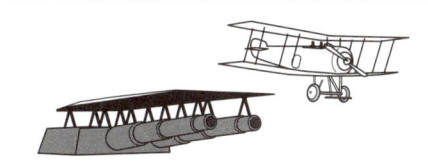

●軍艦からの陸上機発艦実験

日本の戦艦「山城」の砲塔上に設けた滑走台からの発艦実験。海面ギリギリまで落ちてなんとか上昇した。

「フューリアス」（第2次改装時）

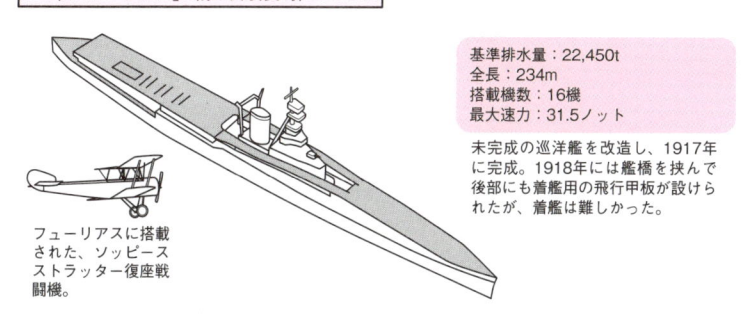

基準排水量：22,450t
全長：234m
搭載機数：16機
最大速力：31.5ノット

未完成の巡洋艦を改造し、1917年に完成。1918年には艦橋を挟んで後部にも着艦用の飛行甲板が設けられたが、着艦は難しかった。

フューリアスに搭載された、ソッピース ストラッター復座戦闘機。

用語解説

- ●**水上機**→フロート（浮舟）を装備して、水面を滑走して離水し、水面に着水できる機能を備えた航空機。機体そのものが船型の浮航構造を持つ飛行艇も、水上機の一種だ。
- ●**陸上機**→車輪で陸上を滑走して離陸・着陸する航空機。水上機に対して生まれた言葉。

No.002 第1章●空母発達の歴史と空母の種類

No.003
第二次大戦前までの空母の発達

新時代の兵器として登場し、3大海軍国によって競うように建造が進められた空母。しかしその建造は2回の軍縮条約で制限が付けられた。

●3大海軍国が競った空母の建造

　1917年にイギリス海軍は、巡洋艦に飛行甲板を付けた「フューリアス」を誕生させた。続く1918年には建造中の高速客船を改造して、**全通甲板**を備えた「アーガス」を完成し、これが航空機の着艦が可能な世界初の空母となった。さらに建造中の戦艦を改造した「イーグル」、最初から空母として設計・建造された小型空母「ハーミーズ」と、次々に空母を就役させていった。ただし「ハーミーズ」は**起工**こそ早かったものの、**竣工**が1924年と遅れ、世界初の専用設計された空母の座を日本の「鳳翔(ほうしょう)」に譲った。

　1922年に空母「鳳翔」を誕生させた日本海軍も、積極的に建造に取り組んだ。しかし1922年のワシントン軍縮条約では、1万t以上の空母を対象に保有する艦の合計トン数を、英：米：日で10：10：6と制限をかけられた。また1930年のロンドン軍縮会議では、1万t以下の空母についても制限がかけられてしまった。それでも、巡洋戦艦改造の「赤城(あかぎ)」、戦艦改造の「加賀(かが)」、そして実用的な中型空母として建造された「蒼龍(そうりゅう)」型、大型空母として建造された「翔鶴(しょうかく)」型などを誕生させ、空母大国へと変貌していく。

　もう1つの海軍大国アメリカは、1921年に石炭補給艦を改造した「ラングレイ」を**就役**させた。こちらも軍縮条約に縛られながらも、巡洋戦艦改造の大型空母「レキシントン」級、小型空母「レンジャー」、中型だが搭載機数は大型並みの「ヨークタウン」級などを次々と就役させていく。

　その他の国々では、フランス海軍が戦艦改造空母「ベアルン」を就役させたのが唯一。まさに英米日の3大海軍国が空母建造を競いながら、急速に空母の歴史を作り上げたのだ。もっともこの時点では、海戦の主力は巨大な艦載砲を武器とする戦艦だと考えられていた。そして世界は1939年9月の第二次大戦開戦を経て1941年12月の太平洋戦争開戦へと突入していく。

創始期から第二次大戦までの空母の進化

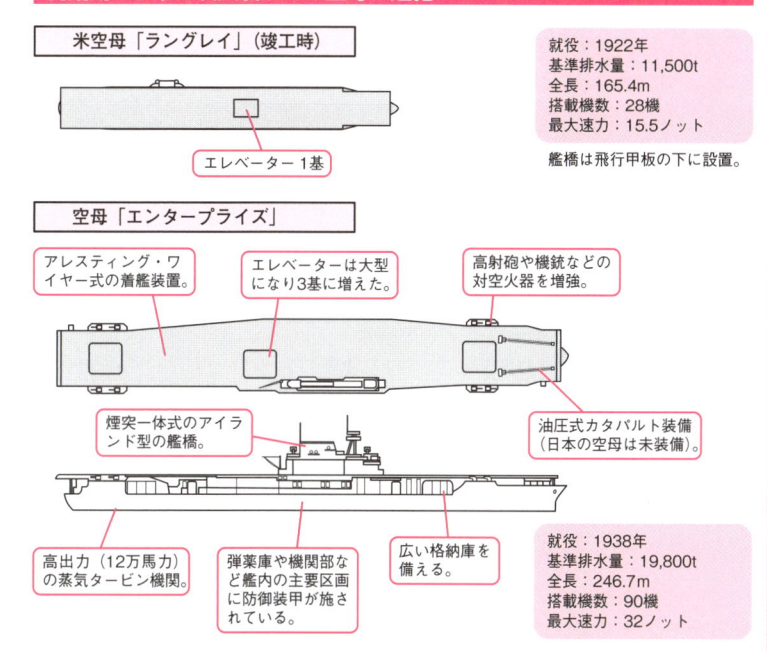

米空母「ラングレイ」(竣工時)

エレベーター1基

就役:1922年
基準排水量:11,500t
全長:165.4m
搭載機数:28機
最大速力:15.5ノット

艦橋は飛行甲板の下に設置。

空母「エンタープライズ」

- アレスティング・ワイヤー式の着艦装置。
- エレベーターは大型になり3基に増えた。
- 高射砲や機銃などの対空火器を増強。
- 煙突一体式のアイランド型の艦橋。
- 油圧式カタパルト装備(日本の空母は未装備)。
- 高出力(12万馬力)の蒸気タービン機関。
- 弾薬庫や機関部など艦内の主要区画に防御装甲が施されている。
- 広い格納庫を備える。

就役:1938年
基準排水量:19,800t
全長:246.7m
搭載機数:90機
最大速力:32ノット

●1941年12月(太平洋戦争開戦時)に就役していた各国の空母

国名/隻数	空母名(基準排水量)
イギリス/8隻	アーガス(14,450t)、ハーミーズ(10,850t)、イーグル(22,600t)、フューリアス(22,450t=2度目の改装で空母に)、イラストリアス(23,000t)、ヴィクトリアス(23,000t)、フォーミダブル(23,000t)、インドミダブル(23,000t) ※カレイジャスとグロリアスは、ドイツ軍の攻撃によりすでに戦没。
アメリカ/8隻	レキシントン(33,000t)、サラトガ(33,000t)、レンジャー(14,500t)、ヨークタウン(19,800t)、エンタープライズ(19,800t)、ホーネット(19,800t)、ワスプ(14,700t)、ロング・アイランド(7,800t) ※ラングレイは水上機母艦に改造され、1937年に空母から除外されている。
日本/10隻	鳳翔(7,470t)、赤城(26,900t)、加賀(26,900t)、龍驤(10,600t)、蒼龍(15,900t)、飛龍(17,300t)、瑞鳳(11,200t)翔鶴(25,675t)、瑞鶴(25,675t)、大鷹(17,830t)
フランス/1隻	ベアルン(22,146t)

用語解説
- ●**全通甲板**→艦の前から後ろまでつながった平な甲板(No.023参照)。
- ●**起工**→軍艦の建造を実際に始めること。着工ともいう。
- ●**竣工**→進水を経て艤装(様々な装備を調えること)を終え、軍艦が完成すること。
- ●**就役**→軍に引き渡され軍籍を得て、艦が任務に就くこと。

No.004
空母が主役に躍り出た第二次大戦

日本とアメリカの主戦場となった太平洋と、イギリスとドイツが主役となった大西洋では、空母の運用方法や活躍のしかたは大きく違っていた。

●国力に勝るアメリカは、大量の空母を建造して圧倒した

　第二次大戦が始まると、空母は目覚ましい活躍を見せた。日本の空母6隻によるハワイ真珠湾攻撃で幕を開けた太平洋での戦いでは、初戦から空母艦載機による攻撃が、それまで主役であった戦艦を圧倒した。さらに日米の空母艦隊が真っ向から激突したミッドウェー海戦では、すでに戦力の中心は空母と空母航空部隊であり、戦艦や巡洋艦などは、空母の護衛任務や陽動などを行う別働隊として使われるようになっていった。

　日米両国とも、開戦前から新空母の建造を進めていた。国力に勝るアメリカは、搭載機数90機以上を誇る大型空母「エセックス」級を1942年末から続々就役させ、その数は終戦までに17隻にも及んだ。さらに軽巡洋艦を改造した小型の軽空母「インディペンデンス」級も、9隻就役させた。

　対する日本海軍も懸命に空母戦力の拡充に励んだが、大戦中に完成させた「エセックス」に比類する大型空母は、「大鳳」と「信濃」の2隻のみ。その他は中型空母「雲龍」型が3隻、水上機母艦や潜水母艦を改造した改造空母が5隻、商船からの改造空母が6隻の、計16隻がすべてだった。しかも大戦末期には空母に載せる航空機も不足し、空母本来の戦力が失われていたのが実情だった。

　一方で大西洋の戦いでは、ドイツの潜水艦Uボートから輸送船団を守る護衛部隊の主力として、小型の護衛空母が真価を発揮した。アメリカは基準排水量6,730tから12,000tの護衛空母を、終戦までに90隻以上も就役させ、その一部はイギリスに貸与した。また大戦後期には太平洋戦線にも大量投入している。イギリスは大型空母2隻の他、軽空母6隻、護衛空母7隻、MACシップと呼ばれた商船改造小型空母18隻を完成させた。一方でドイツとイタリアはそれぞれ空母を建造したが、未完成のまま終戦を迎えている。

太平洋と大西洋での空母の役割の違い

●太平洋戦線における空母の主な役割

主要な戦場は太平洋〜インド洋の島嶼部周辺。強大な海軍を持つ、アメリカ&イギリスvs.日本の戦いは、初戦から空母が活躍。

↓

島嶼部を確保するためには制海権確保が不可欠。

↓

制海権を得るために海軍の主力が直接激突。ときには空母同士の直接対決も行われた。

↓

空母に搭載された艦載機による攻撃が有利。

↓

艦載機を多く積み、高速で迅速な艦隊行動が可能な、大型の空母が戦場の主力。

●大西洋戦線における空母の主な役割

主要な戦場はヨーロッパやアフリカの陸上戦。西部戦線では、海軍国イギリスvs.陸軍国ドイツ。アメリカは途中から参戦。

↓

アメリカからイギリスへ大量の物資を供給。

↓

ドイツはUボートや陸上機を使って輸送船団を攻撃し、徹底した通商破壊戦で対抗。

↓

輸送船団を護衛するために空母を活用。

↓

対潜哨戒機や船団上空の直掩機を、ある程度積める小型の護衛空母を大量に投入。

第二次大戦中に就役した主な空母

1942年から終戦の間に就役した主な空母（基準排水量）※護衛空母は除く	
アメリカ/26隻	エセックス級（27,100t 第二次大戦中に就役＝17隻） インディペンデンス級（11,476t 軽巡洋艦改造 第二次大戦中に就役＝9隻）
日本/16隻	大鳳（29,300t）、雲龍/天城/葛城（17,150t）、信濃（62,000t 戦艦改造）、隼鷹/飛鷹（24,140t 商船改造）、祥鳳/瑞鳳（11,200t 潜水母艦改造）、龍鳳（13,360t 潜水母艦改造）、千代田/千歳（11,190t 水上機母艦改造）、雲鷹/冲鷹（17,830t 商船改造）、海鷹（13,600t 商船改造）、神鷹（17,500t 商船改造）
イギリス/8隻	インプラカブル/インディファティガブル（23,450t）、ユニコーン（14,750t）、コロッサス級（13,190t 第二次大戦中に就役＝5隻）
ドイツ	（未完成）グラーフ・ツェッペリン（28,000t ヒットラーの命令で放棄）
イタリア	（未完成）アキーラ（23,000t 完成前に自沈を余儀なくされる）

豆知識

- ●級と型→同型艦がある場合は1番艦をネームシップにして「○○」級や「○○」型と呼ぶ。厳密には「級」は「Class」、「型」は「Type」で異なるが、主に欧米では「級（Class）」を、日本では「型（Type）」を使うことが通例のため、本書でもそれに準じている。

No.005
戦後のジェット機時代の空母

艦載機がジェット化して高性能になると同時に、空母は大型化の一途をたどった。しかし一方で、一時は廃れた軽空母も復活した。

●ジェット機の登場で空母は大型化した

　第二次大戦が終わると、航空機はジェット機の時代に突入する。それにともない艦載機にもジェット化の波が押し寄せた。ジェット機はそれまでのレシプロ機に比べ機体そのものが大きく重くなり、発艦に必要な速度や着艦時の進入速度もより速くなった。そのため船体の大型化が図られた。

　空母大国となったアメリカでは、戦後に就役した「ミッドウェー」級(満載排水量：60,000〜74,000t)に続いて、「フォレスタル」級(満載排水量：79,250〜81,163t)、「キティ・ホーク」級(満載排水量：82,538〜83,573t)と大型化。従来の空母の概念を超えるスーパーキャリアと呼ばれた。また重くなった航空機を発艦させるためにパワーのある**蒸気カタパルト**を備え、効率的な発着艦を可能にした**アングルド・デッキ**が採用されるなど、技術的なブレークスルーがなされた。ちなみに蒸気カタパルトとアングルド・デッキのいずれも、発明したのはイギリスだ。

　さらに原子炉を動力とした原子力空母「エンタープライズ」(満載排水量：93,284t)が登場。やがて「ニミッツ」級(満載排水量：91,487〜103,637t)へと進化した。またフランスも、独自の原子力空母「シャルル・ド・ゴール」(満載排水量：42,500t)を就役させている。

　一方で小型の軽空母は、ジェット機の運用が難しくなり姿を消した。大戦時には大型と呼ばれた空母でさえ、対潜空母や揚陸艦へ転用されたり、第三国に供与売却されたのだ。しかし短距離離陸／垂直着陸が可能な戦闘攻撃機ハリアーが実用化され、発艦を助ける**スキージャンプ台**の発明もあり、30,000t未満の軽空母が復活。蒸気カタパルトの代わりにスキージャンプ台を備える中型空母も登場した。こういった小型〜中型の空母は、アメリカ以外のいくつかの国々で、海軍力の象徴的存在として活躍している。

航空機のジェット化によって空母は大型化した

START!
ジェットエンジンの艦載機が主力となる。

↓

- 機体のサイズが大きくなり、重量も重くなる。発艦に必要な速度がUP。
- 武器や燃料の搭載量が増加（大戦時の重爆撃機並み）。離陸重量がさらに重くなる。

↓

| 発艦と着艦の効率がよく大型機にも対応した広大なアングルド・デッキの登場。 | よりパワーがある大がかりな蒸気カタパルトが登場。 | 大きなエレベーターが必要。 | より広い格納庫や武器庫、搭載機用燃料タンクが必要。 |

↓

GOAL!
空母の大型化!!

現在の空母保有国 （保有隻数/建造中） ※2014年5月現在

	アメリカ	イギリス	フランス	イタリア	スペイン	ロシア	ブラジル	インド	タイ	中国
大型空母	10									
建造中	1									
中型空母			1			1	1			1
建造中		2	1?					2		1?
軽空母		1		2	1*1			1	1	
建造中										

*1：軽空母機能を備えた強襲揚陸艦1隻。
*2：現在は保有していないが、過去に空母を保有したことがある国は、オーストラリア、カナダ、オランダ、アルゼンチン、日本。

用語解説

- **蒸気カタパルト**→蒸気の力で重い航空機でも発艦できるカタパルト（No.028参照）。
- **アングルド・デッキ**→着艦経路を斜めにずらした飛行甲板（No.025参照）。
- **スキージャンプ台**→傾斜したジャンプ台により発艦をアシストする装置（No.027参照）。

第1章●空母発達の歴史と空母の種類

No.006
空母の種類分け1 大きさによる分類

大戦中は、各国とも大きさで空母を分類していた。しかし現代ではアメリカの巨大な原子力空母は、別格的な存在だ。

●国によって違った第二次大戦期の大きさによる分類

　黎明期に建造された実験的な空母は、比較的小型だった。しかしその後の空母は、軽巡洋艦をベースとした艦の他に、巡洋艦や戦艦をベースとした大型艦も建造された。そのため、第二次大戦が開戦した頃には、空母の大きさによって分類がなされていた。

　日本海軍では、**基準排水量**20,000tを超える空母を大型空母、15,000tから20,000tクラスを中型空母、それ以下を小型空母と呼んでいた。在籍した6隻の大型空母の中では「信濃」だけが62,000tと群を抜いて大きかったが、これは当時世界最大の軍艦である大和型戦艦の3番艦を改造したからだ。ただし大きさの割には、**搭載機数**は常用42機+補用5機と少ない。

　アメリカ海軍では最初は区別がなく、すべて空母(CV)と呼ばれていたが、大戦後期に軽巡洋艦を改造した「インディペンデンス」級(基準排水量：11,000t)が登場した際に、軽空母(CVL)として区別した。またイギリス海軍でも、大戦中に就役した20,000t以下の艦を軽空母としていた。

●現代ではアメリカのスーパーキャリアは別格だ

　戦後は艦載機のジェット化にともない、空母は大型化の一途をたどっていった。アメリカでは、大戦直後には大型空母を軽空母と区別するために重空母(CVB)と称していた時期もあった。やがてスーパーキャリアとも呼ばれた超大型の「フォレスタル」級が誕生し、その後は単に空母(CV)と呼ばれている。一方で、その他の国の空母には、**満載排水量**が50,000tを超えるものもあるが、アメリカのスーパーキャリアとの比較から、現在では満載排水量30,000t以上でも中型空母として扱われる。またそれ以下の大きさの艦は、V/STOL機を運用する軽空母に分類されている。

大型、中型、小型空母の大きさの違い

日本 小型空母「龍驤」

基準排水量：10,600t
全長：180.2m

日本 中型空母「飛龍」

基準排水量：17,300t
全長：227.3m

日本 大型空母「信濃」

基準排水量：62,000t
全長：266m

アメリカ　スーパーキャリア　原子力空母「エンタープライズ」

満載排水量：93,284t
（基準排水量：75,700t）
全長：342.3m

❖ 基準排水量と満載排水量

　軍艦の大きさは、排水量で表される。これはアルキメデスの原理により、軍艦を浮かべた場合に押し退けられる水の量を重さで表したもの。ただし排水量には何種類もの基準があり、ややこしい。

　第二次大戦当時によく使われていたのは「基準排水量」だ。これは艦に乗員・弾薬・消耗品を満載した状態の数値で、1922年のワシントン軍縮条約で公式値として採用された。

　一方で現代では、乗員・弾薬・消耗品に、燃料と予備ボイラー水も加えた満載状態でカウントする「満載排水量」が主に使われている。この他にも、「常備排水量」や「公試排水量」といった数値もあるので、注意が必要だ。

　本書では基本的に、第二次大戦時までの空母は基準排水量で表示し、戦後〜現代の空母は満載排水量で表示している。

用語解説
- ●搭載機数→空母に搭載できる航空機の数。すぐに使える状態の「常用機」と、分解して搭載し補充機として組み立てて使用する「補用機」がある。日本海軍は、搭載機を格納庫にすべて収納していたが、アメリカ海軍では飛行甲板上に常に露天係留を行うのが基本で、搭載機数が多かった。

No.006 第1章●空母発達の歴史と空母の種類

No.007
空母の種類分け2 成り立ちと任務による分類

空母には細かく分類するといろいろな種類がある。その成り立ちの違いや、求められる任務の違いによって、名称を分けて区別することもある。

●成り立ちで呼び方が変わる

　黎明期には、空母は巡洋艦を改造して造られた。飛行甲板を設けるためにそれなりの大きさが必要なことと、速度が速い方が発艦に有利だったことが理由だ。また、軍縮条約により建造中に廃止となった巡洋戦艦や戦艦を改造した空母や、高速大型客船を改造した空母もある。これらの空母は「改造空母」と呼ばれることもある。さらに日本海軍では速度の遅い商船を改造した急造艦を「補助空母」や「特設空母」と呼んでいたこともある。

　一方で最初から空母として設計され就役したのは、日本の「鳳翔（ほうしょう）」やイギリスの「ハーミーズ」が最初で、そのあとに空母が海軍の主力艦として認知されるにしたがって増えていった。こういった最初から専用設計で建造された空母は、「正規空母」や「制式空母」と呼ばれている。

●求められる任務によって呼び方が変わる

　空母運用の研究が進むにつれ、任務に応じて名前が付けられた。空母の生みの親であるイギリスでは、空母を艦隊に随伴して運用したため、「Fleet Aircraft Carrier＝艦隊空母」と呼んでいた。同じ意味合いで日米では「主力空母」と呼んだが、本来は別の意味を持つ「正規空母」と呼ばれることもある（日本の「赤城（あかぎ）」「加賀（かが）」や米の「レキシントン」級は改造空母だが、正規空母として扱われた）。主力空母の艦種記号は「**CV**」。

　一方で、第二次大戦中に戦訓から生まれたのが、船団護衛が主任務の「護衛空母」（CVE）だ。また戦後には対潜任務専門の「対潜空母」（CVS）が生まれ、それと区別するために従来の空母を「攻撃型空母」（CVA）と呼んだこともあった。現代では、ヘリコプターを専用に運用する母艦を「ヘリ空母」（CVH）と呼んで、通常の空母と区別している。

空母の種類と艦種記号（アメリカ海軍表記）

	艦種	艦種記号	捕捉
空母	空母（主力空母）	CV	当初は空母全体をCVとしたが現在は主力空母のみCVと呼称。
	原子力空母	CVN	メインの動力機関として原子炉を積んだ主力空母。
	軽空母	CVL	大戦末期は小型空母の意味で使われていたが、現在はV/STOL機しか運用できない空母を、主に軽空母と呼称。
	重空母	CVB	軽空母に対して一時使われていたが、現在では使われない。
	護衛空母	CVE	輸送船団を護衛する任務のために建造された小型空母。
	対潜空母	CVS	対潜任務に従事する空母。1957年以降に使われている呼称。
	攻撃型空母	CVA	対潜空母と区別するために、従来の主力空母に付けられた呼称。現在ではあまり使われていない。
	練習空母	CVT	訓練に使われる空母。
	輸送空母	CVU	航空機の輸送任務で使われる空母。補助空母とも呼ばれる。
空母以外の主な航空機搭載艦艇	ヘリ空母	CVH	ヘリだけを搭載し運用する。通常の航空機運用はできない。
	航空巡洋艦	CF	飛行甲板を備える巡洋艦。一時の旧ソ連では軍事条約などの関係で空母と呼ばずに重航空巡洋艦と称した時代があった。
	航空戦艦	—	日本海軍の「日向」と「伊勢」は、戦艦の後部に航空機が発艦可能な飛行甲板を設けた（着艦は不可）。艦種記号はない。
	水上機母艦	AV	水上機を搭載し運用する母艦。
	飛行艇母艦	CVS	飛行艇を運用する母艦。1957年まで使われたが、今はない。
	強襲揚陸艦	LHA/LHD	上陸作戦を支援する揚陸艦で、ヘリやV/STOL機を運用する。
	ヘリ強襲揚陸艦	LPD	上陸作戦を支援する揚陸艦で、ヘリを専門に運用する。
	ヘリ搭載駆逐艦（ヘリ搭載護衛艦）	DDH	ヘリを複数搭載し運用できる駆逐艦（護衛艦＝海自の場合）。1機のみ搭載の汎用駆逐艦（護衛艦）は、DD。

❖「CV」の由来は？

　空母の艦種記号「CV」のCは、空母の英訳「Aircraft Carrier」の略語ではなく、巡洋艦の艦種記号がその由来となっている。初期の空母が巡洋艦を改造して造られたことや、巡洋艦並みの大きさと高速性能が要求されたことが理由だろう。またなぜ「CA」とされなかったのかは、装甲巡洋艦／重巡洋艦の艦種記号が「CA」としてすでに使われていたからだ。さらに空母の前身となる航空巡洋艦（Flying-Deck Cruiser）は、「CF」とされていた。Vの由来については、フランス語で「飛ぶ」の意味を持つvolerからきているという説や、Vの字が航空機の翼の形に似ているからだという説がある。

豆知識

●**時代によって変わる呼び方**→空母の呼び方は国や時代ごとに変化してきた。当初は主力空母（CV）を英語では「Aircraft Carrier」としていたが、様々な任務を兼ねるようになった現在では、「Multi-Purpose Aircraft Carrier」と呼称が変わり、直訳すると「多目的空母」となっている。

No.008
空母の種類分け3 発着艦方式による分類

艦載機としても利点が多いV/STOL機の登場は、空母に変革をもたらした。そのため発艦や着艦の方式の違いで、分類するようになった。

●V/STOL機の登場で、発艦&着艦方式にバリエーションが生まれた

　1968年に、航空機史上に残る大きな変革が起こった。垂直&短距離離陸と垂直着陸が可能なV/STOL機、ハリアー戦闘攻撃機がイギリスで実戦配備されたのだ。1970年代に入り、ハリアーの発展型はアメリカ海兵隊やイギリス海軍で艦載機として採用され、それに対抗して1977年には旧ソ連で、VTOL機Yak-38を実用化。「キエフ」級空母(ソ連では重航空巡洋艦と呼称されていた)に搭載された。その後、V/STOL機の運用が可能な軽空母が、各国で造られるようになった。それにともない現代の空母は、発艦と着艦の方式の違いにより、大きく3種類に分類されるようになった。

　1つ目が従来のオーソドックスな空母。蒸気カタパルトでCTOL機(通常離着陸の航空機)を発艦させ、**アレスティング・ワイヤー**と呼ばれる着艦装置で着艦する航空機を受け止める**CATOBAR**(キャトーバー)方式だ。艦載機には発着艦のための装備が必要だが、搭載武器や燃料を含めた**ペイロード**を増やせ、陸上機と遜色ない性能を発揮できるのが、最大の利点だ。

　2つ目はスキージャンプ台を備え、CTOL機のエンジンパワーを効率よく使って短距離で発艦し、着艦はアレスティング・ワイヤーを使う、**STOBAR**(ストーバー)方式。CATOBARとの違いはカタパルトがないことで、発艦する航空機の**最大離陸重量**に大きく差が出る。そのためSTOBAR方式では、艦載機に積めるペイロードが、ある程度制限されてしまうのが欠点だ。

　3つ目の**STOVL**(ストーブル)方式は、短距離発艦&垂直着艦の意味で、V/STOL機がスキージャンプ台から発艦して垂直に降りて着艦する。比較的小型でも運用可能で、甲板にスキージャンプ台を設けるなどの最低限の設備で済むので「貧者の空母」ともいわれる。反面、ペイロードは艦載機の性能に依存するため通常より少なく、運用上の制限が大きい。

発艦&着艦方式の違い

CATOBAR
(Catapult Assisted Take Off But Arrested Recovery)

カタパルト発艦&アレスティング・ワイヤー着艦方式

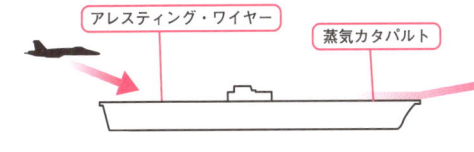

アレスティング・ワイヤー　蒸気カタパルト

CTOL艦載機を運用。機体のペイロードが最大限に使える。

STOBAR
(Short Take Off But Arrested Recovery)

短距離発艦（スキージャンプ台発艦）&アレスティング・ワイヤー着艦方式

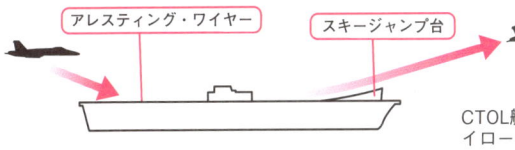

アレスティング・ワイヤー　スキージャンプ台

CTOL艦載機を運用。機体のペイロードはある程度制限される。

STOVL
(Short Take Off and Vertical Landing)

短距離発艦&垂直着艦方式

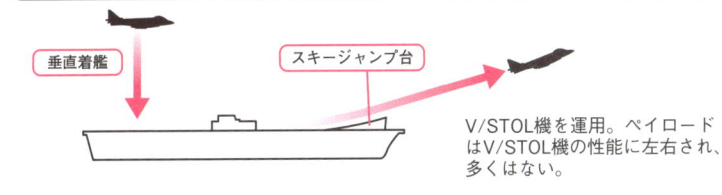

垂直着艦　スキージャンプ台

V/STOL機を運用。ペイロードはV/STOL機の性能に左右され、多くはない。

✤ 実用性が低く使われないVTOL方式

V/STOL機は垂直発艦も可能なため、初期には飛行甲板からVTOL（垂直離陸／垂直着陸）で運用されていたこともある。しかしV/STOL機のペイロードは、垂直離陸では極端に少なくなり、搭載できる燃料も少なく、攻撃武器も限られたものしか積めないなど実用性が低いので、今はこの方式はほとんど使われない。

用語解説
- **アレスティング・ワイヤー**→着艦制動索ともいい、艦載機の下のフックを引っかけ止まる（No.031参照）。
- **ペイロード**→離陸重量から無燃料状態の空重量を引いた搭載重量で搭載武器、燃料、乗員を含む。
- **最大離陸重量**→離陸（発艦）できる、機体そのものとペイロードを加えた最大限の重量。

No.009
空母の役割

空母は搭載した航空機を使って、様々な任務を遂行する力を持っている。またその存在そのものが、軍事力の象徴として捉えられている。

●空母には様々な任務が求められる

　空母の最大の力は、搭載した航空機による戦闘力。歴史上、空母に求められてきたもっとも重要な役割は、航空機で相手を攻撃する**航空打撃戦**だ。敵の軍艦をアウトレンジから攻撃して沈め、陸上の敵拠点や敵軍そのものを空爆して破壊することこそ、空母の戦闘力を発揮する最大のシチュエーションといえる。だからこそ、艦載機の中でも花形的な存在は、艦上爆撃機や艦上攻撃機(雷撃機)といった攻撃機だった。遠距離の敵を叩くのは艦上攻撃機が担う任務。水上機の時代から、主役のポジションだ。

　一方で、空から襲ってくる敵航空機を迎撃することも、空母の大切な役割の1つだ。そこで対空戦闘能力が高い戦闘機を搭載している。艦上戦闘機の役割は大きく3つある。1つ目は襲来する敵航空機から味方艦隊を守る迎撃任務。2つ目は攻撃する目標の上空から事前に敵航空機を駆逐する制空任務。3つ目が味方の攻撃機に同伴して掩護する直掩任務だ。

　この他にも、上陸部隊や地上部隊を手助けする支援任務や、敵潜水艦に対処する対潜任務、敵を探る偵察任務、エリアを警戒する哨戒任務、物資を運ぶ輸送任務など、様々な任務が空母航空隊には求められるようになった。そのため、以前は攻撃機や戦闘機、偵察機、哨戒機など様々な機種を混ぜて搭載していた。しかし近年は、いくつもの任務を兼ねることができる**マルチロール機**が、艦載機として搭載されるようになってきた。

　このような強力な航空兵力を要する空母は、移動する航空基地に他ならない。艦隊の中で旗艦の役目を果たすことも多い。また空母の存在そのものが圧倒的な軍事力の象徴であり、居るだけで相手を威圧する。そこで紛争相手など問題がある国の周辺海域に派遣して、プレッシャーを与える**砲艦外交**の担い手としても使われている。

空母に求められる任務

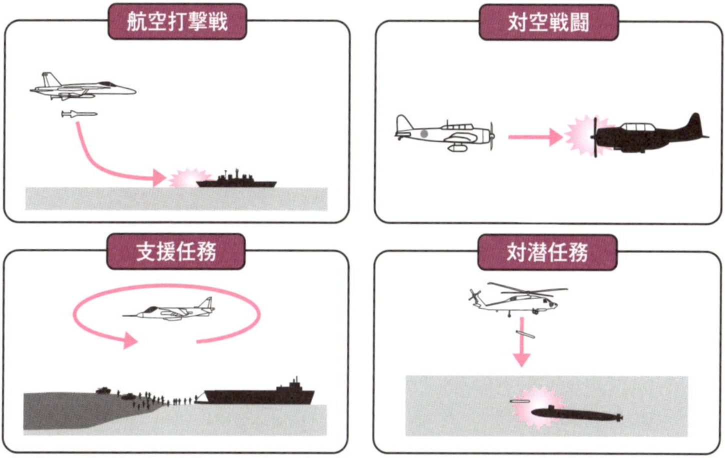

- 航空打撃戦
- 対空戦闘
- 支援任務
- 対潜任務

※この4つの任務以外にも、偵察任務、哨戒任務、輸送任務などや、近年は特殊部隊を送り込むための基地になったり、災害時の救難や支援にあたったりと、幅広い任務が空母には求められている。

空母は様々な機能を備えた移動する航空基地

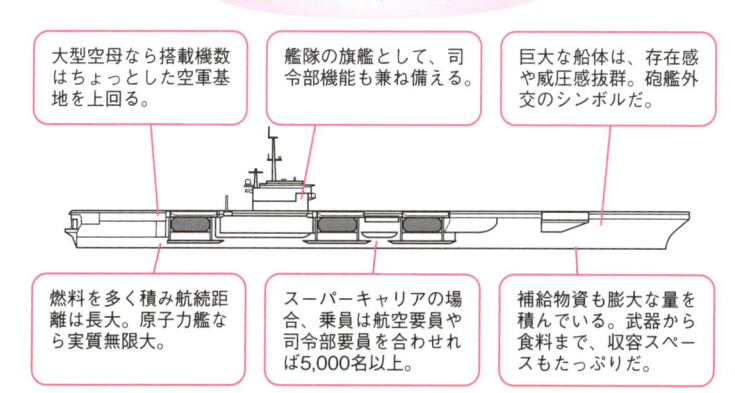

空母は強力な航空基地だ！

- 大型空母なら搭載機数はちょっとした空軍基地を上回る。
- 艦隊の旗艦として、司令部機能も兼ね備える。
- 巨大な船体は、存在感や威圧感抜群。砲艦外交のシンボルだ。
- 燃料を多く積み航続距離は長大。原子力艦なら実質無限大。
- スーパーキャリアの場合、乗員は航空要員や司令部要員を合わせれば5,000名以上。
- 補給物資も膨大な量を積んでいる。武器から食料まで、収容スペースもたっぷりだ。

用語解説
- **航空打撃戦**→航空機で、軍艦や敵の基地などを攻撃する戦闘作戦のこと。
- **マルチロール機**→多用途に使える航空機。特に戦闘機と攻撃機を兼ねた航空機のこと（No.069参照）。
- **砲艦外交**→幕末に来航した黒船のように、軍艦の力で相手を威圧し交渉を有利にする外交戦術。

No.010
軍艦や商船を元にした改造空母

第二次大戦期、戦力の不足を補うために他の艦船を改造して空母が造られた。ただし元になった艦種によって、その性能は様々だ。

●一口に改造空母といっても、その実態や性能は様々だ

　空母の黎明期から第二次大戦中にかけて、他の種類の艦船から改造された空母は多い。ただし、その出自によって性能には大きな差があった。

　例えば開戦時の主力空母だった日本の「赤城」「加賀」、アメリカの「レキシントン」級は、未完成の巡洋戦艦や高速の戦艦から改造されている。そのため基本設計が大型軍艦の作りで、一定の防御力に加え、搭載機の発進に有利な30ノット前後の高速性能を備えている。厳密にいえば改造空母だが、実際には正規空母として扱われていた。

　また軍事条約で空母の保有数に制限を課せられた日本海軍は、すぐに空母に改造することを前提に設計した潜水母艦や水上機母艦を用意していた。これらの艦は開戦の前後に相次いで空母に改造され、搭載機30機前後で速度26〜28ノットの「瑞鳳」型、「龍鳳」、「千歳」型として就役している。

　民間船から改造された空母もいろいろある。例えば「隼鷹」型は、元は高速豪華客船として起工されたが、戦時には空母への改造を前提としていた。開戦が迫るや日本海軍が買収し、空母に改造して完成させた。26ノットで48機搭載と中型空母に迫る性能を持つ。「隼鷹」は、**南太平洋海戦**に参戦して米空母を大破させるなど活躍し、終戦まで生き延びた。

　同じ民間船の出自でも、商船から急遽改造された「大鷹」級などの空母は、搭載機数が30機前後で速度も21ノットと遅かった。主に南方戦線への船団護衛や航空機輸送に使われて、補助空母と呼ばれていた。

　一方で、アメリカやイギリスでは、大西洋で輸送船団のUボートによる被害が続出したため、船団護衛専用艦を必要としていた。そこで、当時大量に就役していた統一規格の貨物船を、小型の護衛空母に改造して短期間に大量投入した。速度は16ノットと遅かったが、十分に役目を果たした。

空母改造を前提に造られた水上機母艦

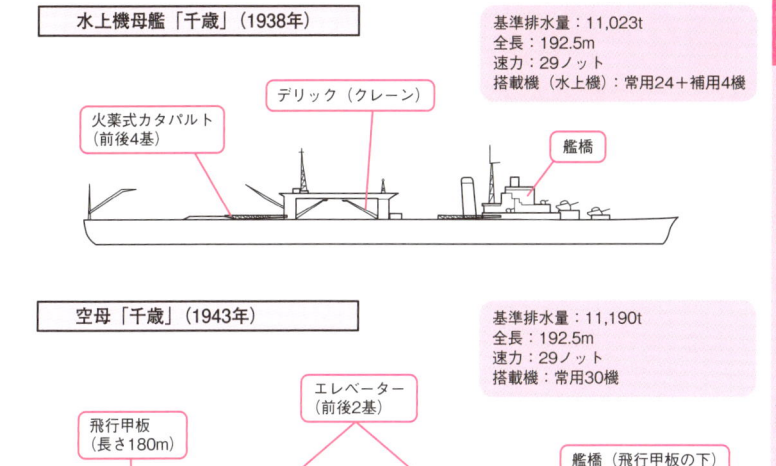

水上機母艦「千歳」（1938年）

基準排水量：11,023t
全長：192.5m
速力：29ノット
搭載機（水上機）：常用24＋補用4機

- 火薬式カタパルト（前後4基）
- デリック（クレーン）
- 艦橋

空母「千歳」（1943年）

基準排水量：11,190t
全長：192.5m
速力：29ノット
搭載機：常用30機

- 飛行甲板（長さ180m）
- エレベーター（前後2基）
- 艦橋（飛行甲板の下）

改造空母の元になった艦船は？

●軍艦由来の改造空母

- ・防御力 ➡ 高い（元の軍艦の強さに準じる）。
- ・速度 ➡ 速い。
- ・搭載機 ➡ 正規空母に比べれば、大きさの割にやや少ない。

●民間船由来の改造空母

- ・防御力 ➡ 低い（民間船は防御を考えていない）。
- ・速度 ➡ 遅い（一部の高速客船ベースは速いものも）。
- ・搭載機 ➡ 大きさの割に少ない。

用語解説

●南太平洋海戦→1942年10月にソロモン諸島周辺海域で日本の空母4隻（翔鶴、瑞鶴、隼鷹、瑞鳳）とアメリカの空母2隻（エンタープライズ、ホーネット）を中心とした艦隊同士が激突した。日本側は2隻が損傷、アメリカは「ホーネット」が沈没、「エンタープライズ」が損傷した。

No.010　第1章●空母発達の歴史と空母の種類

No.011
縁の下の力持ち、護衛空母

無防備の輸送船団に襲い掛かる潜水艦や爆撃機を撃退するために、船団に随伴して航空機による護衛を行う護衛空母が誕生した。

●大量の護衛空母の配備が、ヨーロッパ戦線を支えた

　第二次大戦のヨーロッパ西部戦線で、孤軍奮闘するイギリスを支えたのが、アメリカからの大量の物資支援だ。輸送船団に軍需物資を満載し、大西洋を越えて送り込んだ。ドイツはそれに対抗して、開戦当初から潜水艦（Uボート）や長距離爆撃機による徹底した通商破壊戦を展開した。その被害は甚大で、開戦3年目までに保有商船の約半数が沈められたという。その解決策としてイギリスが採った策が、輸送船団を航空機で守るというもの。貨物船にロケット式カタパルトを装備して陸上機を搭載した**CAM船**を配備し、輸送船団に襲い掛かるUボートや長距離爆撃機を迎撃した。

　1941年には貨客船を改造した護衛空母「オーダシティ」（基準排水量：5,540t）を完成、さらに1～2万tの護衛空母5隻を就役させたのに加え、民間船に空母型の飛行甲板を装備した**MAC船**を造って船団護衛にあてた。

　アメリカは、1941年に**C3規格型貨物船**を改造した「ロング・アイランド」（基準排水量：7,866t）を誕生させた。全長150m、飛行甲板の長さはわずか110mだが、艦載機を21機搭載し、油圧式カタパルトを装備したおかげで重量のあるアメリカ製の戦闘機や攻撃機でも運用できた。速度は16ノットと遅かったが、輸送船団に随伴するには、これで十分だった。

　アメリカはさらに改良を加えた「ボーグ」級を大量建造する。完成前のC3規格型貨物船を改造した、蒸気タービンを積んでエレベーターと格納庫を持つ護衛空母だ。その大半はイギリス海軍に貸与された。またより大きな油漕船を改造した「サンガモン」級も登場。改造可能な貨物船が枯渇したあとも、「ボーグ」の基本設計を生かして新造した「カサブランカ」級を誕生させ、こちらは太平洋で活躍した。大戦中にアメリカが建造した護衛空母は実に90隻以上。「**ジープ空母**」と呼ばれ様々な任務に奔走した。

護衛空母の元祖は航空機を搭載した商船

CAM船＝Catapult Armed Merchant Ship

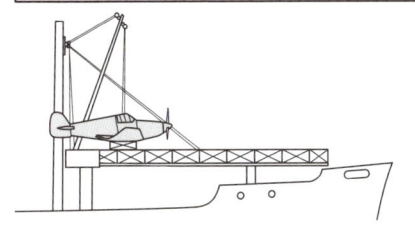

ロケット式の台座で加速するカタパルトを備え陸上機を搭載。陸地が遠い場合は、機体を着水させ搭乗者のみ回収。海軍籍には登録されず軍艦ではない。

MAC船＝Merchant Aircraft Carrier Ship

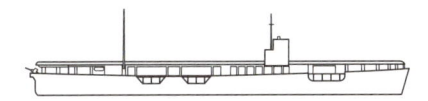

貨物船や油漕船の上に飛行甲板を設けた。カタパルトや格納庫はなく搭載機数は4機。空母型だが、海軍籍のない民間船。

大西洋の大動脈を守った護衛空母

「ボーグ」級 護衛空母

基準排水量：7,800t
搭載機数：21機

完成前のC3規格型貨物船を改造し、油圧カタパルト、エレベーター、格納庫を備える。

●大西洋での商船の被害数と護衛空母就役の関係

大西洋での商船の被害は1942年がピーク。1943年に護衛空母が大量導入され始めるのと、被害の減少がリンクしていることがわかる。

凡例: ■ イギリス海軍に就役した護衛空母の数（アメリカからの貸与艦含む）

年度	1939	1940	1941	1942	1943	1944	1945
護衛空母数			3	7	28	7	

用語解説

- **C3規格型貨物船**→第二次大戦中にブロック工法や溶接を導入し、大量建造された同一規格の貨物船の一種。C1～C3型併せて2,700隻以上造られ、C3型はディーゼル機関を搭載。
- **ジープ空母**→軍用車両のジープのように大量に造られ活躍した反面、防御力がまったくないという意味もあった。

第1章●空母発達の歴史と空母の種類

No.012
太平洋の消耗戦を支えた空母

速度の遅い小型の空母は、迅速な艦隊行動には向かない。しかし航空機や物資を輸送し戦場に届ける、兵站任務を担っていた。

●航空機を戦場に輸送した補助空母

　海軍戦力の中心となって攻撃を担当した主力空母に対し、その活動を裏から支えたのが、補助空母や特設空母と呼ばれた小～中型の空母たちだ。

　第二次大戦中、日本海軍は商船を戦時改造した「大鷹」型など5隻の小～中型の空母を建造した。しかし速度が遅くて主力艦隊に随伴できないことに加え、防御力も弱かったため、主に支援や輸送などの任務にあてられた。特に戦局が悪化した大戦の後期になると、艦載機やパイロットが不足する状況では、すでに本来の空母としての使われ方は不可能だった。南方の前線に陸上機や物資を輸送することが、主な任務となったのだ。

　日本陸軍も自前の空母を持っていたことは、あまり知られていない。輸送船団を護衛する専用艦を研究し、上陸用舟艇母艦（現在の揚陸艦）の上に全通式の飛行甲板を設けた「あきつ丸」を就役させた。その後、特設空母として改造されたが、狭い飛行甲板と遅い速度が災いして新型機の運用は不可能で、実際には航空機運搬船として使用された。

　大西洋での戦訓から小型の護衛空母を大量に建造したアメリカ海軍は、太平洋でも積極的に戦線に投入した。本来の輸送船団護衛任務にも使われたが、さらに特徴的だったのが、予備の補充用機体を搭載して消耗戦を支えたこと。主力空母で損耗した艦載機は、すぐに予備機を積んだ護衛空母から補充される仕組みだ。油圧式カタパルトを備えているので、飛行甲板の上にびっしりと艦載機を積んだ状態でも、補充機を発艦させることができた。これが日本の補助空母との大きな違いで、使い勝手がよかった。

　アメリカは、本国から遠く離れた広大な太平洋でも、物量戦を展開した。例えば沖縄戦では、実に1,500機近い艦載機が投入されているが、それを支えたのが補充機を満載して付き従った護衛空母の存在だった。

輸送任務に使われた日本の補助空母

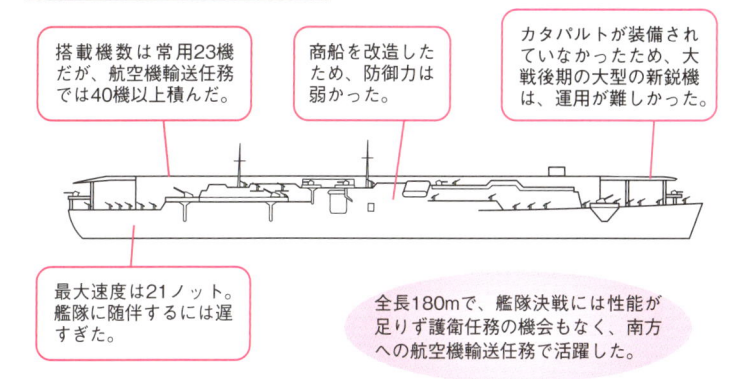

大鷹（たいよう）／雲鷹（うんよう）／冲鷹（ちゅうよう）

搭載機数は常用23機だが、航空機輸送任務では40機以上積んだ。

商船を改造したため、防御力は弱かった。

カタパルトが装備されていなかったため、大戦後期の大型の新鋭機は、運用が難しかった。

最大速度は21ノット。艦隊に随伴するには遅すぎた。

全長180mで、艦隊決戦には性能が足りず護衛任務の機会もなく、南方への航空機輸送任務で活躍した。

護衛空母を上手に生かした米海軍の運用

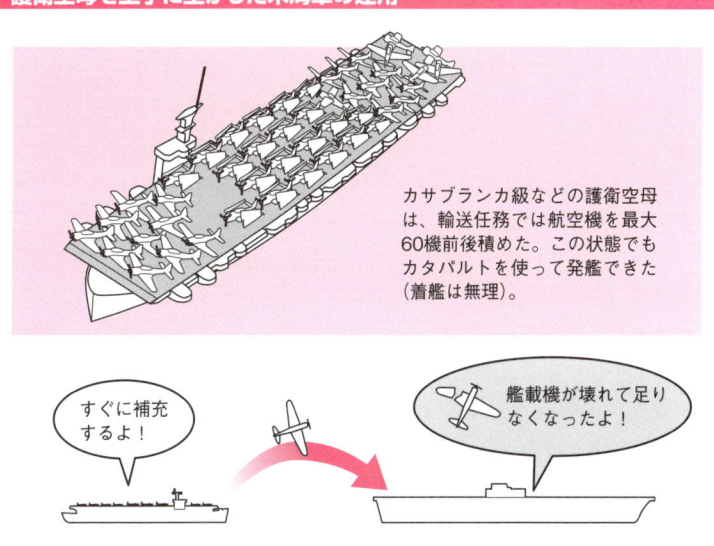

カサブランカ級などの護衛空母は、輸送任務では航空機を最大60機前後積めた。この状態でもカタパルトを使って発艦できた（着艦は無理）。

すぐに補充するよ！

艦載機が壊れて足りなくなったよ！

豆知識

● **大きかったカタパルトの有無**→日本の空母はカタパルトを装備できず、特に小型空母ではその差は大きかった。長い滑走距離が必要な新鋭機になると小型空母では運用が難しいこともあった。また輸送された機体は、クレーンで1機ずつ艀などに移し替えて、陸揚げされていた。

No.013
空母の概念を変えた原子力空母

原子炉を動力にした原子力空母は、海の移動基地ともいうべきスーパーキャリアの能力を極限にまで高めた。そのメリットは計りしれない。

●単に航続距離増大だけにはとどまらない利点

　原子炉を動力にした世界初の原子力空母（CVN）「エンタープライズ」は1961年に誕生した。大戦時の武勲艦の名前を引き継いだこの艦は、全長342.3m、満載排水量93,284tの巨体で33ノットの速力を誇った。加圧水型原子炉8基により28万馬力の出力を発生。同時期の通常動力型空母「キティ・ホーク」級より巨大な船体を同等以上の速度で航行させた。

　原子力機関を採用した最大のメリットは、無限の航続距離だ。「キティ・ホーク」でもおよそ2万2,000km以上の航続距離を誇っていたが、原子力空母では、原子炉の**燃料棒の交換**までは、事実上無限大の航続距離を得ることができた。もっとも搭載機の航空燃料や乗員の食糧などの物資は有限なので、まったくの補給なしで作戦を続けるわけにはいかない。

　しかし従来の空母で必要だった膨大な燃料搭載スペースは、航空燃料や武器弾薬などの物資を積むスペースに振り替えられた。「キティ・ホーク」級で約5,900t積まれていた航空燃料は、1975年から就役した「ニミッツ」級では約9,000tにまで増え、搭載機のミッション継続能力が大幅に増大した。また原子炉が生み出す膨大な電力は都市1つ分にも匹敵する。これは現代の電子戦には欠かせない大きなメリットだ。

　「エンタープライズ」は2012年末に退役し、現在運用されている原子力空母は、アメリカの「ニミッツ」級10隻と、フランスの「シャルル・ド・ゴール」だけだ。2カ国に限られる理由は、船舶用原子炉の開発には高度な技術が必要なこと、そして膨大な建造費がかかること。「エンタープライズ」では「キティ・ホーク」級の1.7倍にも達する4億5,000万ドルもの建造費がかかった。技術と財力を併せ持つ国力がないと、原子力空母を建造・運用することはできないのだ。

原子力空母の構造

米原子力空母「ロナルド・レーガン」（ニミッツ級9番艦）

満載排水量：103,637t
全長：332.9m
最大幅：76.8m
出力：28万馬力
速力：30ノット以上
搭載機：56機＋ヘリ15機
就役：2003年

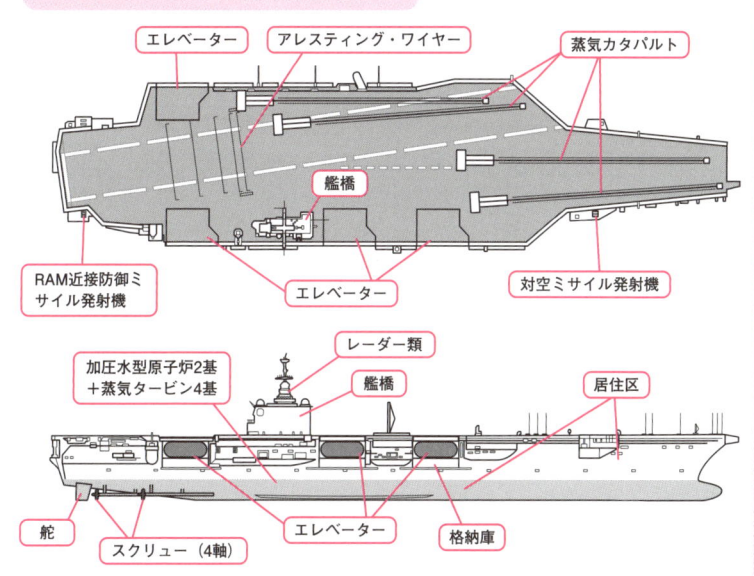

（上面図）
- エレベーター
- アレスティング・ワイヤー
- 蒸気カタパルト
- 艦橋
- RAM近接防御ミサイル発射機
- エレベーター
- 対空ミサイル発射機

（側面図）
- 加圧水型原子炉2基＋蒸気タービン4基
- レーダー類
- 艦橋
- 居住区
- 舵
- スクリュー（4軸）
- エレベーター
- 格納庫

原子力空母のメリット・デメリット

メリット

- 航続距離は実質無限大。
- 巨艦にもかかわらず高速。
- 燃料棒交換は20年に1回。
- 燃料を積まない分、他の物資を積めるため、搭載機の運用継続能力が高い。
- 都市に匹敵する膨大な電力を使える。
- 煙突がなく煙が航空機の発着を邪魔しない。

デメリット

- 原子炉の製造や運用には技術力が必要。
- 建造費が高い。通常型の1.7倍以上。
- 燃料棒の交換など大規模メンテナンスに時間がかかる。
- 万が一原子炉が壊れた場合、核汚染の可能性がある。
- 使用済み燃料は核廃棄物となる。

豆知識

- **燃料棒の交換**→原子炉の燃料となるのが濃縮ウランで、燃料棒として加工されたものを原子炉内に挿入する。その交換サイクルは、「エンタープライズ」では当初3〜5年だったがのちに改良され20年に1度。「ニミッツ」級では前期型と後期型で異なり、13〜25年に1度の交換を行った。

No.014
V/STOL機が生み出した現代の軽空母

一度は廃れた軽空母だったが、V/STOL機やヘリを運用する専用艦として現代によみがえった。使い勝手のよい多目的艦として活躍している。

●スキージャンプ台を備えV/STOL機の運用能力を高めた

　軽空母(CVL)の名称は、大戦後期にアメリカで軽巡洋艦をベースに建造された「インディペンデンス」級に端を発している。艦隊に随伴できる能力を持つ小型空母というような位置づけだった。

　戦後に艦載機がジェット化すると、軽空母の大きさでは運用が難しくなり、一時期は廃れる方向にあった。しかしそれを覆したのが、1967年にイギリスが開発に成功したV/STOL(短距離離陸/垂直着陸)攻撃機ハリアーの登場だ。その特性を生かした運用研究が進められ、艦載機仕様のシーハリアーが誕生。1980年にはシーハリアーとヘリの運用を目的とした軽空母「インヴィンシブル」級(満載排水量20,600t)を就役させたのだ。

　その外見上の最大の特徴は、全通の飛行甲板艦首部に設けた13度の角度を持つスキージャンプ台だろう。シーハリアーが持つ短距離発艦性能をさらに補うことで、十分なペイロードを抱えての発艦が可能になり、実用的な運用を可能にしている。また着艦時は垂直着陸する。この方式はその後誕生した軽空母に大きく影響を与え、別名STOVL空母とも呼ばれるようになった。「インヴィンシブル」とシーハリアーのコンビは、1982年の**フォークランド戦争**で活躍し、その有用性を世界に知らしめた。

　冷戦が終結し、大国同士の戦争の可能性が低くなると、限定されたエリアでの紛争に対処する能力が求められた。その結果、現代版軽空母は中規模の海軍力を持つ国々で建造・運用されるようになっていった。

　また近年では空母としての役割に加え、陸上兵力の輸送手段としての能力も求められるようになった。2008年に就役したイタリアの「カブール」(満載排水量27,100t)は、車両輸送能力や兵員の収容スペースを備えた多目的軽空母として誕生している。

現代の軽空母とは?

軽空母の条件

● V/STOL機とヘリを運用する

● 発着艦はSTOVL方式

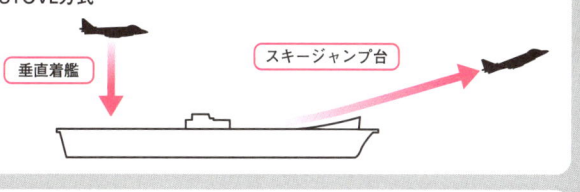

垂直着艦　　スキージャンプ台

● 大きさは1～3万t

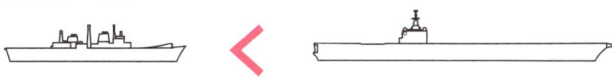

イギリスSTOVL軽空母「インヴィンシブル」

満載排水量：20,600t
全長：209.1m
搭載機：最大V/STOL 16機＋ヘリ6機

スキージャンプ台を初めて装備。就役当時、角度は7度だったが、後に13度に改修された。

これまでに就役したSTOVL空母

イギリス／インヴィンシブル（2005年退役）、イラストリアス（現在はヘリ空母として運用）、アーク・ロイヤル（2011年退役）、イタリア／カブール、ジュゼッペ・ガリバルディ、スペイン／プリンシペ・デ・アストゥリアス（2013年退役）、インド／ヴィラート（旧イギリス／ハーミーズを改修）、タイ／チャクリ・ナルエベト

用語解説

● **フォークランド戦争**→南大西洋のアルゼンチン沖にあるフォークランド諸島の領有権をめぐるイギリスとアルゼンチンの争い（No.104参照）。
● **冷戦**→第二次大戦後にアメリカや西欧諸国を中心とした西側陣営と、旧ソ連を中心とした東側陣営の対立。1991年のソ連崩壊で終幕を迎えた。

第1章 ● 空母発達の歴史と空母の種類

No.015 対潜空母と対潜ヘリ空母

大西洋でUボートと戦った護衛空母は、戦後に対潜空母へと発展していった。やがて対潜ヘリを専用に運用する対潜ヘリ空母も登場した。

●潜水艦を追い詰めるハンター・キラー

　第二次大戦中に大西洋で、Uボートから輸送船団を守った英米の護衛空母は、積極的にUボートを狩り立てる「ハンター・キラー」と呼ばれる対潜任務を行った。護衛空母に搭載した艦上攻撃機や艦上戦闘機と、随伴する駆逐艦が連携して、Uボートを追い詰めたのだ。

　艦載機による対潜作戦の有用性は戦後高く評価され、対潜空母(CVS)を生み出した。ジェット機の運用ができず余剰となった「エセックス」級などの空母に、対潜哨戒機を積んで運用するようになったのだ。

　またこの時期、ヘリコプターが実用化されて軍艦での運用が進められ、艦載の対潜哨戒機は徐々にヘリが主流となっていった。それにともない対潜空母は姿を消し、ヘリ搭載艦に取って代わられるようになる。飛行甲板を艦の後ろ半分に備えた旧ソ連の「モスクワ」級、フランスの「ジャンヌダルク」といった航空巡洋艦(CF)、そして日本の海上自衛隊の「はるな」型や「しらね」型といったヘリ搭載護衛艦(DDH)など、対潜ヘリ運用を前提にした専用艦が登場した。さらに1970年代以降に登場した**汎用駆逐艦**(DD)の多くは、小型の飛行甲板を持ちヘリの搭載能力を備えるようになった。現代の対潜任務の主役はヘリ搭載汎用駆逐艦が担っている。

　ところが日本の海上自衛隊は、ヘリ搭載護衛艦「はるな」型の後継として、ヘリ搭載護衛艦「ひゅうが」型（満載排水量：19,000t）を2009年に就役させた。全通甲板を備えながらもV/STOL機の運用能力はなく、ヘリを最大で10機搭載・運用するのみなので、厳密には空母とはいえない。しかし強力な**ソナー**システムと**アスロック**対潜ミサイルを装備し、最新の対潜ヘリを運用して潜水艦を追い詰める能力は、まさに新時代の対潜ヘリ空母に他ならないのだ。

ハンター・キラーの対潜ミッション

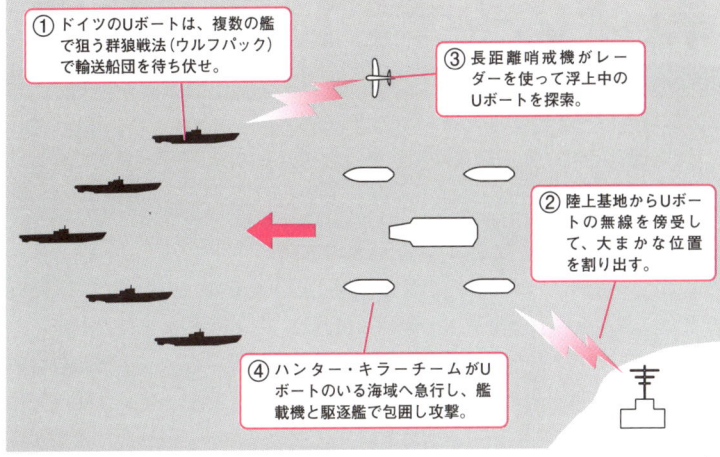

① ドイツのUボートは、複数の艦で狙う群狼戦法（ウルフパック）で輸送船団を待ち伏せ。

② 陸上基地からUボートの無線を傍受して、大まかな位置を割り出す。

③ 長距離哨戒機がレーダーを使って浮上中のUボートを探索。

④ ハンター・キラーチームがUボートのいる海域へ急行し、艦載機と駆逐艦で包囲し攻撃。

※ハンター・キラーチームの構成は護衛空母1隻＋駆逐艦4隻。大戦中に大西洋で、のべ11チームが編成され、37隻のUボートを沈めた。

新世代の対潜ヘリ空母

海上自衛隊ヘリ搭載護衛艦「ひゅうが」型

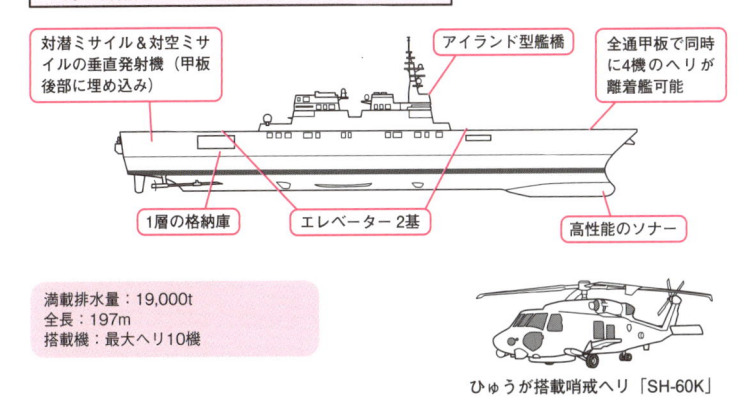

- 対潜ミサイル＆対空ミサイルの垂直発射機（甲板後部に埋め込み）
- アイランド型艦橋
- 全通甲板で同時に4機のヘリが離着艦可能
- 1層の格納庫
- エレベーター2基
- 高性能のソナー

満載排水量：19,000t
全長：197m
搭載機：最大ヘリ10機

ひゅうが搭載哨戒ヘリ「SH-60K」

用語解説
- **汎用駆逐艦**→対空や対潜など幅広い任務に対応する駆逐艦。ヘリ1機を搭載するものも多い。
- **ソナー**→音波を用いて海底地形や潜水艦など水中の対象物を探知・測定するセンサー。
- **アスロック**→弾頭部に短魚雷を装備して、離れた潜水艦を攻撃できる対潜ミサイル。

第1章●空母発達の歴史と空母の種類　No.015

No.016 戦後の空母1 アメリカ

アメリカは、大戦後に次々と大型空母を建造してきた。ついには10万tを超える原子力空母を誕生させ、今も世界の海に君臨している。

●スーパーキャリアはアメリカ海軍の象徴

　第二次大戦後、アメリカの空母は大型化の一途をたどってきた。大戦時の主力であった「エセックス」級は、戦後に一部の艦が蒸気カタパルトやアングルド・デッキへの変更といった近代化を図り、ジェット機時代に対応したが、1960年代には限界を迎えた。また大戦末期に起工された大型空母「ミッドウェー」級も、何度もの近代化改修を経て最終的には満載排水量74,000tにもなった。横須賀を母港とした「ミッドウェー」は、**ベトナム戦争**と**湾岸戦争**を戦い抜き、1997年まで現役にあった。

　1950年代には、満載排水量81,163tにも及ぶ「フォレスタル」級が、さらに1960年代にはその改良型である「キティ・ホーク」級（満載排水量：82,538〜83,573t）が登場する。この動く航空基地ともいえる巨艦は別名スーパーキャリアとも呼ばれ、合計8隻が就役。アメリカ海軍力の象徴として長らく君臨した。しかし2009年に退役した「キティ・ホーク」を最後に、現在はすべて姿を消して、原子力空母にその役割を譲っている。

　世界初の原子力空母となったのは、1961年に就役した「エンタープライズ」（満載排水量：93,284t）だが、実験的な艦であり建造費が高く、1隻しか造られなかった。その後、原子炉技術の進化を経て1975年に就役した「ニミッツ」（満載排水量：91,487t）を皮切りに、2009年就役の「ジョージH.W.ブッシュ」（満載排水量：102,000t）に至るまで10隻もの同級空母が建造された。その間「ニミッツ」級が1隻就役すれば、通常動力型が1隻退役するという原則の基、アメリカ海軍は空母11隻体制を敷き、1隻の空母を中心に1つの**空母打撃群**を形成している。ただし2012年末に「エンタープライズ」が退役し、次の新空母が就役する予定の2015年まで、現在は10隻で長期整備中の1隻を除く9個空母打撃群体制となっている。

アメリカの10隻の空母の母港

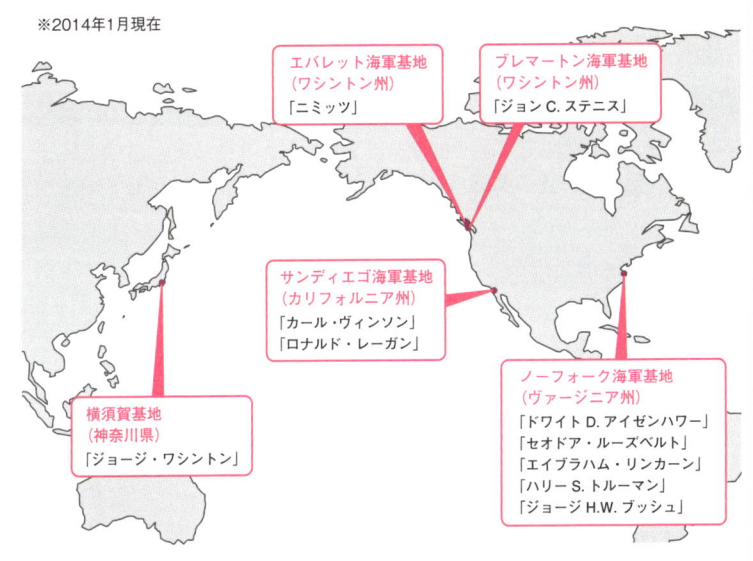

※2014年1月現在

- エバレット海軍基地（ワシントン州）
  「ニミッツ」
- ブレマートン海軍基地（ワシントン州）
  「ジョンC.ステニス」
- サンディエゴ海軍基地（カリフォルニア州）
  「カール・ヴィンソン」
  「ロナルド・レーガン」
- 横須賀基地（神奈川県）
  「ジョージ・ワシントン」
- ノーフォーク海軍基地（ヴァージニア州）
  「ドワイトD.アイゼンハワー」
  「セオドア・ルーズベルト」
  「エイブラハム・リンカーン」
  「ハリーS.トルーマン」
  「ジョージH.W.ブッシュ」

※2014年現在、アメリカ海軍に所属する10隻の空母は5カ所の母港に属しており、唯一アメリカ国外を母港としているのが、横須賀基地の「ジョージ・ワシントン」だ。また2015年には新空母が就役して11隻体制になり、横須賀配備の空母も「ロナルド・レーガン」に交代する予定だ。

戦後の主なアメリカ空母

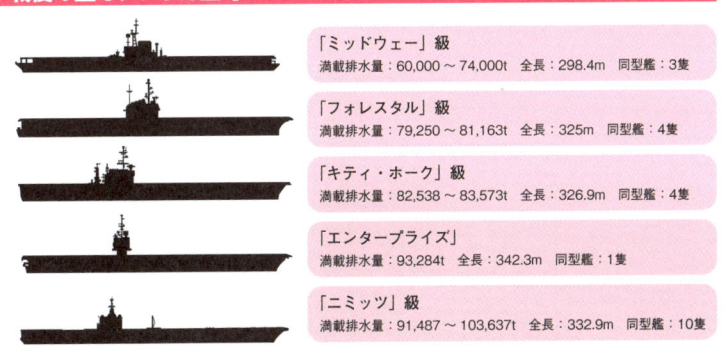

「ミッドウェー」級
満載排水量：60,000～74,000t　全長：298.4m　同型艦：3隻

「フォレスタル」級
満載排水量：79,250～81,163t　全長：325m　同型艦：4隻

「キティ・ホーク」級
満載排水量：82,538～83,573t　全長：326.9m　同型艦：4隻

「エンタープライズ」
満載排水量：93,284t　全長：342.3m　同型艦：1隻

「ニミッツ」級
満載排水量：91,487～103,637t　全長：332.9m　同型艦：10隻

用語解説
- ●**ベトナム戦争**→1960～1975年まで、北ベトナム軍と南ベトナム及びアメリカ軍との戦争。
- ●**湾岸戦争**→1990～1991年まで、アメリカを中心とした多国籍軍とイラクとの戦争。
- ●**空母打撃群**→1隻の空母を中核に6隻程度の艦艇で構成される戦闘単位。以前は空母戦闘群といった。

No.016　第1章●空母発達の歴史と空母の種類

No.017 戦後の空母2 NATO諸国

西欧のNATO諸国では、イギリス、フランス、イタリア、スペインといった、伝統的に強い海軍力を持っていた国々が空母を保有している。

●現在、4カ国が空母を保有し運用している

現在、空母を保有する**NATO**諸国は、イギリス、フランス、イタリア、スペインの4カ国。大戦直後はオランダも保有していたが、今は持たない。

空母の母国ともいえるイギリスは、大戦時末期に建造された空母を長らく運用していたが、ジェット時代の到来により退役していった。80年代にSTOVL(ストーブル)方式の軽空母「インヴィンシブル」級3隻を就役させ、今は2番艦の「イラストリアス」(2代目)のみが現役だ。現在はV/STOLの艦載機シーハリアーもすでに退役して、ヘリのみを運用しており、艦自体も2014年中には退役予定。その後継として6万t超のSTOVL空母2隻を建造中だ。

フランスは、戦後にアメリカから貸与された軽空母を運用し、60年代にはCATOBAR(キャトーバー)方式の空母「クレマンソー」級2隻を就役させた。1999年には、原子力空母「シャルル・ド・ゴール」を完成させ、現在はこの1隻のみ就役中。アメリカの空母が核運用を廃止した現在では、世界で唯一の核攻撃能力を保持している空母だ。また、イギリスの新空母と基本設計が共通の、通常動力CATOBAR方式空母を建造予定で2隻体制を目指している。

イタリアにはかつて海軍力の強い都市国家があり、大戦時には未完成ながらも空母を建造していた。戦後は70年代に航空巡洋艦でハリアーの運用テストを行っている。その後1985年にSTOVL軽空母「ジュゼッペ・ガリバルディ」が就役。2008年には車両輸送能力を備えた多目的STOVL軽空母「カブール」を就役させ、現在は2隻を運用している。

スペインも伝統的な海軍国だが、1988に就役したSTOVL軽空母「プリンシペ・デ・アストゥリアス」は2013年に退役した。しかし2010年に就役した「ファン・カルロス1世」は、艦種は強襲揚陸艦でありながら、ジャンプスキー台を備えてSTOVL軽空母としての能力も併せ持つ最新鋭艦だ。

NATO諸国が運用する空母とその母港

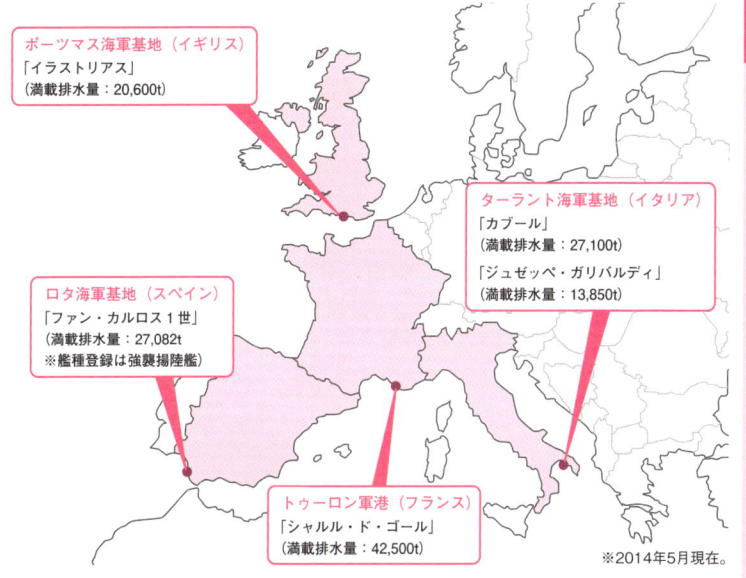

ポーツマス海軍基地（イギリス）
「イラストリアス」
（満載排水量：20,600t）

ターラント海軍基地（イタリア）
「カブール」
（満載排水量：27,100t）
「ジュゼッペ・ガリバルディ」
（満載排水量：13,850t）

ロタ海軍基地（スペイン）
「ファン・カルロス1世」
（満載排水量：27,082t
※艦種登録は強襲揚陸艦）

トゥーロン軍港（フランス）
「シャルル・ド・ゴール」
（満載排水量：42,500t）

※2014年5月現在。

多目的化する新世代の空母

イタリア多目的軽空母「カブール」

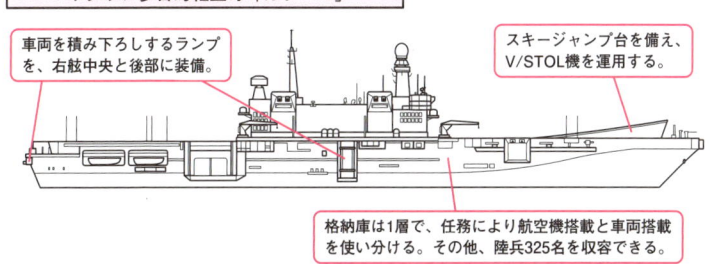

車両を積み下ろしするランプを、右舷中央と後部に装備。

スキージャンプ台を備え、V/STOL機を運用する。

格納庫は1層で、任務により航空機搭載と車両搭載を使い分ける。その他、陸兵325名を収容できる。

満載排水量：27,100t　　速力：28ノット
全長：235.6m　　標準搭載機：V/STOL機8機＋ヘリ12機 or 装甲車両60両

用語解説

●NATO→冷戦時代に西欧諸国とアメリカにより組織された北大西洋条約機構の略。旧ソ連を中心とする東側のワルシャワ条約機構と対峙していた。アメリカやカナダも含め、現在の加盟国は28カ国。ロシアも準加盟国となっている。

No.017　第1章●空母発達の歴史と空母の種類

No.018
戦後の空母3 その他の国々

空母を持つことが海軍力の証となった今、各国の利権が入り乱れるアジアではついに中国が空母を保有し、新たな戦略をうかがっている。

●海軍力の象徴として空母を保持する国々

　空母建造に出遅れた旧ソ連では、船体後部に飛行甲板を設けヘリを搭載した「モスクワ」級を**重航空巡洋艦**として建造。次いで1975年には全通飛行甲板を配した「キエフ」級を就役させ、事実上の空母を保有した。搭載航空機はVTOL機のYak-38と対潜ヘリだが、Yak-38は能力が低く短命に終わった。「モスクワ」級「キエフ」級はともに退役している。そのあとを継いで1990年に就役したのが「アドミラル・クズネツォフ」で、アングルド・デッキ式の飛行甲板と艦首にスキージャンプ台を備えたSTOBAR（ストーバー）方式の空母となり、CTOL艦載機とヘリを搭載する。現在はロシアが運用中だ。

　その２番艦であり途中で建造が中止された「ワリヤーグ」を中国が購入。自国で大幅な改造を行い2012年に就役させたのが、STOBAR空母「遼寧（りょうねい）」だ。CTOL艦載機とヘリを運用するが、その実力や完成度は未知数。次世代の国産空母建造のテストベッドとして、試験運用されている。

　インドは、退役したイギリスの「ハーミーズ」を購入し改造して、STOVL（ストーブル）軽空母「ヴィラート」として1987年に就役させた。さらにロシアから「キエフ」級を改造したSTOBAR空母「ヴィクラマーディティヤ」を購入し、インド国産のSTOBAR空母「ヴィクラント」も建造中で、数年のうちに相次いで就役する。中型空母2隻体制を目指し、「ヴィラート」は退役の予定だ。

　この他にタイも、1万t強のSTOVL軽空母「チャクリ・ナルエベト」をスペインで建造し、1997年から運用している。現在、世界最小の空母だ。

　南米ではかつて、ブラジルとアルゼンチンの2国が空母を運用していた。ただしアルゼンチンの空母は1998年に除籍され、現在はブラジルの「サン・パウロ」のみが運用されている。フランスの「フォッシュ」を購入し改造したこの艦は、蒸気カタパルトを備える中型CATOBAR（キャトーバー）空母だ。

各国が運用する空母とその母港

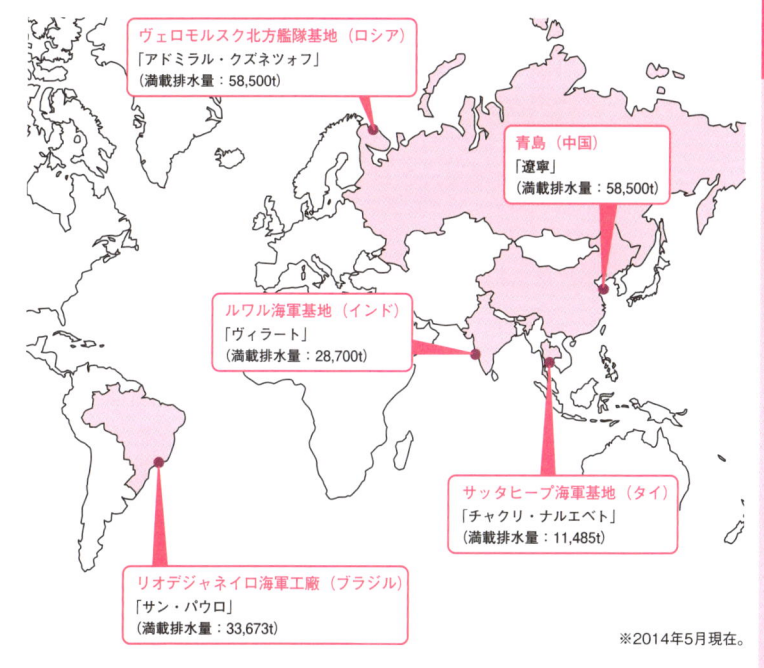

- ヴェロモルスク北方艦隊基地（ロシア）
  「アドミラル・クズネツォフ」
  （満載排水量：58,500t）

- 青島（中国）
  「遼寧」
  （満載排水量：58,500t）

- ルワル海軍基地（インド）
  「ヴィラート」
  （満載排水量：28,700t）

- サッタヒープ海軍基地（タイ）
  「チャクリ・ナルエベト」
  （満載排水量：11,485t）

- リオデジャネイロ海軍工廠（ブラジル）
  「サン・パウロ」
  （満載排水量：33,673t）

※2014年5月現在。

世界が注目する中国の新空母

中国　練習空母「遼寧」

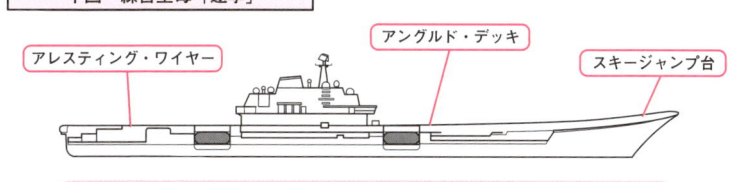

アレスティング・ワイヤー　　アングルド・デッキ　　スキージャンプ台

満載排水量：58,500t　　最大速度：？
全長：304m　　搭載機数：20機前後？

旧ソ連時代に途中で建造中止となった「アドミラル・クズネツォフ」の2番艦「ワリヤーグ」の船体を中国がウクライナからスクラップとして購入し、空母として完成させた。

豆知識

● ソ連が「重航空巡洋艦」と呼称した理由→ソ連の「キエフ」級は、「重航空巡洋艦」と呼ばれていた。実はソ連の拠点は黒海にあったが、軍事協定により出口のボスポラス海峡を空母が通過できない取り決めになっていたからだ。そこで「空母」とは名乗らなかったのだ。

No.019
空母から生まれた強襲揚陸艦

上陸作戦のためにアメリカ海兵隊が生み出したのが強襲揚陸艦。外見は空母に似ておりV/STOL機も運用するが、空母とは区別されている。

●空母から生まれた自己完結能力の高い多用途艦

　強襲揚陸艦(LHA/LHD)は、敵地に上陸部隊を揚陸させるための軍艦。その手段として輸送ヘリコプターや**揚陸艇**を搭載し運用する。

　1950年代に、アメリカ海兵隊が上陸作戦の戦訓から専用艦を欲し、護衛空母を改造して、強襲ヘリ空母(LPH)としたことから始まっている。その運用試験の結果、大型ヘリによる上陸作戦が有効であることが確かめられ、「エセックス」級を改造した強襲ヘリ空母を経て、「イオー・ジマ」級の強襲揚陸艦(LHA)を新造した。元が空母なので全通甲板を備えた外見は似ているが、主に上陸作戦を主任務とすることで空母と区別されている。

　さらに重装備(戦車や装甲車など)を揚陸するにはヘリでは無理のため、小型の揚陸艇を艦内から直接発艦できる機能が求められた。そこでウェルドック(艦内にあるドック)を備えた「タラワ」級強襲揚陸艦(LHD)が1976年に登場する。ヘリによる空中からの揚陸と、汎用揚陸艇(LCU)や**ホバークラフト型揚陸艇(LCAC)**を使った海上からの揚陸の2面作戦を行うことが可能になった。また自己完結性を求めるアメリカ海兵隊は、戦闘ヘリやV/STOL機も搭載して、近接航空支援能力も備えるようになった。

　現在の主力強襲揚陸艦である「ワスプ」級は満載排水量40,650tの大型艦。標準装備で、**オスプレイ**や輸送ヘリ、戦闘ヘリなど約40機、V/STOL機6機、LCACを3隻搭載し、約1,900名の海兵隊と戦車4両を含む各種車両約130両、火砲6門などを収容する。これは海兵遠征隊(MEU)1個丸ごとだ。

　空母から誕生した強襲揚陸艦は、今やアメリカ以外にも、イギリス、フランス、イタリア、スペイン、韓国など多くの国々で装備されており、オーストラリアとロシアが導入を進めている。中には航空機運用能力を高め軽空母の能力を兼ね備える艦もあり、現在の大きなトレンドとなっている。

強襲揚陸艦の搭載能力

強襲揚陸艦「ワスプ」級

満載排水量：40,650t
全長：257.3m
速力：22ノット

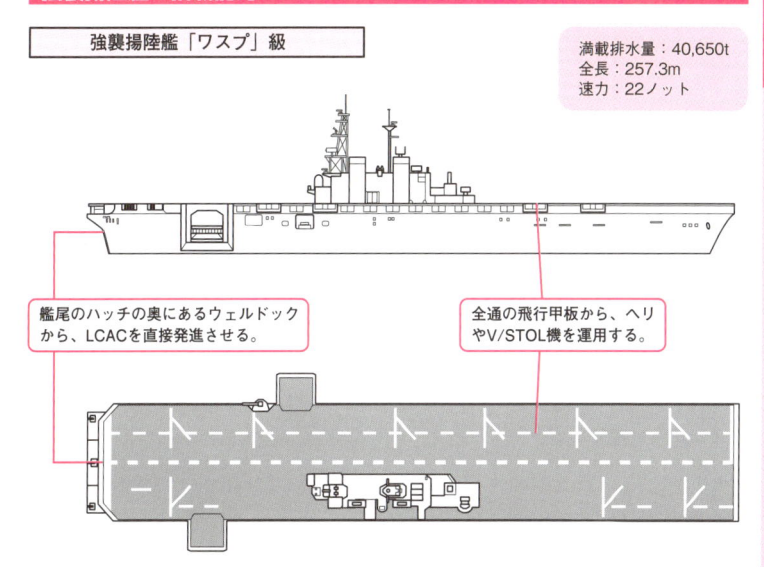

艦尾のハッチの奥にあるウェルドックから、LCACを直接発進させる。

全通の飛行甲板から、ヘリやV/STOL機を運用する。

搭載機と揚陸艇

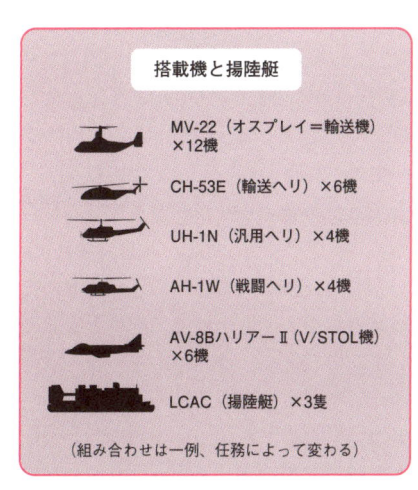

- MV-22（オスプレイ＝輸送機）×12機
- CH-53E（輸送ヘリ）×6機
- UH-1N（汎用ヘリ）×4機
- AH-1W（戦闘ヘリ）×4機
- AV-8BハリアーⅡ（V/STOL機）×6機
- LCAC（揚陸艇）×3隻

（組み合わせは一例、任務によって変わる）

積載兵力

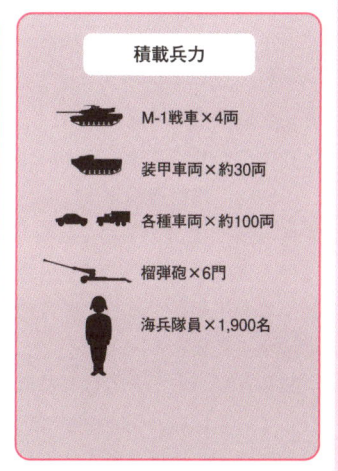

- M-1戦車×4両
- 装甲車両×約30両
- 各種車両×約100両
- 榴弾砲×6門
- 海兵隊員×1,900名

用語解説

- **揚陸艇**→港湾施設のない海岸でも、兵や車両などを直接揚陸（ビーチング）できる小型艇。
- **ホバークラフト型揚陸艇（LCAC）**→水面に浮き上がって滑走し陸上に乗り上げられる艇。
- **オスプレイ**→ティルトローターと呼ばれる翼が稼動する構造で垂直離着陸可能な輸送機。

第1章●空母発達の歴史と空母の種類

No.020
なぜ空母を持てる国は限られるのか？

現在、空母を保有している国は、世界に10カ国しかない。空母を建造し維持運用するには、それに見合った国力が要求されるのだ。

●空母を持つには、膨大な予算が必要だ

現在、空母は海軍戦力の中心的存在になっている。それにもかかわらず、空母を保有している国はわずか10カ国、過去に短期間でも保有したことがある国を含めても、15カ国にすぎない。それはなぜなのだろう？

その最大の理由は、建造にあまりにも巨額の費用がかかることにある。例えば、アメリカの新原子力空母は、建造費だけなら5,000～6,000億円だが、新しい技術を多く盛り込んでいるため、開発費も含めるとその数倍が見込まれている。この金額だけで小国の軍事費総額を上回ってしまう。しかも搭載する艦載機の購入費用が別途にかかる。現在の最新鋭機なら1機約100億円。それをある程度の数揃えないと、空母は戦力化されない。

また、現在建造中のイギリスの新空母は、2隻で約5,700億円（1隻当たり2,850億円）で発注されている。厳密には空母ではないが、海上自衛隊が建造中のヘリ搭載護衛艦「いずも」型の予算が、1隻約1,200億円だ。

さらに、**維持運用**するにも巨額の予算が必要。スーパーキャリアの場合、乗員は航空要員を含めて5,000人以上。軽空母でも1,000人以上が普通で、その人件費や食費だけでも大変だ。もちろん艦が大型な分、運航するには様々な費用がかかるし、艦載機の維持運用コストもかかる。空母を守る護衛艦隊も必要など、とにかく金食い虫なのだ。

技術的なハードルもけして低くない。空母を建造する技術力と工業力を持っている国は、現在国産で建造中の国を含めても、10カ国程度しかない。他国で建造した艦を購入する場合も、維持運用やメンテナンスなどの技術がいる。艦載機の運用も、通常の陸上機に比べると難しい。

一方で現在の日本は技術力はあるものの政治的な理由から空母を持てない。このような様々な理由から、空母を持てる国は限られてしまうのだ。

空母を持つためにかかる費用

空母の初期費用

●建造費
米原子力空母で5,000～6,000億円。軽空母でも1,000億円以上。新装備の開発費が上乗せされることもある。

＋

●艦載機の購入費用
空母の武器となる艦載機は、新鋭機なら1機約100億円。予備機も含め、数を揃えないと戦力にならない。

空母の維持運用費用

- ●燃料など消耗材
- ●乗員の人件費
- ●艦のメンテナンス費用
- ●艦載機の維持費
- ●係留施設などの費用
- ●護衛艦隊の維持運用費

空母を持つには膨大な費用がかかる！

空母を建造できる技術を持った国は？

◎	自国で建造し運用中	アメリカ、イギリス、フランス、イタリア、スペイン
○	現在、国産空母を建造中	インド、中国（？）
△	過去に空母を自国で建造した	日本、ウクライナ（※旧ソ連）、ドイツ（未完成）
×	他国から購入して運用中	ブラジル、タイ
×	過去に購入して運用経験あり	オーストラリア、カナダ、オランダ、アルゼンチン

※旧ソ連では現在のウクライナにある造船所で空母を建造していた。

豆知識

●維持運用→国家の財政が苦しい国では、予算不足で空母を持っていても運用ができない国もある。タイやブラジルでは、現在ほとんど動かされていない。しかし地域に海軍力を誇示する象徴的な存在として、いざというときのために維持され続けている。

No.020 第1章●空母発達の歴史と空母の種類

No.021
もうすぐ登場、近未来の空母

アメリカは「ニミッツ」級の次世代空母を開発中だ。またイギリスやアジアの各国でも新空母建造が進んでいる。

●今後10年以内に各国で新時代の空母が完成する

　アメリカ海軍は、「ニミッツ」級の後継となる新しい原子力空母「ジェラルドR.フォード」級を建造中で2013年に進水した。満載排水量はおよそ10万tと大きさはほぼ変わらないが、**イージス艦**を超えるレーダーシステムや電磁カタパルトなど、新機軸の装備導入が大きな目玉となっている。そのため建造スケジュールは遅れ気味だが、2015年には完成予定だ。

　一方でアメリカ海兵隊も、新時代の強襲揚陸艦「アメリカ」級を建造中だ。ウェルドックを廃した代わりに航空機運用能力を格段に高めた設計となり、実質上のSTOVL(ストーブル)空母として誕生する予定だ。

　イギリスでは、2つの艦橋が特徴的な、7万tを超える「クイーン・エリザベス」級を2隻建造中だ。当初はSTOVL空母の予定だったのが、搭載機に予定していた**F-35B**の開発の遅れによりCATOBAR(キャトーバー)空母に設計を変更。しかし予算超過の問題に突き当たり、また元のSTOVL空母に戻るという迷走状況で先行きは不透明。1番艦は2020年頃の完成を目指している。

　フランスも「クイーン・エリザベス」級と基本設計を共通化した通常動力型空母を計画中だ。カタパルトを備えたCATOBAR空母となる予定だが、予算などの関係で先行きは不透明。計画が白紙になる可能性もある。

　アジアでも新空母の建造が進められている。インドは、旧ソ連の「キエフ」級を改造した「ヴィクラマーディティヤ」と、国産の「ヴィクラント」の2隻のSTOBAR(ストーバー)空母をすでに進水させ、数年以内に就役する予定。中国は、練習空母「遼寧(りょうねい)」での様々なテストを反映した6万tクラスの空母1～2隻を計画中だと伝えられている。日本でも、基準排水量が19,500tと軽空母並みの大きさで、車両輸送能力を備えた多用途**ヘリ搭載護衛艦(DDH)**2隻を建造中。1番艦「いずも」はすでに進水し、2015年に就役する予定だ。

次世代の空母

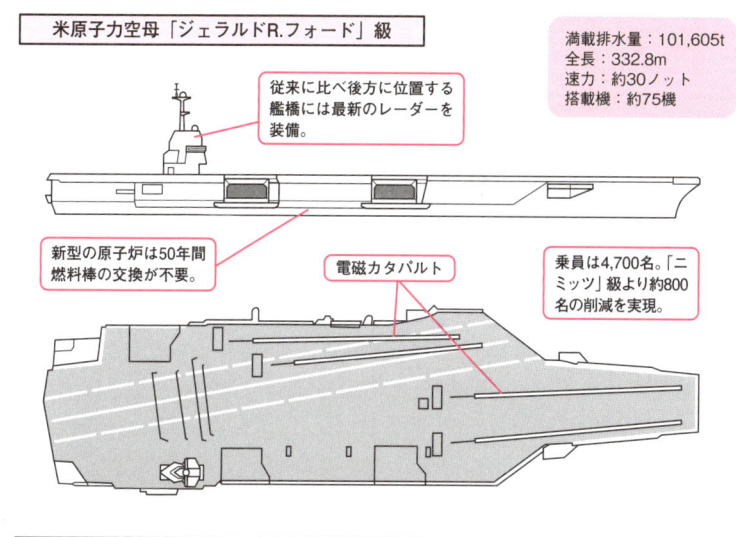

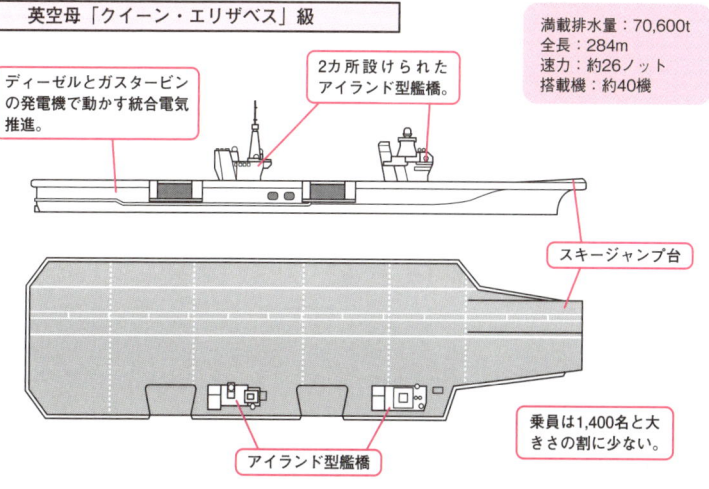

米原子力空母「ジェラルドR.フォード」級

満載排水量：101,605t
全長：332.8m
速力：約30ノット
搭載機：約75機

- 従来に比べ後方に位置する艦橋には最新のレーダーを装備。
- 新型の原子炉は50年間燃料棒の交換が不要。
- 電磁カタパルト
- 乗員は4,700名。「ニミッツ」級より約800名の削減を実現。

英空母「クイーン・エリザベス」級

満載排水量：70,600t
全長：284m
速力：約26ノット
搭載機：約40機

- ディーゼルとガスタービンの発電機で動かす統合電気推進。
- 2カ所設けられたアイランド型艦橋。
- スキージャンプ台
- アイランド型艦橋
- 乗員は1,400名と大きさの割に少ない。

用語解説

- **イージス艦**→高度な防空システムと対空ミサイルを積んだ対空巡洋艦。
- **F-35B**→アメリカを中心とする国で開発中の新世代V/STOL機。
- **ヘリ搭載護衛艦（DDH）**→ヘリの運用を主としV/STOL機の運用能力はないので空母とは区別されている。あえていえばヘリ空母（CVH）だ。

No.021 第1章●空母発達の歴史と空母の種類

No.022
トンデモ空母も考えられた

空母は軍艦に航空機を載せるという当時としては発想転換の産物だったが、その中でも歴史に残るトンデモ空母や航空戦艦が考えられた。

●氷山？空母「ハボクック」

　歴史に残るトンデモ空母といえば、第二次大戦時にイギリスで考えられた**パイクリート**空母「ハボクック」がある。氷のような素材で造られた空母で、その大きさは排水量200万t、全長600m、全幅90mという巨大なもの。戦闘機と攻撃機を合計300機搭載する予定だった。別名「氷山空母」とも呼ばれたが、自然の氷山を削ったものではなく、人工的に凍らせたパイクリートブロックを組み合わせた構造。水にウッドチップを混ぜて凍らせたパイクリートは普通の氷よりも溶けにくく、さらに冷却パイプを通して溶けるのを防ぐ仕組みだ。魚雷や爆弾で攻撃されても凹むだけで、再び凍らせれば修復が容易という利点もあった。これは単なる絵空事ではなく、実際に全長18m、1,000tの実験艦が造られ、湖での運用テストは良好だった。完成すれば水温の低い大西洋北部での運用が予定されたが、アメリカから大量の護衛空母を供与されたこともあり、計画は中止されてしまった。

●実用性が低かった航空戦艦

　実際に造られた空母もどきといえば、日本海軍の2隻の航空戦艦も忘れてはならない。戦艦の巨砲による強力な打撃力と、航空機搭載のアウトレンジ攻撃力を併せ持つ艦は、各国で度々計画されたが、実現させたのは日本海軍だけ。空母が不足し出した1943年、戦艦「伊勢」と「日向」を航空戦艦に改造。6基ある連装主砲塔のうち後部の2基を撤去して、格納庫と飛行甲板を設けた。飛行甲板の斜め前に2基の火薬カタパルトを装備して、艦上爆撃機22機を連続発艦できる構造だった（着艦は不可）。しかし、戦争末期には艦載機が不足し、中途半端な性格も災いしてか、本来意図した航空戦艦としての使い方をされることは一度もなく、終戦を迎えた。

イギリスで計画された「氷山空母」

パイクリート空母「ハボクック」

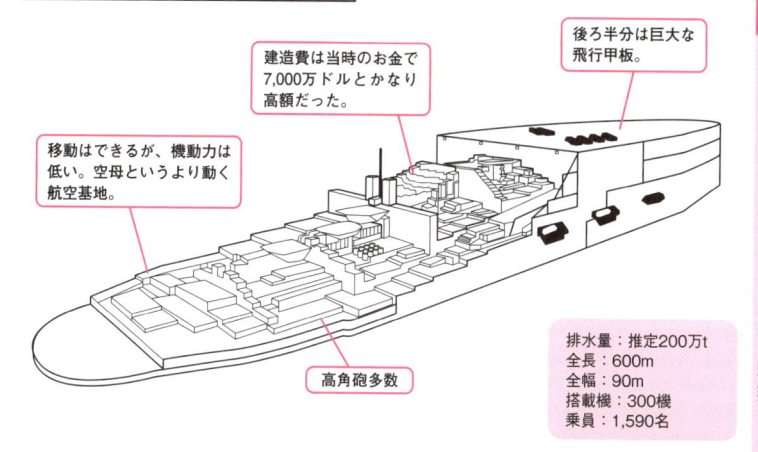

- 後ろ半分は巨大な飛行甲板。
- 建造費は当時のお金で7,000万ドルとかなり高額だった。
- 移動はできるが、機動力は低い。空母というより動く航空基地。
- 高角砲多数

排水量：推定200万t
全長：600m
全幅：90m
搭載機：300機
乗員：1,590名

日本海軍が造った航空戦艦

航空戦艦「伊勢」

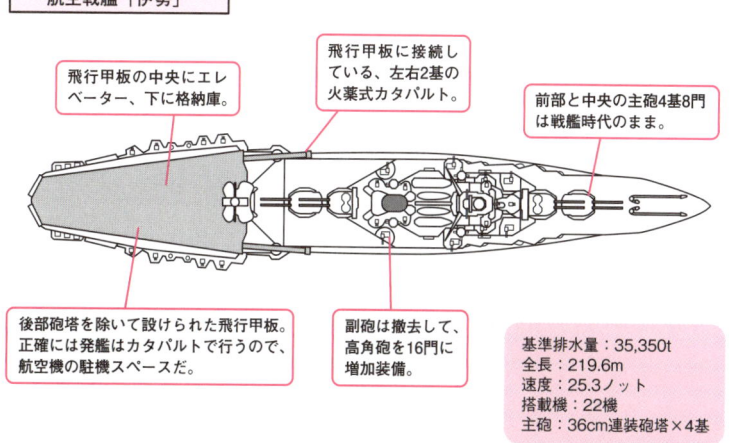

- 飛行甲板の中央にエレベーター、下に格納庫。
- 飛行甲板に接続している、左右2基の火薬式カタパルト。
- 前部と中央の主砲4基8門は戦艦時代のまま。
- 後部砲塔を除いて設けられた飛行甲板。正確には発艦はカタパルトで行うので、航空機の駐機スペースだ。
- 副砲は撤去して、高角砲を16門に増加装備。

基準排水量：35,350t
全長：219.6m
速度：25.3ノット
搭載機：22機
主砲：36cm連装砲塔×4基

用語解説

● **パイクリート** → 発明者はJ・N・パイク氏で、元々は耐魚雷のための装甲材として考案された。木のように容易に加工ができる一方で小銃弾を跳ね返す堅さを備えていた。パイクリートブロックは、寒冷地の人工池にウッドパルプを混ぜた水を流し込み凍らせて製造する。

51

潜水空母　伊-400型

　第二次大戦当時、日本海軍は潜水空母とも呼ばれる「伊-400型」潜水艦を開発した。全長122m、基準排水量3,590t、水中排水量(潜航時の排水量)6,560tの大きさは軽巡洋艦に匹敵し、第二次大戦当時には世界最大の大きさを誇る潜水艦であった。その外見的特徴でもある艦橋前部に備えられた円筒形の格納庫の中に、水上攻撃機「晴嵐」3機を収納し、カタパルトを使って発艦運用できた。

　潜水艦に艦載機を搭載する発想はこれ以前にもあった。アメリカでは1923年以降に「S-1級」潜水艦に水上複葉機を載せる実験を行い、イギリスも「M級」潜水艦の2番艦を1928年に水上機搭載艦に改装した。映画『ローレライ』にも登場したフランスの「シェルクーフ」も、1934年の就役時から水上偵察機を1機積んでいた。しかし、いずれも実験的な試みで終わっていた。

　日本では、1932年に就役した巡洋型潜水艦「伊-5」に始まり、40隻近い潜水艦に、艦載機を1機搭載できる構造を備えた。ただし搭載したのは索敵任務に使う小型水上偵察機で、任務によっては艦載機を積まずに出撃することもあった。

　一方「伊-400型」は、最初から艦載の攻撃機での敵攻撃を目的として開発された。搭載された「晴嵐」は、800kg爆弾か800kg航空魚雷を搭載できる艦上攻撃機。着艦は水上に降りた機を収容するが、敵を攻撃するための兵器として航空機を複数搭載したという意味で、潜水空母と呼ぶにふさわしかった。

　「晴嵐」3機は、翼を折りたたみフロートを外した形で格納庫に収納された。発艦時に素早く準備を終えられるように、格納庫内で航空機のエンジンオイルを温める装置も積まれていたという。格納庫の巨大な扉は油圧で開閉され、その前部は26mのカタパルトレールに直結している。このカタパルトは圧縮空気を使うタイプで、射出重量5tの性能を備えていた。ただし圧縮空気の再充填には約4分かかるため、3機を連続発艦させるためには最短で8分の時間が必要だった。

　また「伊-400型」は、6万kmを超える長大な航続距離を持ち、120日分に及ぶ食糧等を搭載できた。当初はアメリカ本土やパナマ運河の攻撃を念頭に置いており、「晴嵐」を2機搭載する「伊-13」「伊-14」(基準排水量2,620t)とともに、敵の哨戒線を掻い潜って航空攻撃を加える、潜水空母として期待された。

　しかし就役した1944年以降は戦況が悪化し、戦果を上げることは叶わなかった。終戦までに3隻が完成したうち「伊-400」と「伊-401」の2艦は、ミクロネシアのウルシー泊地攻撃に向かう途上で終戦を迎えた(「伊-402」は呉で終戦)。潜水艦搭載機による敵攻撃は、1942年に米本土のオレゴン州森林地帯に、「伊-25」を発進した零式小型水上偵察機が行ったのが唯一とされている。

　戦後、「伊-400型」はアメリカ軍に接収され、その構造をくまなく調査された。その後に登場したアメリカのミサイル搭載潜水艦に大きな影響を与えたといわれている。また、調査後にはハワイ沖で沈没処分されたが、「伊-401」が2005年に、「伊-400」が2013年に、それぞれ海底に横たわる姿が発見されている。

第2章
空母の構造と機能性

No.023
空母黎明期の飛行甲板の発達

空母の特徴である飛行甲板は、黎明期にいろいろな形が試された。結果、全通甲板に艦橋を右舷に設置するアイランド型にたどりついた。

●試行錯誤を重ねてたどりついたアイランド型の全通甲板

　飛行甲板は、空母の最大の特徴だ。空母黎明期のイギリスの「フューリアス」は、1918年に巡洋艦の艦橋の前に発艦用、後ろに着艦用と2つの飛行甲板を備えて誕生した。しかし艦橋が邪魔になり、発艦は問題なくても、着艦は非常に難しかった（後に艦橋を撤去し2段式空母に改装された）。

　その直後に誕生した「アーガス」は、艦の上部が平らな平甲板を備えて着艦を可能にした初の空母となった。邪魔物がまったくない平らな飛行甲板は、航空機の発着には具合がよかった。アメリカ初の空母「ラングレイ」や日本初の空母「鳳翔（ほうしょう）」も、平甲板を備えて誕生した。

　しかし平甲板では、艦橋が飛行甲板の下に配置されるため、艦の運航や航空機発着時の管制などに不具合が生じた。そこで航空機の発着と艦の運用を両立する方式として、薄い艦橋を艦の中央**右舷**ギリギリに設けたアイランド型（島型）の全通甲板が考案された。初めて備えたのは、1920年完成のイギリス空母「イーグル」で、以降これが標準的な構造となった。

　一方で効率的に飛行甲板を使おうと試されたのが、多層式飛行甲板だ。初期の艦載機は軽量で、短い飛行甲板でも運用できたことから考案された。日本海軍の「赤城（あかぎ）」と「加賀（かが）」は、完成当時は3段式の飛行甲板を備えていた。下段の飛行甲板は戦闘機などの小型航空機発艦用、中段には艦橋や砲塔と短い飛行甲板（ほとんど使われなかったが）を設置、そして上段は攻撃機の発艦と全機の着艦用として使い分けた。発着艦が同時にできるだけでなく、下段は格納庫に直結しており、緊急時の発艦準備にも便利だったのだ。しかしすぐに艦載機が高性能化して発着艦に長い距離が必要になり、3分割した分短くなった飛行甲板が仇になった。結果、両艦とも大改装され、アイランド型の全通甲板を持つ大型空母として生まれ変わった。

平甲板とアイランド型全通甲板

平甲板型空母「アーガス」

基準排水量：14,450t
全長：172.5m

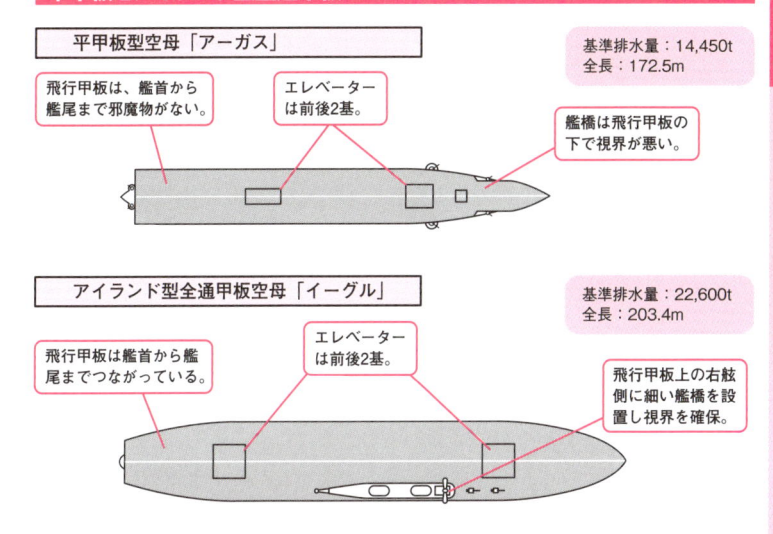

- 飛行甲板は、艦首から艦尾まで邪魔物がない。
- エレベーターは前後2基。
- 艦橋は飛行甲板の下で視界が悪い。

アイランド型全通甲板空母「イーグル」

基準排水量：22,600t
全長：203.4m

- 飛行甲板は艦首から艦尾までつながっている。
- エレベーターは前後2基。
- 飛行甲板上の右舷側に細い艦橋を設置し視界を確保。

多層式飛行甲板とは？

3段式空母「赤城」（新造時）

基準排水量：26,900t
全長：261m

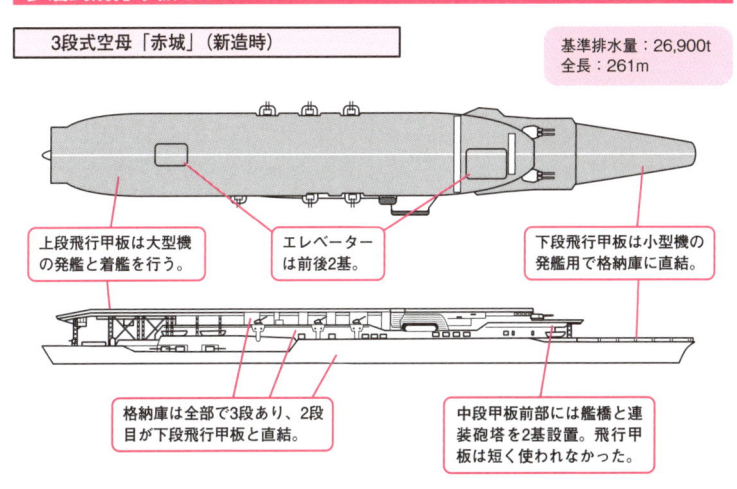

- 上段飛行甲板は大型機の発艦と着艦を行う。
- エレベーターは前後2基。
- 下段飛行甲板は小型機の発艦用で格納庫に直結。
- 格納庫は全部で3段あり、2段目が下段飛行甲板と直結。
- 中段甲板前部には艦橋と連装砲塔を2基設置。飛行甲板は短く使われなかった。

豆知識

- **右舷**→アイランド型の艦橋は右舷に設置されるが、数少ない例外が日本海軍の「赤城」（改装後）と「飛龍」で、左舷側に艦橋があった。しかし右舷に相手を見る側が回避するという船舶航行のルールや、艦橋と煙突に飛行甲板が挟まれ着艦がやりにくいなどの理由で、その後は存在しない。

No.024
飛行甲板の材質は？

空母の敵攻撃に対する防御力は、けして強固ではない。特に広大な飛行甲板は、重量配分の問題から長らく無防備な状態が続いていた。

●最初、飛行甲板は無防備だった

　空母の飛行甲板は、時代によって様々な材質で造られてきた。第二次大戦以前の空母では、長らく薄い鋼板の上に木製の板が張られていた。空母以外の軍艦の甲板にもよく使われたオーク材が多かったが、戦時で入手ができないときは、ヒノキや松などが使われたこともある。

　木の板が使われた理由には重量の問題がある。飛行甲板は艦の最上部にあり面積が広いため、ここを重くするとトップヘビーと呼ばれる重心が高い状態になってしまい、艦全体の安定性が著しく低下してしまうからだ。

　また日本海軍では、飛行甲板に張る木材が不足したあとは、**特殊なラテックス**とセメントを混合したものを、飛行甲板の材料としていた。

　また空母の飛行甲板は、敵航空機からの爆撃目標となりやすく、空母の防御力の脆弱性対策が求められるようになった。多くの主力空母は、軍艦の基準で造られていたため、艦の主要部（機関部や爆弾庫など）にはそれなりの装甲が施されていた。しかし飛行甲板やその下にある格納庫は、爆弾や敵艦の砲弾に対して、まったく無防備だったからだ。

　1940年に就役したイギリスの「イラストリアス」は、初めて飛行甲板に装甲を施した空母だ。正確にいえば格納庫を装甲で囲み、その天井部分の飛行甲板が装甲甲板となった。日本の装甲空母「大鳳（たいほう）」も同様で、格納庫上部以外の飛行甲板は無装甲だった。一方、アメリカの空母は飛行甲板ではなく、艦の**上甲板**（格納庫の床部分）に装甲が施された。飛行甲板に厚い装甲を施したのは、戦後に登場した**「ミッドウェー」級**からだ。

　やがて戦後になるとジェット機の排気炎対策や、核攻撃からの防御対策などもあり、飛行甲板には装甲に加え高い耐火性や耐熱性が求められるようになった。今では熱に弱い木製の飛行甲板は考えられない。

空母の装甲の方式

●飛行甲板＆格納庫装甲

格納庫の上面以外の飛行甲板は無装甲。

格納庫の周囲を強化する。

メリット	デメリット
・格納庫が守られて搭載機の被害は最小限。 ・格納庫の下にある艦の主要部も防護できる。	・重心が高くなり安定が悪くなる。 ・格納庫の大きさが制約を受け狭くなる。

●上甲板装甲

上甲板（格納庫の床面）を強化する。

飛行甲板や格納庫周囲は無装甲。

メリット	デメリット
・トップヘビーになりにくく、安定がよい。 ・船体にダメージを受けにくく沈みにくい。	・攻撃を受けたら、格納庫まで被害が及び、搭載機も破損しやすい。

V/STOL機運用には、飛行甲板の強化が必要

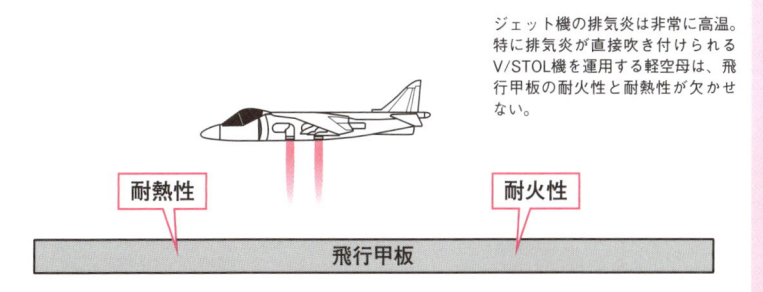

ジェット機の排気炎は非常に高温。特に排気炎が直接吹き付けられるV/STOL機を運用する軽空母は、飛行甲板の耐火性と耐熱性が欠かせない。

耐熱性　　耐火性

飛行甲板

用語解説

●**特殊なラテックス**→日本海軍では、ゴム液に珪酸ソーダや木屑などを混ぜ飛行甲板に施した。
●**上甲板**→船の主要構造物のもっとも上にある甲板。空母の場合、飛行甲板は別物として扱われる。
●**ミッドウェー級**→戦後に登場したミッドウェー級は、飛行甲板全面に厚さ9cmの鋼板を使用した。

No.024　第2章●空母の構造と機能性

No.025
飛行甲板の革新、アングルド・デッキ

限られた飛行甲板のスペースを有効利用するために考案されたのがアングルド・デッキ。発艦と着艦の軸をずらすことで、事故も軽減した。

●現代の空母の大きな特徴

　戦後、ジェット機の時代になって革新的な飛行甲板として登場したのが、アングルド・デッキ(斜め飛行甲板)だ。その名の通り、艦の後部から左舷に向けて斜めの飛行甲板を設けてある。

　従来のストレートな全通甲板では、発艦の動線軸と着艦の動線軸が重なるため、同時に行うことは事実上不可能だった。着艦はアレスティング・ワイヤーに引っかけて急制動させるが、しばしば引っかけそこなって、オーバーランしたり、タッチ＆ゴー(緊急再離陸)することも少なくない。そのときに、動線軸上に発艦を待つ搭載機が並んでいたら大事故になる。そのため、発艦と着艦は完全に分けて行われていた。

　アングルド・デッキは、艦の軸線から約9度斜めにずらして設けられている。エレベーターや駐機スペースは着艦動線から外れた部分に設けられ、不用意な事故は回避される。アングルド・デッキの延長は海であり、着艦に失敗した場合のタッチ＆ゴーも危険が少ない。クラッシュバリアー(緊急停止装置)を使う場合や最悪オーバーランした場合も、被害は最小限で済む。発着艦作業を同時に行うことも可能だが、現実にはほとんどない。

　アメリカのスーパーキャリアでは、艦首にある2基のカタパルトの他にアングルド・デッキの前部にもカタパルトが2基備えられている。甲板露天駐機を常時行うので、艦首部分をすべて駐機スペースに使い、アングルド・デッキの部分で発着艦を行うような使われ方をすることもある。

　アングルド・デッキは、1950年代にイギリスで考案されたが、1952年にアメリカが「エセックス」級空母「アンティータム」を改造して装備したのが始まり。その後、CATOBAR(キャトーバー)空母やSTOBAR(ストーバー)空母では最初からアングルド・デッキを装備し、STOVL(ストーブル)空母や強襲揚陸艦との外見的な違いとなっている。

「ニミッツ」級のアングルド・デッキの構造

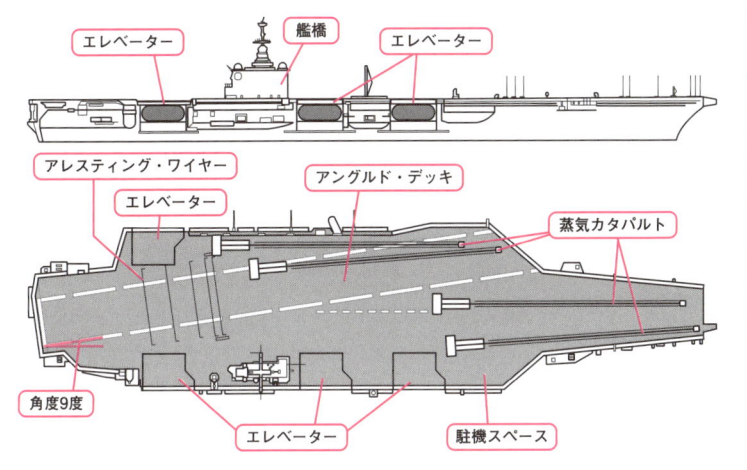

- エレベーター
- 艦橋
- エレベーター
- アレスティング・ワイヤー
- エレベーター
- アングルド・デッキ
- 蒸気カタパルト
- 角度9度
- エレベーター
- 駐機スペース

アングルド・デッキの利点

●ストレートな全通飛行甲板

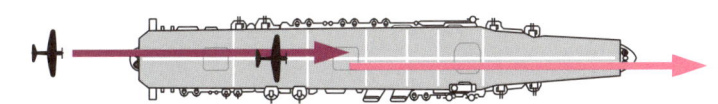

発艦動線軸と着艦動線軸が重なるため、着艦時にトラブルがあれば大事故につながりやすい。発着艦同時は無理で、着艦時には甲板上に駐機した艦載機も片づける必要がある。

●アングルド・デッキ

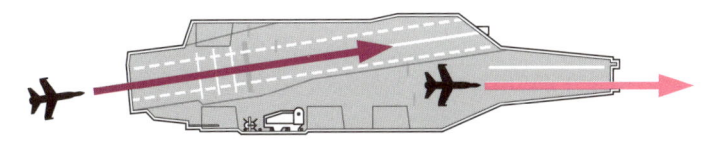

着艦動線軸は9度斜めにずれているため、着艦時の事故は最上限の被害で済む。また発着艦を同時に行ったり艦首を駐機スペースにしてしまうなど、フレキシブルな使い方が可能。

豆知識

- **斜め飛行甲板のSTOVL空母**→VTOL機を運用した旧ソ連の「キエフ」級も、斜めにずれた飛行甲板を持っていたが、これは艦橋の前部に大量のミサイルや砲塔など固定武装を搭載したためだった。着陸動線重視のアングルド・デッキとは、意味合いが違った。

No.026
迷走した煙突の配置と工夫

空母の黎明期から、煙突をどのように設置するかが、大きな問題となった。航空機の発着を妨げないように様々な配置や工夫が試された。

●煙突から出る高温の煙は航空機発着艦の障害になる

　大型で高速が求められる空母は、大出力を生み出す蒸気ボイラーを動力にしていた。煙突から出た高温の黒煙は艦の後ろにたなびき、視界を遮るだけでなく複雑な乱気流を生じて、航空機の運用、特に着艦時の邪魔となった。また太い煙突そのものも邪魔物だった。

　そこで様々な煙突の配置が工夫された。日本海軍では、初の空母「鳳翔」ですでに工夫を施した煙突を採用した。右舷中央に突き出た3本の煙突は、途中から倒れる起倒式となり、普段は立てて使い、航空機を発着するときは倒して使うという構造だ。常に倒して低い位置にしておけばよいようなものだが、海が荒れたときに海水が入り込んでしまう恐れがあったのだ。しかし稼動させる構造が重くなり、後に固定式に改装された。

　「赤城」では、海水逆流防止構造にした大きな煙突を下向きに設置し、同時に海水で冷却することで、煙を無色化する工夫を行った。同時期に造られた「加賀」では、中央部から両舷に設置した長い導煙パイプで艦尾まで煙を導き、後ろから排煙する方式を採った。ただこの方法には、導煙パイプが非常に熱くなり、その周囲の艦内環境を悪化させる(室温40℃以上)という大きな欠点があった。結局、大改装時に赤城式に改められた。

　一方でアメリカの「レキシントン」級では、アイランド型艦橋構造物の後部に大きな煙突を置き、高い位置から排煙する方式を採用した。この方式は、多少の乱気流が生じるというマイナス面は残ったが、構造もシンプルだったためその後の米英のスタンダードとなった。日本でも「大鳳」や「信濃」、「隼鷹」型で、上方排煙式を採用している。

　そして時代は進み、技術革新で昔ほど大量の煙を吐かなくなった。ついには原子力空母の登場で、煙突のない空母が誕生したのだ。

空母の様々な煙突配置

起倒式煙突

日「鳳翔」と米「レンジャー」で採用。普段は起こして使い発着艦時のみ倒す。構造が複雑で重く実用的ではなかった。

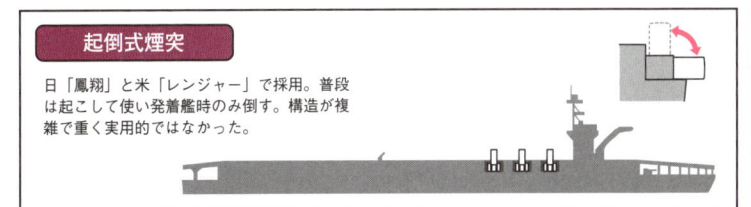

下方排煙式煙突

日本の空母で採用。右舷の中央に下向きの煙突を設置。海水逆流防止や煙突を冷やして煙の無色化を図るなど工夫された。

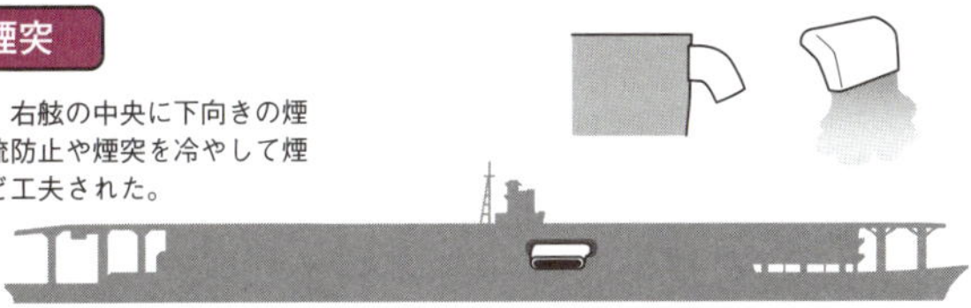

後方排煙式煙突

日「加賀」(新造時)と英「フューリアス」(改装後)で採用。熱が艦内にこもるなどデメリットが多かった。

上方排煙式煙突

米英の多くの空母で採用。できるだけ高い位置で排煙することで、煙の影響を最小限にした。その後のスタンダード。

原子力空母では、煙を出さないため煙突そのものがなくなった！

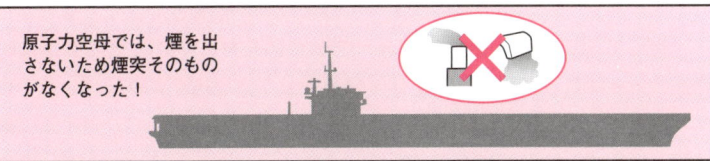

豆知識

●**特殊な赤城の構造**→日本の空母で「赤城」と「飛龍」のみ、艦橋が左舷に設置されたのも、煙突の配置と関係があった。煙突の反対側に艦橋を置くことで、無理のない設計を目指したからだという。しかし、艦橋と煙突の両側で乱気流が発生しやすくなるため不評だった。

No.027
航空機発艦の補助装置

狭い艦上から、いかに短距離で発艦できるかを追い求めることは、軍艦から航空機を発艦することで生まれた空母の歴史そのものだ。

●翼に揚力を与える速度をいかに生み出すかが鍵

　空母に発艦を手助けする装置がなかった時代、航空機は自力で飛行甲板から飛び上がった。航空機は翼に受ける空気(風)の流れで**揚力**を発生し浮かび上がる。そこで空母からの発艦では、自然の向かい風と自艦の速度を合わせた合成風力が重要で、そのため空母には高速性能が要求された。この合成風力と機体の滑走速度を合わせて、ようやく発艦できたのだ。

　また初期には、発艦速度を少しでも速くしようと、飛行甲板の前端部分に前下がりの傾斜がつけられたこともあった。しかし発艦時に機体が下を向いていると、かえって揚力を失うことが判明し、すぐに姿を消した。

　やがて艦載機の性能が上がって、機体や搭載する武器燃料が重くなるにつれ、より速い発艦速度が必要になった。そこで滑走を手助けする装置、カタパルトが考案された。1920年代には火薬式カタパルトが生まれ水上機母艦などで使われたが、空母で大量の航空機を短時間に発艦させるのには向かなかった。その後アメリカで、飛行甲板に埋め込まれた油圧式のカタパルトが開発され、狭い飛行甲板からでも重い航空機を発艦することが可能になり、空母の可能性が広がった。さらに射出能力が高い蒸気式カタパルトが開発され、より重いジェット艦載機も発艦できるようになった。

　戦後にV/STOL機が誕生すると、それに応じてイギリスで考案されたのが、スキージャンプ台だ。上向きに緩やかな弧を描くスロープから発艦することで、翼が適度に上向きになり発生する揚力が増して、短距離で艦載機を発艦することができる。ただし蒸気式カタパルトに比べると、推力の強いジェットエンジンを搭載した艦載機でも、発艦できる重さは限られてしまう。それでも、カタパルトを持たないSTOVL空母やSTOBAR空母が普及したのは、スキージャンプ台の発明による部分が大きい。

試行錯誤された揚力を生み出す工夫

揚力の原理

翼で空気の流れを変えることで、上方向への力が生じる。

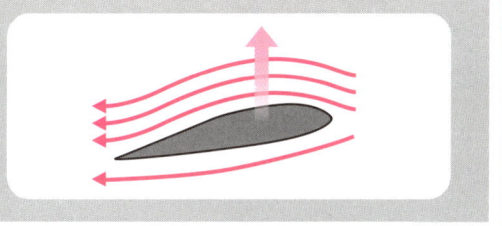

●初期に試された前下がりの飛行甲板 ⟶ かえって揚力が失われ大失敗！ すぐに廃止され姿を消した。

✕

●飛行甲板に埋め込まれたカタパルト ⟶ 滑走速度を大幅に速くして揚力UP！武器を満載した艦載機も発艦可能。

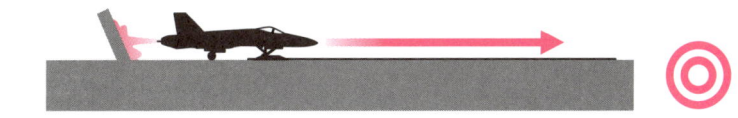

◎

●飛行甲板前部にスキージャンプ台 ⟶ 翼が適度に上向きになり揚力UP！搭載できる重さは、カタパルトより少ない。

○

用語解説

●揚力→薄い板を流体の中で動かすときに、垂直方向に働く力のこと。航空機の場合、翼を空気の流れの中に置くと、翼の上側と下側の空気の流れに違いが生じ、その結果上向きの揚力が発生することで飛び上がることができる。揚力は翼の形状や角度の違いに大きく左右される。

No.028
カタパルトの発達史

航空機を艦上から射出するカタパルトは、艦載機の大型化とともに発達していった。空母の能力を発揮するには欠かせない装備だ。

●カタパルトの有無が空母の能力の差をつけた

カタパルトは、本来は投石機や石弓を意味する。現在では、艦船から航空機を発艦させる射出機のことで、空母の歴史とともに進化してきた。

1930年頃に登場した火薬式カタパルトは、火薬が爆発する力で、レールの台車に乗せた航空機を急激に押し出して射出する仕組みだ。艦載機搭載の巡洋艦や戦艦、水上機母艦などで広く使われたが、火薬の爆発力を使うため、加速Gが急激で搭乗者に負担をかけるという欠点があった。実用的な射出能力は最大でも5t程度が限界で、新型機には能力が不足し、連続しての使用も難しかった。この他、圧搾空気を使った**空気式カタパルト**や、ロケット式カタパルトも実用化された。

飛行甲板の限られたスペースを有効利用するため、アメリカでは油圧式のカタパルトが開発された。圧搾空気と油圧装置を介して航空機を加速する仕組みで、装置は大きく複雑になるが大きな射出能力を持ち、火薬式に比べややゆっくりと加速していくのが特徴。連続使用も可能で実用的なものであった。1934年に就役した「レンジャー」や「ヨークタウン」級に初期型が装備され、大型空母「エセックス」級や護衛空母には7〜8tの射出能力を持つ油圧式カタパルトが装備された。一方で日本海軍は最後まで油圧式カタパルトを開発できず、その差が空母運用の大きな違いを生んだ。

戦後になってイギリスで開発された蒸気カタパルトは、大型艦のボイラーから発生する豊富な高圧蒸気を利用したもので、アメリカの「フォレスタル」級から実用化された。その射出能力は最新型では40tに迫り、フルに燃料や武器を搭載したジェット艦載機でも発艦させることができる。

また現在は、リニアモーターの原理で艦載機を射出させる、電磁式カタパルトが開発中。アメリカの次期原子力空母に搭載される予定だ。

カタパルトの構造と射出の仕組み

火薬式カタパルト

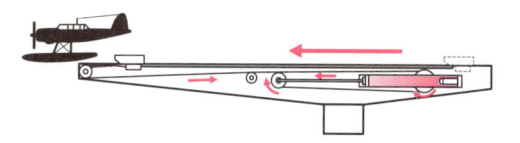

メリット	デメリット
・構造が簡単。 ・連続射出が難しい。 ・狭いスペースに装備することが可能。	・加速Gが急。 ・連続射出が難しい。 ・射出能力が限られ、最大5t程度まで。

油圧式カタパルト

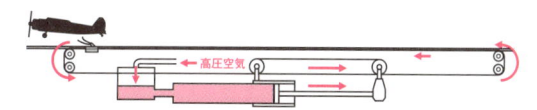

メリット	デメリット
・射出能力が火薬式より大きい。大戦時は8t程度。 ・ややゆっくりと加速するので搭乗員にやさしい。 ・連続射出が可能。	・構造が複雑。 ・装置は大がかりで、カタパルトの長さで射出能力が決まる。

蒸気カタパルト

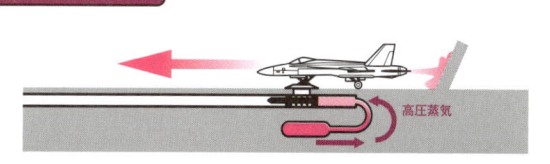

メリット	デメリット
・射出能力が高い。最新式では最大40t。 ・連続射出が可能。最新型は約37秒ごとに発艦できる。	・構造が複雑で実用化したのはアメリカとイギリスのみ。 ・装置が大がかりで、高圧蒸気をボイラーで作る艦のみ装備できる。

用語解説

●空気式カタパルト→日本海軍では多くの航空機搭載潜水艦を運用し、圧搾空気で射出する空気式カタパルトが実用化された。大戦中最大の潜水艦「伊-400」型に搭載されたカタパルトでは、射出能力5tを発揮したが、1機射出したあとの射出準備(圧搾空気の再充填時間)には4分間必要だった。

No.029
大戦時の発艦手順

限られた飛行甲板のスペースから艦載機を発艦させるためには、自然の風や艦の速度を利用できるように、艦の操船を行う必要がある。

●大きな合成風力を得るために、風上に向かって全力航行

　空母にカタパルトが装備されなかった時代は、発艦のための揚力を得るには強い向かい風が必要だった。そこで風がある場合は、向かい風を利用するために風上に艦の向きを変え、その方向に艦を航行させることで、速い合成風力を生み出す。例えば風速10m/秒（速度36km）の風の中を空母が30ノット（約55km）で風上に向かえば、合成風力は約91kmとなるわけだ。

　この合成風力を得るために、空母は発艦時には必ず風上方向に全力で航行するような操艦を行った。カタパルトが装備されたあとは、必ずしも全速航行をしなくても艦載機を発艦することは可能だが、それでも風上方向に艦を向ける基本は変わりがない。そのため発艦時は空母の動きが限定されるので、もっとも脆弱な時間帯となる。仮に発艦作業中に敵機の空爆を受けたとしても、むやみに回避行動を取ることができないからである。

　発艦するとき、飛行甲板の上では様々な作業が行われる。例えば燃料の注入や武器の搭載などは、安全上の問題もあるため、飛行甲板の上で作業される。発艦する前の点検やエンジンの暖気などの直前準備も行う。

　一度にたくさんの艦載機が発艦する場合は、飛行甲板の後部に発進させる順番に艦載機を並べていく。この順番は日米では違いがあり、日本海軍では、まず戦闘機を発艦させて上空待機させてから、攻撃機を発進した。軽い戦闘機の方が、発艦滑走距離が少なくて済むからである。

　一方でアメリカ海軍では、速度が遅い攻撃機をまず発進させ、そのあとに戦闘機が発艦して追いかけるというのが基本的な順番だ。これもアメリカの空母がカタパルトを備えていたからこそ、可能になった運用方法だといえる。ただしアメリカでも短時間に多くの機を上げなければならない場合は、カタパルトを使わずに自力で発艦するなど、状況に応じて運用した。

発艦と合成風力

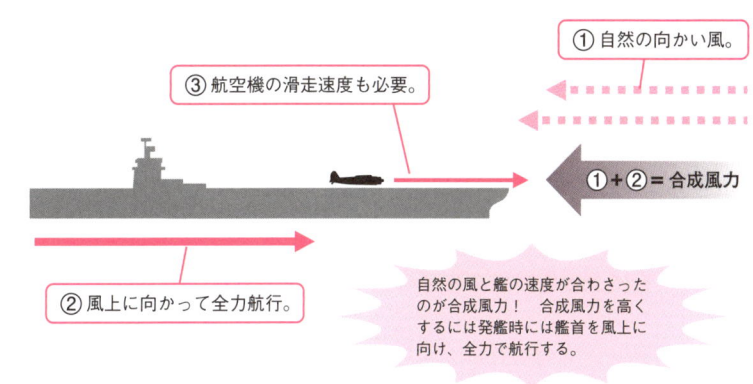

① 自然の向かい風。
③ 航空機の滑走速度も必要。
①+② = 合成風力
② 風上に向かって全力航行。

自然の風と艦の速度が合わさったのが合成風力！ 合成風力を高くするには発艦時には艦首を風上に向け、全力で航行する。

発艦の順番

●日本海軍の基本的な発艦順番

滑走距離が短くて済む艦上戦闘機から発進し、次に艦上爆撃機、最後に艦上攻撃機（雷撃機）の順。艦上戦闘機は上空で待機するが、日本海軍のゼロ戦は航続距離が長く、待機する余裕があった。

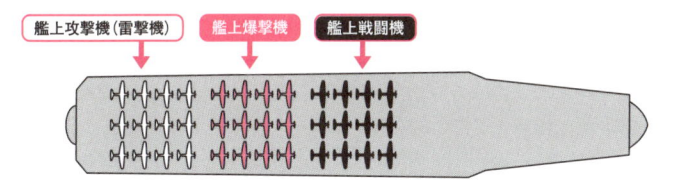

艦上攻撃機（雷撃機） | 艦上爆撃機 | 艦上戦闘機

●アメリカ海軍の基本的な発艦順番

速度の遅い艦上攻撃機（雷撃機）から発進し、次に艦上爆撃機、最後に艦上戦闘機の順で、艦上戦闘機はあとから追いかけた。カタパルトがあるので、重い艦上攻撃機を最初に発艦させることができた。

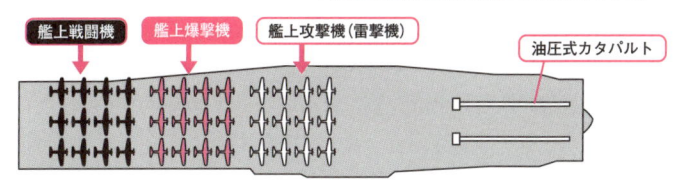

艦上戦闘機 | 艦上爆撃機 | 艦上攻撃機（雷撃機） | 油圧式カタパルト

豆知識

●**使い分けた発艦方法**→エセックス級には2基の油圧式カタパルトが装備されたが、1機上げるのに約1分。2基のカタパルトを交互に使っても短時間で大量に発艦させるには、時間がかかった。飛行甲板上で滑走距離を十分取れるときは、通常の発艦を行うことも少なくなかった。

No.030
現代の空母の発艦手順

艦載機が発艦する飛行甲板では、決められた手順に従って、多くのクルーが発艦作業に携わる。些細なミスも許されない真剣勝負だ。

●飛行甲板の上はまさしく戦場そのものだ

　アメリカの「ニミッツ」級に代表される現代のCATOBAR（キャトーバー）空母では、ヘリ以外の航空機の発艦はカタパルトを使う。飛行甲板では、決められた手順にのっとって発艦作業が行われる。

　飛行甲板上には、様々な色のジャージやベストを着たデッキクルーがいて、その色によって役割が決められている。大まかには誘導要員（黄）、操作要員（緑）、安全要員（白）、武器要員、救難要員（赤）、燃料補給要員（紫）、運搬連絡要員（青）、機体付要員（茶）などに分けられており、さらにそれぞれ細かい職務が割り振られている。

　蒸気カタパルトでは、重さによって蒸気圧を調整して加減するため、機体の総重量の確認と入力をまず行う。機体がカタパルト位置に誘導されると、**ノーズギア**に付属する**ランチ・バー**をカタパルトのシャトルに引っかける。また、エンジンを吹かしてもカタパルトが作動するまでは機体を止める役割のホールド・バック・バーを、ノーズギアの後ろにセットする。同時に機体の後方では、機体の排気炎を上方にそらすジェット・ブラスト・デフレクターという遮蔽壁が立ち上がる。あとは関わったクルーたちが安全な場所に退避したことを確認し、機体はエンジンをフルパワー。**カタパルト・オフィサー**の合図によりカタパルト射出制御ステーションで射出ボタンが押されカタパルトが作動、機体は大空へと射出される。

　連続発艦する場合は、すぐさま元の状態に戻し、作業が繰り返される。次の1機が発艦されるまでには約40秒。1つでも手順が狂えば、即大きな事故につながりかねない。発艦作業中は常に張り詰めた空気が漂う。

　蒸気カタパルトを持たない軽空母などでは、カタパルト接続の作業はないが、クルーの動きや安全確認などは、似たような手順で行われている。

発艦時の飛行甲板

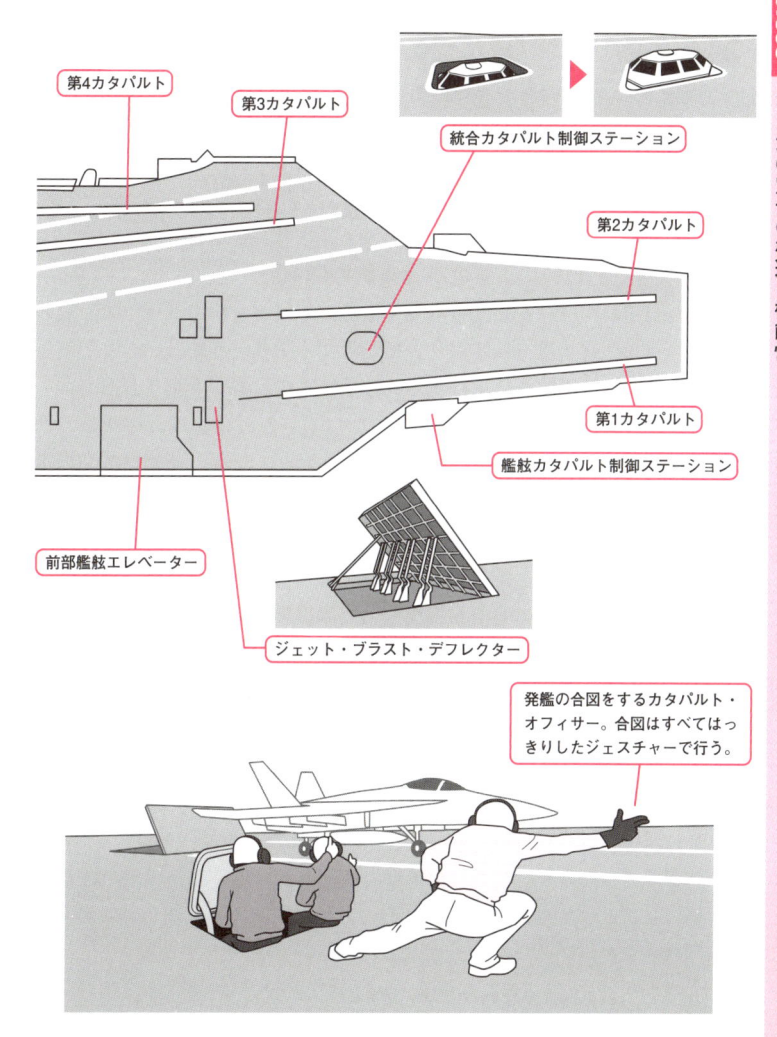

- 第4カタパルト
- 第3カタパルト
- 統合カタパルト制御ステーション
- 第2カタパルト
- 第1カタパルト
- 艦載カタパルト制御ステーション
- 前部艦載エレベーター
- ジェット・ブラスト・デフレクター
- 発艦の合図をするカタパルト・オフィサー。合図はすべてはっきりしたジェスチャーで行う。

第2章 ● 空母の構造と機能性

No.030

用語解説

- **ノーズギア**→前輪が付いている前脚。
- **ランチ・バー**→ノーズギアに付いておりカタパルトのシャトルに引っかける。以前はワイヤーを使い、発艦直後に外れる仕組みだった。
- **カタパルト・オフィサー**→空母の発艦シーンの映像で登場する、屈んで前方を指さす合図をするクルー。

No.031
着艦制動装置

空母の定義の1つである、航空機を飛行甲板に着艦させるためには、短距離で停止させるための着艦制動装置が必要不可欠だ。

●空母の誕生と同時に工夫された着艦制動装置

　空母の開発黎明期にもっとも困難を極めたのが、いかに飛行甲板の限られたスペースに航空機を着艦させ、短距離で停止させるかということだった。そこで着艦時に航空機を停止させる着艦制動装置が考案された。

　1911年にアメリカの巡洋艦「ペンシルバニア」の特設飛行甲板に、飛行家のユージン・イーライが初めて着艦に成功したとき、両端に砂袋の重しを付けたワイヤーを車輪に付けたフックで引っかけて、制動をかけ着艦している。これがアレスティング・ワイヤー（着艦制動索）の原点だ。

　その後イギリスでは、飛行甲板に沿って縦に張られた複数のワイヤーに、車輪の間に付けた櫛状の金具をこすらせて摩擦で制動をかけるという、縦型制動索装置を考案した。日本の「鳳翔」も当初はこの方式を採り入れたが、着艦時のトラブルが相次ぎ、すぐに廃止となった。それに代わり考案されたのが、飛行甲板の後部に横方向に張られたアレスティング・ワイヤーを、艦載機の尾部に取り付けたアレスティング・フックで引っかけて制動をかけるというシステム。これが、今に至るまで使われ続けている。

　しかし飛行甲板の上、約10cmの高さに張られたワイヤーを捉えるためには、高度な飛行技術が必要だ。直線型の飛行甲板の時代は10〜18本ものアレスティング・ワイヤーが張られ、そのどれかを捉える仕組みだった。一方現在のアングルド・デッキでは、アレスティング・ワイヤーを捉えそこなった場合はタッチ＆ゴー（緊急再離陸）に移行するため、3〜4本が標準だ。

　アレスティング・ワイヤーの両端は、巻き取り式のリールとなっており、さらに**油圧式の**制動装置につながっている。艦載機のアレスティング・フックがワイヤーを捉えると、適度に繰り出しながら着艦の衝撃を和らげつつ、短距離で制動をかけて停止させる。

アレスティング・ワイヤーによる着艦

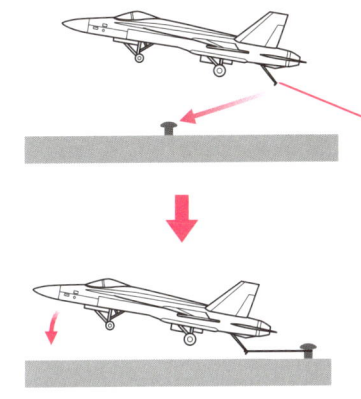

機体尾部のアレスティング・フックで、アレスティング・ワイヤーを引っかける。

引っ張られたアレスティング・ワイヤーが伸びながら、機体に制動をかけ停止させる。

艦載機の尾部には、着艦時に下に下りるアレスティング・フックが装備されている。これがないとアレスティング・ワイヤーは捉えられない。そのため艦載機以外は空母に着艦できない。

飛行甲板の後部には、昔の直線型飛行甲板の時代なら10～18本、現在のアングルド・デッキなら3～4本のアレスティング・ワイヤーが張られている。

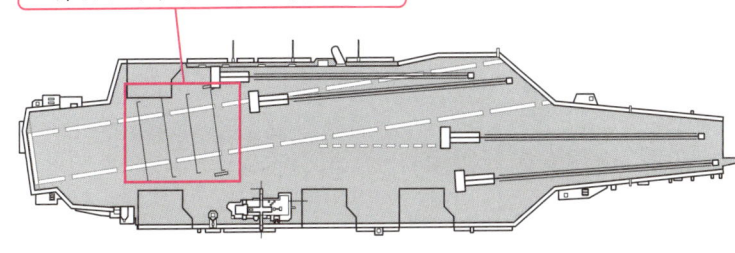

アレスティング・ワイヤーは飛行甲板の上10cmの高さに張られている。またその両端は巻き取りのリールがあり、ワイヤーが繰り出される仕組みだ。

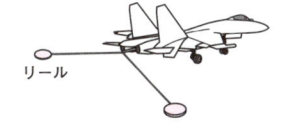

リール

豆知識

●**油圧式の制動装置**→初期はただワイヤーが張ってあるだけだったが、現在の着陸制動装置では、ワイヤー両端のリールの下に油圧でワイヤーの張力を加減する装置が組み込まれている。瞬間的にかかる50tを超える荷重をやんわりと受け止め、機体を壊すことなく停止させるのだ。

No.032
着艦の誘導と手順

大海原の中では針1本ほどにしか見えない空母の飛行甲板への着艦は非常に難しい。そこで着艦する角度を示す誘導装置が考案された。

●日本海軍が実用化した着艦誘導灯

　艦載機パイロットにとって、もっとも難しいのが、空母への着艦だ。よく大海原に浮かぶ空母を「畳の上の針1本」と比喩するが、その針1本の飛行甲板の限られた着艦エリアに正しい角度で降りることは、至難の業だ。

　空母に着艦する艦載機には、基本的な着艦コースが定められている。空母の左舷前方側からすれ違うように進入し、左舷後方で大きく旋回しながらさらに1周して、空母後方から着艦コースに乗る。以前の直線型の飛行甲板を持つ空母なら、ほぼ真後ろから真っ直ぐに着艦コースに進入してくる。ただし現代のアングルド・デッキを持つ空母は、艦の進行方向に対して9度の角度で斜めに着艦用の飛行甲板が備えられている。そのため、着艦するパイロットからすれば艦の航行する方向に対し、飛行甲板の角度がずれていることを計算に入れながら、接近する必要がある。

　飛行甲板がはっきりと視認できる距離まで近づいたら、理想的な降下進入角度（グライド・スロープ）でアプローチするが、その角度を着艦機のパイロットに示す装置が、着艦誘導灯だ。第二次大戦中の日本海軍で実用化され、大きな効果を上げた。日本海軍の着艦誘導灯は、飛行甲板の後方両舷に設置された2つの赤いランプの照門灯と、その奥にある4つの緑のランプの照星灯からなる。パイロットは、赤と緑のランプがどのように重なって見えるかで、進入角度が適正かどうかを判断することができた。

　この仕組みは、戦後にイギリスやアメリカの空母にも取り入れられた。現代の原子力空母に装備されている光学着艦誘導装置でも、考え方は同じ。光学着艦誘導装置からグライド・スロープに沿って円錐状にガイド光が照射され、着艦機のパイロットはヘッドアップディスプレイを通して見えるボール状のマーカー位置を頼りに進入角度を調整し、飛行甲板に着艦する。

着艦コース進入は左旋回が基本

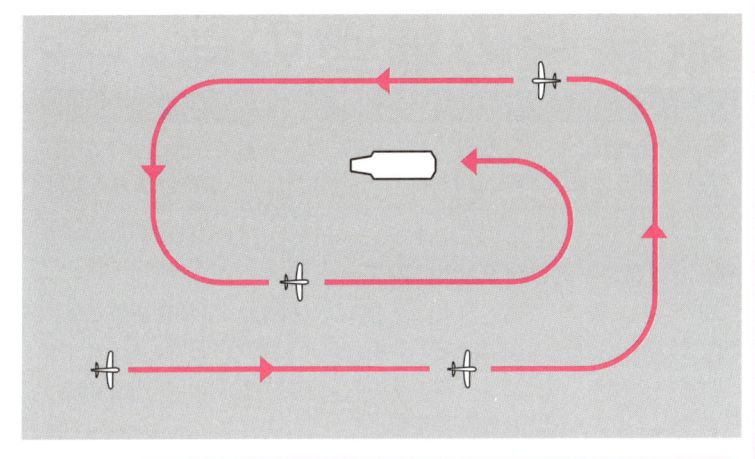

空母に着艦するには、左舷前方から左旋回で、徐々に高度を落としながら着艦コースに進入するのが基本。最終的には空母後方約6.4km（4マイル）の位置で、高度約180m（600フィート）から、グライド・スロープに沿って着艦する。

日本海軍が実用化した着陸誘導灯

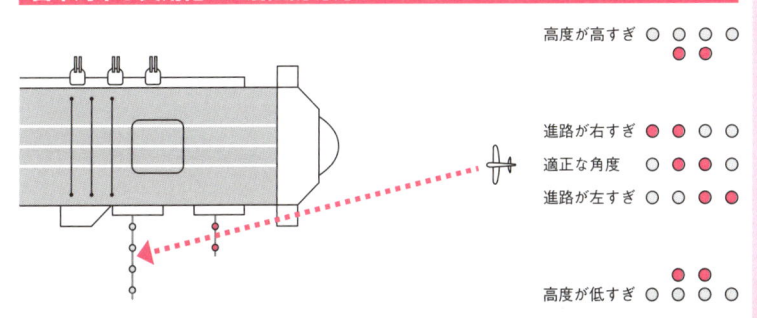

高度が高すぎ
進路が右すぎ
適正な角度
進路が左すぎ
高度が低すぎ

手前にある2つの赤い照門灯が、奥にある4つの緑の照星灯の中央2つに重なれば適正な角度。照星灯の下に見えれば高度が高すぎ、上に見えれば高度が低すぎ、左寄りなら進路が右すぎ、右寄りなら進路が左すぎとなる。

豆知識

- **V/STOL機の着艦**→V/STOL機では、飛行甲板に垂直に着艦するとされるが、実際には真っ直ぐに甲板めがけて降りてくるわけではない。まず飛行甲板の左舷側上空のポジションで艦の速度に同調し、そのまま飛行甲板上に横スライドして進入し、最後は垂直に降りるという手順で着艦する。

No.033
着艦時の最後の砦

難しく危険がともなう着艦では、不測の事態を考えて何重もの対策が備えられている。最後の手段はクラッシュバリアーで受け止めるのだ。

●タッチ&ゴーとクラッシュバリアー

　空母への着艦で降下進入角度が不適切だった場合は、**着陸復航**が指示されてやり直す。ただし自機のアレスティング・フックがアレスティング・ワイヤーを捉えたかどうか、**タッチダウン**の瞬間に判断するすべはない。そこで捉えそこねていたときを想定して、タッチダウンする直前にエンジンのパワーを上げ、再び飛び上がれるように備える。このような緊急時を想定した**タッチ&ゴー**の練習は、訓練で繰り返し行われているのだ。

　現代のCATOBAR（キャトーバー）空母やSTOBAR（ストーバー）空母で、アングルド・デッキが一般的になった理由の1つが、着艦時にアレスティング・ワイヤーを捉えそこなっても、比較的安全にタッチ&ゴーが行えるということにある。もちろん、その後はもう一度高度を上げ、左旋回で着艦ポジションについて、着艦をやり直す。また、タッチ&ゴーに失敗し海面に落ちたときなどの事態に備えて、着艦時には必ず、救難ヘリが上空待機している。

　その他、車輪やアレスティング・フックが下りないなど、機体にトラブルが生じて正常な着艦が不可能なこともある。スピードの遅いレシプロ機なら海面に着水し乗員だけ回収することもあったが、ジェット機では自殺行為。そこでクラッシュバリアーを用いて、飛行甲板上で機体を受け止める。最近はほとんどないが、ベトナム戦争時代には頻繁に行われていた。

　まず、飛行甲板上にある搭載機などを片づけて不測の事態に備えたあと、ナイロン製ネット状のクラッシュバリアーをアレスティング・ワイヤーの先に立ち上げ、消防車両や救難ヘリもポジションにつく。一方で着陸機は残った燃料や弾薬をすべて投棄し、誘爆の危険を減らしたうえで、通常のコースで着艦しクラッシュバリアーに突っ込んで止まる。もちろん機体はそれなりに破損するが、乗員は助かる可能性が高い。

着艦に失敗したらタッチ&ゴーで再離陸

- エンジンのパワーを絞りながら降下
- タッチダウン直前にエンジンのパワーを上げる
- アレスティング・ワイヤーを捉えるのに失敗
- すぐに機首を上げて再離陸

降下進入角度がずれていた場合は、途中からでも高度を上げて着陸復航する。またアレスティング・ワイヤーを捉えることに失敗した場合にも、すぐに機首を上げて着陸復航できるように、エンジンのパワーをタッチダウン直前に上げる。

最後の砦・クラッシュバリアー

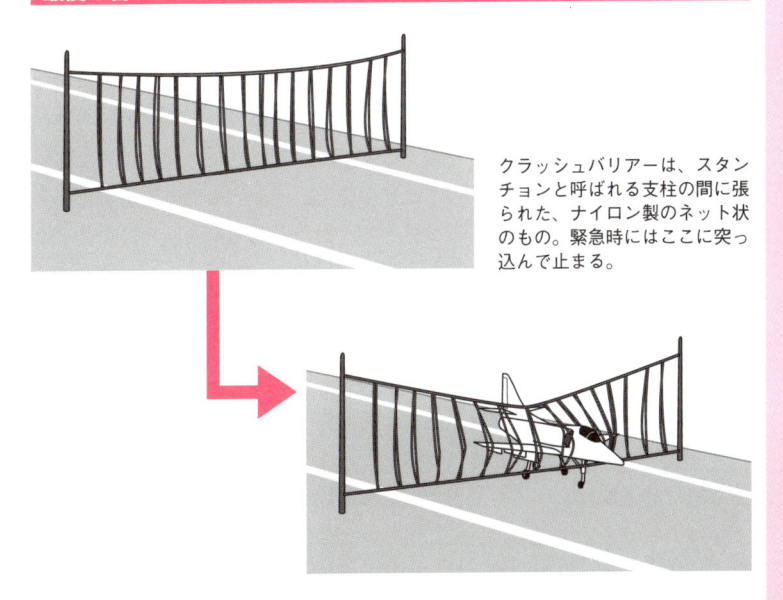

クラッシュバリアーは、スタンチョンと呼ばれる支柱の間に張られた、ナイロン製のネット状のもの。緊急時にはここに突っ込んで止まる。

用語解説
- **着陸復航**→着陸(着艦)が不可能と判断されたときに、再上昇しやり直す。ゴーアラウンドともいう。
- **タッチダウン**→着陸時や着艦時に車輪が接地した瞬間のこと。
- **タッチ&ゴー**→タッチダウンと同時にエンジンパワーを上げ機首を上げて再び離陸(発艦)すること。

No.034
夜間の発着艦作業

パイロットにとってただでさえ難しい発着艦を、夜間に行うことは難易度が高くなる。しかし作戦遂行の必要性から危険承知で決行される。

●難易度が跳ね上がる夜間の発着艦

　夜間の発着艦は非常に難しいものだ。第二次大戦時初期には夜間の発着艦が必要となる**薄暮攻撃**や夜間攻撃は、損害覚悟で使う最後の手段だった。

　発艦の場合、手順そのものは昼間と格別変わらないが、飛行甲板員の手信号などが確認しにくい。さらに暗闇の中では空間識失調（バーティゴ）に陥りやすく、発艦直後に平衡感覚を失い墜落する危険性も高かった。

　着艦の場合はさらにハードルが高く、レーダーが普及する以前は、まず暗闇の海上を空母の位置までたどりつくのが一苦労。そのため日本海軍では、夜間に帰投する味方機のために、随伴の駆逐艦が空母前後の海上を探照灯で照らし、位置を知らせたこともある。また、空母も飛行甲板をあらゆる照明で照らし、場合によっては照明弾を打ち上げることもあった。それでも、着艦に失敗し損傷する機体が多く出た。さらに照明を灯すことで、敵潜水艦などに補足される危険性も高くなった。

　これはアメリカの空母でも同じだった。ただしアメリカは初期からレーダーを備え、大戦後期にはレーダーを搭載した夜間仕様の艦上戦闘機や艦上攻撃機を投入した。着艦の難しさはあるが、レーダーや無線などの装備に支えられて、ベテラン搭乗員が夜間の攻撃や迎撃に成果を上げていた。

　レーダーや電子機器が発達した現代では、作戦上必要であれば、夜間の発着艦は普通に行われる。光学着艦誘導装置から照射されるガイド光がパイロットのディスプレイには丸く映り、その位置を目標に降りてくれば着艦が可能だ。また最新の艦載機には自動着艦が可能な装置も備えられている。そのため空母の飛行甲板は、わずかなガイド灯を除き真っ暗な中で発着艦作業が行われる。もちろん日中に比べてはるかに危険で難しく、それをカバーするために**夜間離着陸訓練**が、熱心に行われている

第二次大戦時に日本海軍で行われた夜間着艦フォーメーション

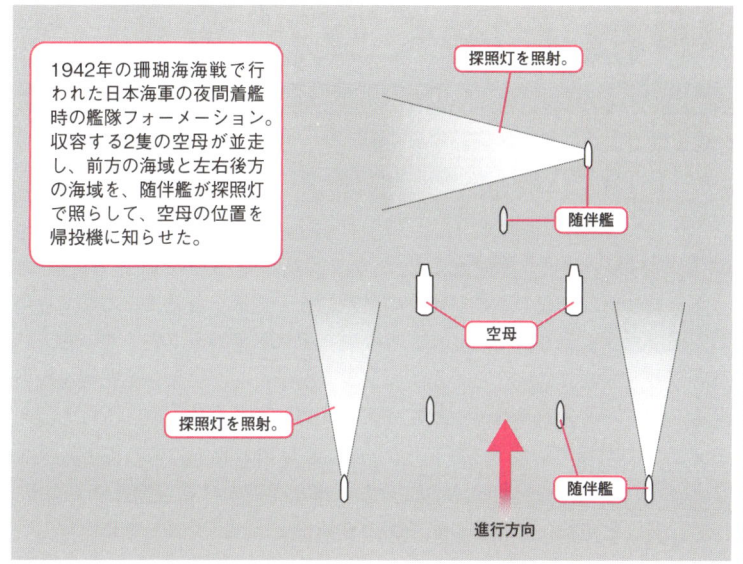

1942年の珊瑚海海戦で行われた日本海軍の夜間着艦時の艦隊フォーメーション。収容する2隻の空母が並走し、前方の海域と左右後方の海域を、随伴艦が探照灯で照らして、空母の位置を帰投機に知らせた。

探照灯を照射。
随伴艦
空母
探照灯を照射。
随伴艦
進行方向

現代の光学着艦誘導装置

ディスプレイにガイド光が映る。

現在の光学着艦誘導装置からは、降下進入角度に沿って円錐状にガイド光が照射され、それは着艦機のコクピットにあるディスプレイに丸い光となって映る。その形から光はミートボールと呼ばれ、それを中央から外さないように降下進入すれば、適した位置に着艦できる。

用語解説
- ●薄暮攻撃→敵から発見されにくい、明け方か夕刻に行う攻撃。明け方の場合は発艦が夜間になり、夕刻の場合は帰投着艦が夜間になる。
- ●夜間離着陸訓練→通称NLP（Night Landing Practice）といわれ、夜間に陸上基地で空母に見立てた訓練を行う。騒音問題などでよく取り上げられる。

No.034 第2章●空母の構造と機能性

77

No.035
甲板で働く支援車両

航空機という重量物を搭載する空母では、移動作業に使う専用トラクターや、消防車やクレーン車、清掃車などが作業に活躍している。

●広大な飛行甲板や格納庫で働く縁の下の力持ち

　空母では、航空機の移動や荷物の運搬、その他様々な業務をこなす専用の支援車両が搭載されており、広大な飛行甲板や格納庫で働いている。

　もっとも頻繁に活躍するのが、エンジンがかかっていない航空機を牽引するトーイング・トラクターだろう。コンパクトな車体ながらも、力持ち。アメリカの空母で活躍する「MD-3」は、艦載機の翼下に入っても大丈夫なように、車高が低く抑えられている。また運ぶのは航空機だけでなく、搭載武器などを積んだ台車や艦載機の整備に使う様々な器具を牽引するなど、まさに縁の下の力持ち的な存在だ。

　空母の弱点の1つとして、可燃物が多いということがある。特に航空燃料はやっかいだ。それに対応する艦上専用の消防車もある。アメリカの空母に搭載されている「P-25」消防車は、消火剤用のノズルを備え、**泡消火剤**の原液と水のタンクを内蔵している。車上にはハンディ消火器もセットされており、防火服を着用した作業員が乗って、発着艦時など事故や火災の危険があるときは常に待機している。故障した艦載機がクラッシュバリアーを使用するときには、着艦して停止すると同時に、駆けつけて消火剤を機体に噴射する。この「P-25」は、日本のヘリ搭載護衛艦「ひゅうが」型にも、「艦載救難作業車」という名称で搭載されている。

　空母に搭載される最大の車両は、飛行甲板で航空機を含む重量物を吊り上げるクレーン車で、約31tの吊り上げ能力を備える。また8.5tの能力を持つ作業用のクレーン車もあり、こちらはもっぱら格納庫で使われる。

　この他にも、前後にブラシを備え飛行甲板を掃除する清掃車や、整備用の電源を供給する電源車など諸々作業に応じた専用車両がある。一方で、数種類積まれているフォークリフトは、民生品を流用して使っている。

甲板で働く車両たち

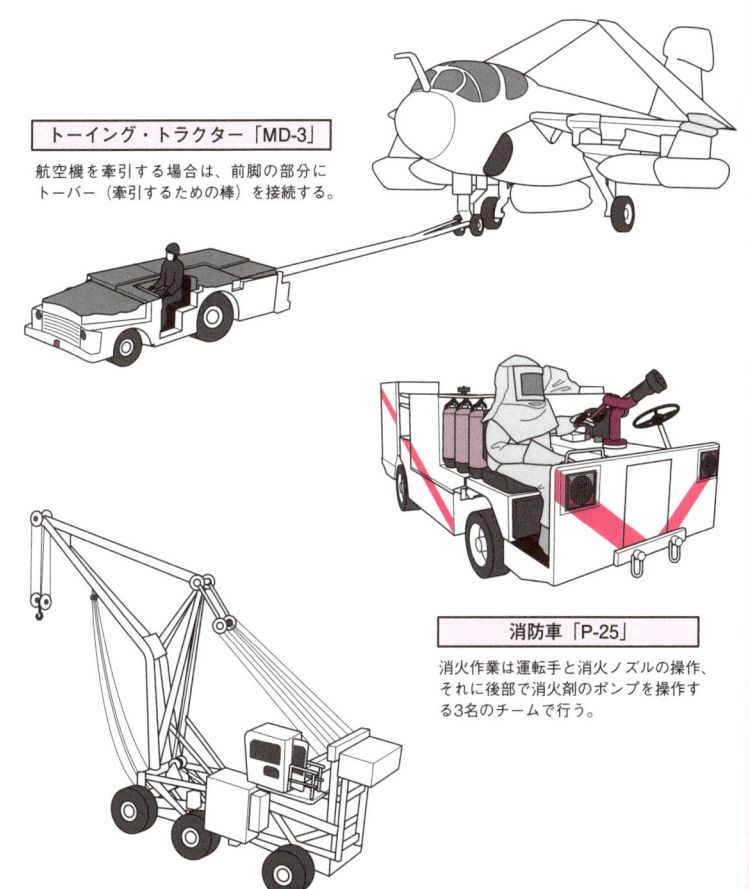

トーイング・トラクター「MD-3」

航空機を牽引する場合は、前脚の部分にトーバー（牽引するための棒）を接続する。

消防車「P-25」

消火作業は運転手と消火ノズルの操作、それに後部で消火剤のポンプを操作する3名のチームで行う。

クレーン「A/S32A-35」

飛行甲板で使われ、壊れた艦載機を除去するなどの大仕事を受け持つ。吊り下げ能力は約31t。アメリカ海軍では昔から「ティリー」の愛称で親しまれている。

用語解説

●泡消火剤→使われている消火剤は、AFFF（Aqueous Film Forming Foam）消火剤と呼ばれるもの。これは泡状の消火剤が燃えている油を水溶液の膜で覆うことで消火する化学消火剤の一種。陸上にある一般的なコンビナートなどでも、同種の消火剤が使われている。

No.036
エレベーター

空母での航空機運用に欠かせない設備がエレベーター。格納庫から飛行甲板への上げ下ろしに使うが、その形状は時代により変化してきた。

●内舷式と艦舷式

　エレベーターは搭載した航空機を格納庫から飛行甲板に移動させるときに使う設備で、初期の空母から装備されている。黎明期の空母「アーガス」や「鳳翔(ほうしょう)」のいずれも、前後に2基のエレベーターを備えて誕生した。大戦時の空母では2基か3基、現在の原子力空母「ニミッツ」では4基のエレベーターを装備しており、設置される数は艦の大きさや搭載機数と比例する。また耐荷重能力は時代に応じて向上し、初期の小型空母で5tクラスだったが、現在の空母では100tを超える能力を持つ。

　飛行甲板の真ん中にある内舷(インボード)エレベーターの形は、四角形のものが一般的だが、六角形のものや、搭載機の形に合わせた十字型のものなどもあった。これはエレベーターが格納庫内ではデッドスペースとなってしまうこと、また**エレベーターそのものの重量**もかなりのもので、省スペース化と軽量化を図った工夫だった。

　飛行甲板の側面に設置された艦舷(サイド)エレベーターは、大戦時にアメリカの「ワスプ」に補助エレベーターを追加装備したのが始まり。「エセックス」級では標準装備された。内舷エレベーターはその大きさ以下の航空機しか載せられないが、艦舷エレベーターは一方に壁がないため、はみ出させることでより大きな航空機を載せられるという利点がある。米空母では「フォレスタル」級以降は、すべて艦舷エレベーターのみだ。

　ただし艦舷エレベーターは構造上、外に開いている。もちろん未使用時はシャッターが閉まっているが、荒天時の使用中に波を被ると格納庫内に海水が浸入しやすいのが欠点で、小さな艦には不向きだ。また「フォレスタル」級で左舷の前側に設置された艦舷エレベーターは水密性の問題が生じ、「キティ・ホーク」級からは左舷後部に移されて、今に至っている。

時代によって変わるエレベーターの形状

イーグル（英）

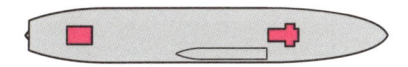

全長：203m
基準排水量：22,600t
内舷エレベーター：2基

エセックス（米）

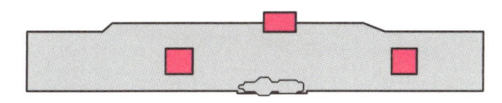

全長：267.2m
基準排水量：27,100t
内舷エレベーター：2基
艦舷エレベーター：1基

キティ・ホーク（米）

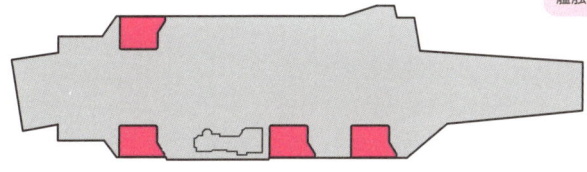

全長：326.9m
基準排水量：60,100t
艦舷エレベーター：4基

大きな航空機も載せられる艦舷エレベーター

内舷エレベーター

艦舷エレベーター

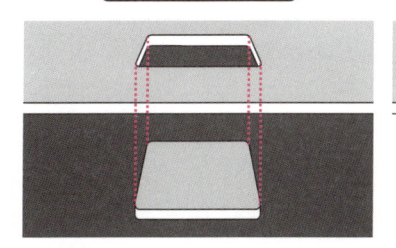

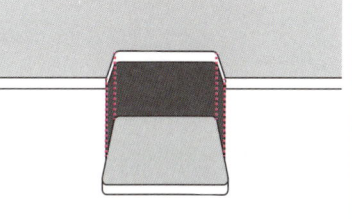

内舷エレベーターは閉鎖性が高く、そのサイズ以下の航空機しか上げ下ろしできない。

艦舷エレベーターははみ出して大きいサイズの航空機を上げ下ろしできるが閉鎖性は低い。

豆知識

- **エレベーターの重さ**→飛行甲板に装甲を施した空母では、エレベーター部分にも装甲がなされた。例えば「信濃」の前部エレベーターは自重が180tもあった。
- **エレベーターの数**→米の小型空母「ラングレイ」や「ロング・アイランド」はエレベーター1基だった。

No.037
設計思想で違った艦首と格納庫の構造

空母の艦首部分の構造には、開放式と密閉式があった。また格納庫も開放式と閉鎖式があり、それぞれにメリットとデメリットがあった。

●開放式か、閉鎖式か

　空母は巡洋艦などの軍艦に飛行甲板を載せることで誕生した。そのため本来の上甲板の上に支柱を立てて飛行甲板を載せる形となり、その間に格納庫を設置した。その構造の関係から、艦首部分は飛行甲板との間に空間があるオープン・バウ（開放式艦首）という形状が一般的だった。

　このオープン・バウは構造的に簡単で、特に他の船から改造して空母を造る場合には好都合だったが、大きな欠点も持っていた。外洋で活躍する空母は、ときには大しけの海で荒波に耐えなくてはならない。しかし艦首にぶつかり跳ね上がった波が、飛行甲板の前端を破損させてしまうのだ。

　そこで艦首部分を高く伸ばして、飛行甲板の前端と一体化した構造のエンクローズド・バウ（密閉式艦首）が登場した。波浪に強いため、別名ハリケーン・バウとも呼ばれたこの形状は、飛行甲板に装甲を施し、格納庫の気密性を高めるにも好都合で、戦後の空母はほぼこの形状となった。

　格納庫も、開放式と閉鎖式の2つの形状があった。アメリカは、当初から上甲板の上に1層式の格納庫を持つ開放式を採用した。開放式の利点は、格納庫内の換気がよく、事故や攻撃による誘爆が起こっても、その爆風は艦舷から外に逃げ、船体には致命的なダメージが及びにくいことだった。その代わり、飛行甲板上にも搭載機を常時繋止することを基本とした。

　一方で、海が荒れる北大西洋を主戦場としたイギリスでは、閉鎖式格納庫を好んで採用した。また搭載機を格納庫内に収めることを重視し、収容力を増やすため2層や3層の格納庫を備えた日本の空母も、閉鎖式格納庫となった。開放式に比べ搭載機は保護しやすく、水密性も高かった。

　開放式、閉鎖式の双方ともに利点と欠点があったが、戦後に核攻撃を考慮する必要が生まれ、現在は気密性重視で閉鎖式の格納庫となっている。

艦首の形状の違い

オープン・バウ

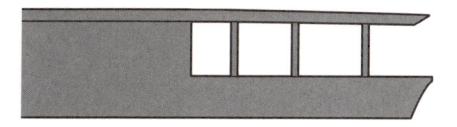

大きな波の影響を受けやすく、飛行甲板が破損する危険がある他、乱気流が生まれ航空機の運用に影響を与えることもあった。

エンクローズド・バウ

艦首を高くして波に強くし、飛行甲板前端と一体化した形状。荒れた海に強かったので、別名ハリケーン・バウとも呼ばれた。また乱気流も発生しにくい。

格納庫の違いによるメリットとデメリット

開放式格納庫

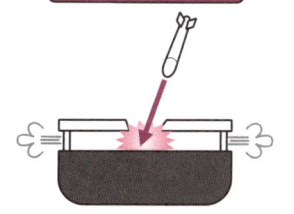

メリット
・構造が簡単で、トップヘビーになりにくい。
・爆風が艦舷から逃げるので、船体そのものはダメージを受けにくい。
・換気性がよく、ガスが充満しない。

デメリット
・攻撃や波浪などから、搭載機を守りにくい。
・上甲板の上が格納庫になるので、1層式。
・気密性が低く、核攻撃や化学兵器・生物兵器の対策が難しい。

閉鎖式格納庫

メリット
・飛行甲板を装甲化した場合は、ある程度の攻撃から格納庫を守れる。
・波や潮風から搭載機を保護しやすい。
・気密性が高く、核攻撃や化学兵器・生物兵器への対策がしやすい。

デメリット
・トップヘビーになりやすい。
・気密性が仇になり、漏れた航空燃料が気化したガスが充満すると大爆発を起こしやすい。

豆知識

●**気密性が高かった閉鎖式格納庫**→大戦時、マリアナ沖海戦を戦った日本の「翔鶴」は、右舷に魚雷を受けその浸水で艦首まで没しても、しばらくは閉鎖式格納庫の浮力で浮いていた。しかし艦内に漏れた航空燃料が気化して充満し、大爆発を起こした末についに沈没した。

No.037 第2章 ●空母の構造と機能性

No.038
艦載機はどのように積載されるか

搭載機を多く積むために様々な工夫がなされてきたが、そこには各国それぞれの、航空機運用や空母運用の考え方が反映されている。

●搭載機の積み方で変わる格納庫の役割

　空母最大の武器である航空機をできるだけ多く積むために、格納庫の構造や積載方法には、様々な工夫がなされてきた。

　移動時には格納庫にすべての航空機を収納するとしていた日本海軍では、2層や3層からなる格納庫を備えて、できるだけ多くの艦載機を積むように設計されていた。また、格納庫の中には常用機をまるでパズルのように組み合わせて収納することで、限られたスペースを有効活用した。その他、補用機は分解して収納され、足りなくなったら組み立てて補充していた。例えば「蒼龍（そうりゅう）」では常用57機に加えて補用16機、「翔鶴（しょうかく）」では常用72機に加えて補用12機を積んでいた。

　一方で大戦時のアメリカ海軍では、搭載機の半分以上を飛行甲板上で露天係留するのが基本で、格納庫は多くの部分を航空機の整備スペースにあてていた。そこで格納庫は、整備がしやすいように天井が高く、エンジンの整備などでも換気が容易な1層の開放式を採用していた。それでも「エセックス」級では最大100機を積めた。核攻撃に対処すべく閉鎖式の格納庫となった現在でも、露天係留を基本としていることには変わりはない。

　イギリス海軍では、格納庫を装甲で囲み防御性を高くする設計を採用した。そのため艦の大きさの割には、搭載機数が少なめだ。

　現代の空母でも、限られたスペースを工夫して利用することは変わりがないが、搭載機数を増やすよりも、有効的な運用を行うことに主眼が置かれている。例えば、アメリカのスーパーキャリアの搭載定数は、積める限界の数ではなく、空母で運用する空母航空隊の定数からはじき出された数字だ。さらに近年では、任務の多用途化に対応して、格納庫を航空機だけでなく、車両などを積みやすいように設計した多目的空母も増えてきた。

日米での格納庫の違い

●日本海軍空母の多層式格納庫

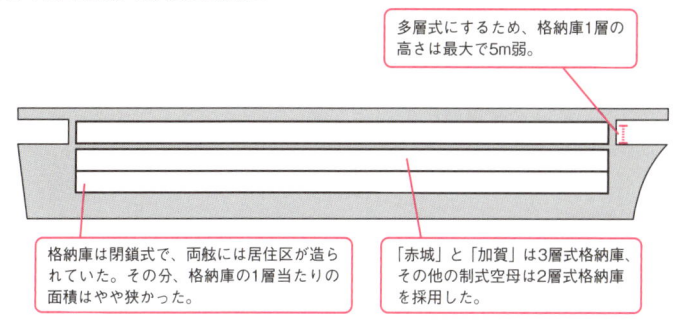

多層式にするため、格納庫1層の高さは最大で5m弱。

格納庫は閉鎖式で、両舷には居住区が造られていた。その分、格納庫の1層当たりの面積はやや狭かった。

「赤城」と「加賀」は3層式格納庫、その他の制式空母は2層式格納庫を採用した。

●米海軍空母の1層式格納庫

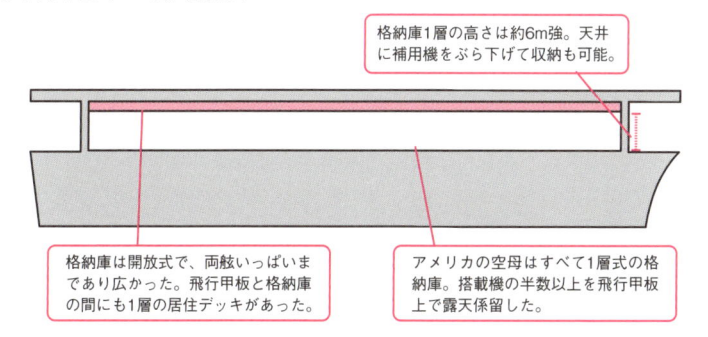

格納庫1層の高さは約6m強。天井に補用機をぶら下げて収納も可能。

格納庫は開放式で、両舷いっぱいまであり広かった。飛行甲板と格納庫の間にも1層の居住デッキがあった。

アメリカの空母はすべて1層式の格納庫。搭載機の半数以上を飛行甲板上で露天係留した。

日米での格納庫の違い

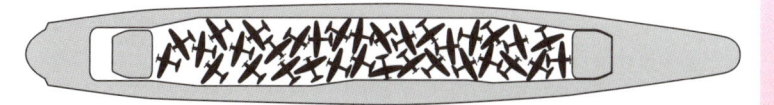

日本海軍では限られたスペースを有効活用するために、搭載機をパズルのように組み合わせて収納する工夫をした。

豆知識
●**艦載機の構造**→搭載機の数は、その時代に運用された艦載機の大きさによっても変わる。また艦載機の構造も、日本の艦載機がせいぜい翼の先が少し折りたためる程度だったのに対し、アメリカ機は翼の根本近くから折りたためるように工夫がされていた。

No.039
艦載機の整備や修理はどうするか？

艦載機を運用するには整備能力も大切。艦内に収容できる機数を削ってまでも、整備能力の向上を優先したアメリカには先見の明があった。

●今に受け継がれる、整備優先の思想

　艦載機の基本的な整備は格納庫の中で行われる。特に大戦中のアメリカの空母は、整備効率の向上を第一に考えて、格納庫のスペースの多くを整備用にあてていたため、様々な整備や修理が可能だった。さらに換気性のよい開放型の格納庫の利点として、エンジンの整備なども格納庫内で容易にできた。もちろん、日本やイギリスの空母も主な整備は格納庫内で行ったが、閉鎖式の格納庫のため制約も多かった。予備のパーツストックも少なく、作戦行動中に修理不能なほど破損した機体は、海中投棄された。

　アメリカの整備性重視の方針は、閉鎖式格納庫となった現在のスーパーキャリアにも受け継がれている。「ニミッツ」級の格納庫の広さは、長さ208.5m、最大幅32.9mもあり、6,000m^{2}以上の広さを持つが、通常の場合は、搭載機約80機のうち大半を飛行甲板に置き、格納庫内には10機前後が整備のために入れられている。ただし荒天時などは、詰められるだけの搭載機をギッシリ格納庫内に収容することもある（それでも全機収容は無理）。

　さらにスーパーキャリアには、**航空機中間整備部門**と呼ばれる部署があり、かなり大がかりな分解整備や修理までも行う。その巨体を生かして、予備のパーツや交換用のエンジンも積んでいるため、陸上の航空基地で行う整備や修理なら空母の中でできるのだ。このあたりが、自己完結性を持ち移動する航空基地と呼ばれるゆえんだ。これほどの整備能力とパーツのストックを備えているのは、今でもアメリカのスーパーキャリアのみだ。

　ただし、さすがにジェットエンジンの噴射テストは、閉鎖式の格納庫内ではできない。そこで格納庫につながる艦尾のスペースにエンジンテスト専用の設備が備えられており、艦尾の海方向に向けてジェットエンジンを噴射させて、テストを行っている。

スーパーキャリアの格納庫は整備工場

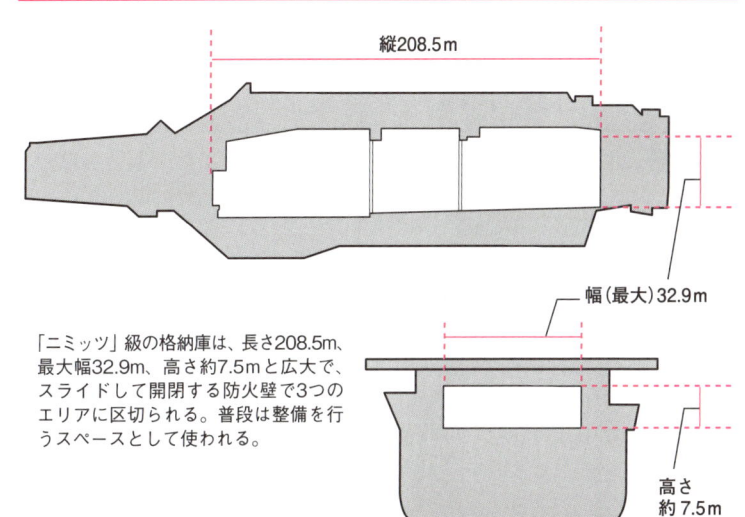

縦208.5m

幅(最大)32.9m

高さ約7.5m

「ニミッツ」級の格納庫は、長さ208.5m、最大幅32.9m、高さ約7.5mと広大で、スライドして開閉する防火壁で3つのエリアに区切られる。普段は整備を行うスペースとして使われる。

艦載機の整備

航空機の整備は5段階に分けられる。

飛行前点検
飛行の直前に行われるチェック。外観をチェックし、燃料を注入する。通常は飛行甲板上で行われる。

A整備
エンジンオイルなどの油脂類のチェックや、タイヤなどの消耗品を交換する。

B整備
A整備に追加して、エンジンなどを機体に搭載したまま、細かくチェックして、部品を交換する。

C整備
エンジンを機体から下して、整備あるいは交換する。その他の主要部分も入念に整備するため、作業には数日かかる。

D整備
耐用年数がすぎた機体構造材の主要パーツを交換するなどの大規模な整備。専用の設備を持つ陸上の工場で行う。

用語解説

●航空機中間整備部門→通常の航空機の整備は、その規模によってA整備～D整備に分けられるが、スーパーキャリアではエンジンなどを取り外して分解整備やパーツ交換を行うC整備相当までを行う。D整備は改修に近いレベルなので、通常は専用の設備がある場所に移して行われる。

第2章●空母の構造と機能性

No.040
艦載機に搭載する武器の扱いは?

空母の攻撃力は艦載機が搭載する武器弾薬が担っている。しかし威力が大きい分だけ、誘爆するとダメージは大きく、安全管理は厳重だ。

●武器庫の位置は軍事機密だ

　空母には、艦載機に搭載する武器弾薬が大量に積み込まれている。その種類は多種多様で、戦闘機の機銃の弾薬から、短距離対空ミサイル、長距離対空ミサイル、各種爆弾や最近では航空機発射の対艦ミサイルや巡航ミサイルまである。またレシプロ機の時代は雷撃機用の航空魚雷もあったが、現在では姿を消した。その代わり対潜ヘリが積む対潜魚雷が、今の空母には積まれている。

　こういった武器弾薬類は、大きな威力を持つ反面、事故や敵の攻撃で誘爆した場合は自艦に大きなダメージを与えかねない。そこでその保管や管理は厳重を極めている。武器庫は数十カ所に分散され、艦底に近いエリアに周囲を装甲で囲んで設置されているが、その詳しい場所は軍事機密だ。

　武器庫から出された武器弾薬は、ドリーと呼ばれる専用の運搬台車に乗せられ、専用のエレベーターで飛行甲板や格納庫に上げられる。ただし、武器庫への誘爆リスクを避けるために、エレベーターは直通ではなく、途中で一度、あえて載せ替える構造になっている。ちなみに「ニミッツ」級には、9カ所の武器昇降用エレベーターが設置されている。

　武器弾薬を艦載機に搭載する作業は、飛行甲板上で行われる(緊急時や荒天時には、格納庫内で作業することも可能だが、通常は行わない)。「ニミッツ」級では、艦橋の右舷側に武器を一度集積する場所が設けられている。万が一誘爆事故を起こした場合でも、艦橋構造物が盾になり、被害が最小で済むからだ。そこから赤いジャージを着用した武器要員が、ドリーに載せた武器弾薬を艦載機の場所まで運び、手作業で**パイロン**に付けられた**ランチャー**や**ラック**といった武器搭載装置に装着する。発艦の直前に信管の取り付けや誘導装置の調整を行うなどして、武器の搭載が完了する。

現代の艦載機が積む武器

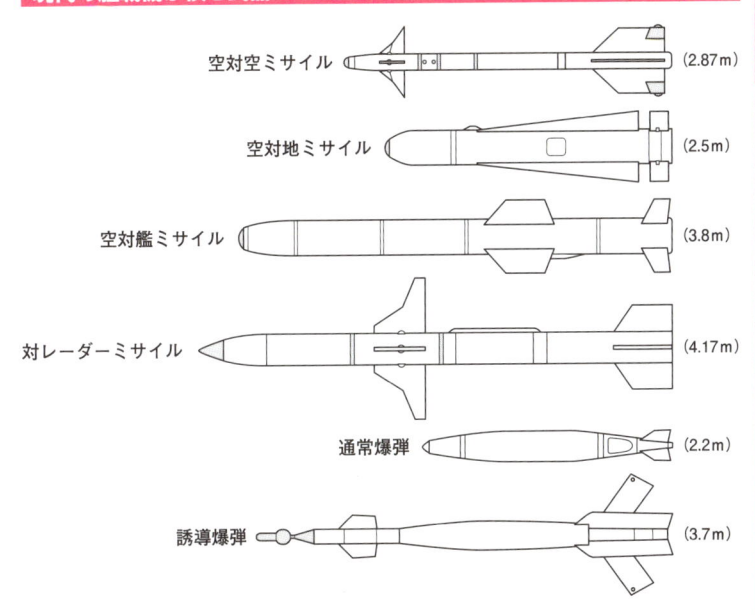

空対空ミサイル (2.87m)

空対地ミサイル (2.5m)

空対艦ミサイル (3.8m)

対レーダーミサイル (4.17m)

通常爆弾 (2.2m)

誘導爆弾 (3.7m)

空母上での武器装着は手作業

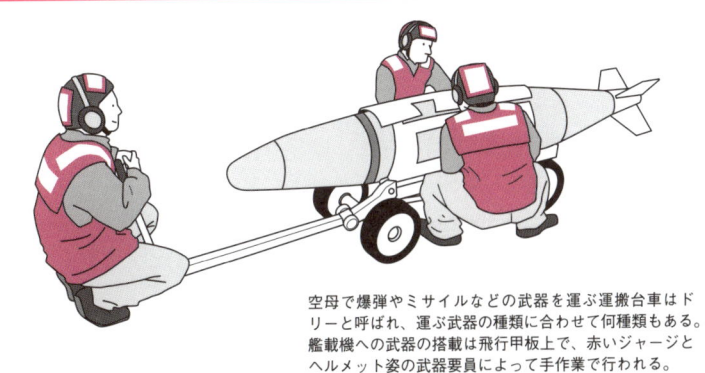

空母で爆弾やミサイルなどの武器を運ぶ運搬台車はドリーと呼ばれ、運ぶ武器の種類に合わせて何種類もある。艦載機への武器の搭載は飛行甲板上で、赤いジャージとヘルメット姿の武器要員によって手作業で行われる。

用語解説
- ●パイロン→武器や燃料タンクを装着するための板状の支持具。
- ●ランチャー→主に空対空ミサイルを装着する搭載装置。レール状の構造になっている。
- ●ラック→爆弾や大型のミサイルなど、重量のある武器を装着する搭載装置。

No.040
第2章●空母の構造と機能性

No.041
艦橋の機能

空母の艦橋は、飛行甲板の右舷中央部に設置されている。限られたスペースの中には、艦の指揮以外にも様々な機能が収められている。

●空母の艦橋には様々な機能が集約する

　空母の艦橋は、ほとんどの空母で飛行甲板の右舷に造られている。その理由はいくつかあるが、まず艦の航行上の問題。通常の海上交通では、相手の船を右舷側に見る船が避けなければならないルールがあり、航行には右舷側に艦橋がある方が便利だ。また煙突が右舷側にあり、艦橋を左舷側にすると両舷に障害物が存在して気流の乱れが生じてしまう。左舷側が開いていた方が着艦しやすかったことも、右舷側に艦橋が造られた理由の1つだ。艦橋が飛行甲板上にあるアイランド型の空母で、左側に艦橋が置かれたのは、第二次大戦時の日本海軍の「赤城」と「飛龍」の2隻のみだ。

　艦橋には船をコントロールするための機能が集約されているが、空母の場合はそれ以上に様々な機能が集約されている。例えば「ニミッツ」級の艦橋は7階建ての構造になっており、それぞれの階で異なる管制を行っている。最上階には航空管制所があって、空港の管制塔の役割を果たしている。その下の階が航海艦橋で、通常の艦のブリッジに相当する。艦長をはじめ操艦を担当するクルーが詰めて、空母の航行を担当している。

　また空母は艦隊の司令部が置かれることも多い。フラッグ・ブリッジと呼ばれる司令部艦橋が航海艦橋の1つ下の階にある。ただし作戦時の実際の指揮は、艦内に設置された戦闘指揮所(CDC)で行われる

　その下には、飛行甲板全体を見渡せるモニタリング・ルームがある。さらに艦橋の1階には、フライトデッキ・コントロールが設置されている。発艦や着艦を含めた、飛行甲板上で行われる様々な作業の指揮所だ。ここでは飛行甲板を模したヴィジャ・ボードと呼ばれる板の上に搭載機のプレートを並べながら、飛行甲板上の整理や調整を行う。最新鋭の空母でもこの作業はいまだにアナログ式だ。

空母の艦橋

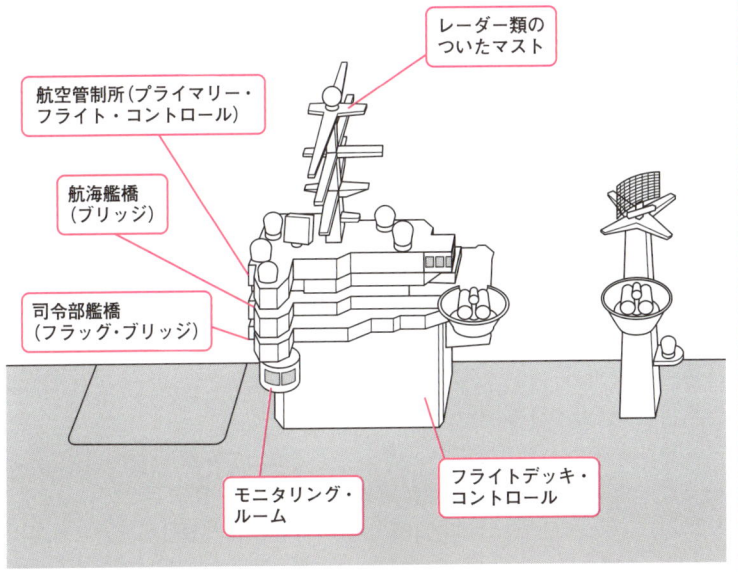

- レーダー類のついたマスト
- 航空管制所(プライマリー・フライト・コントロール)
- 航海艦橋(ブリッジ)
- 司令部艦橋(フラッグ・ブリッジ)
- モニタリング・ルーム
- フライトデッキ・コントロール

飛行甲板の整理はアナログ操作で

搭載機が交雑する飛行甲板の整理や調整は、フライトデッキ・コントローラーという専用のクルーが、ヴィジャ・ボードと呼ばれる飛行甲板を模した板の上に、搭載機の駒を並べながら調整して、移動などの作業の指示を出す。一見原始的だが、アナログな作業の方が効率的なのだという。

豆知識

●**2つの艦橋を持つ空母**→イギリス海軍が建造中の「クイーン・エリザベス」級空母は、右舷側に2つの艦橋を持つ予定だ。前側が航海艦橋、後ろ側が航空艦橋となり、それぞれ煙突と一体になっている。また、同じ基本設計で計画中のフランスの新空母も、2つの艦橋を備える可能性が高い。

No.042
戦闘時の頭脳中枢は？

艦長が潮風を浴びて艦の指揮を執ったのは昔の話。今は電子装備を集め厳重に防御された戦闘指揮所で、空母や艦隊の指揮を執っている。

●艦の中枢CDCは軍事機密の塊

　第二次大戦時には、空母での作戦中や戦闘中の指揮は、艦橋(ブリッジ)で執られていた。艦隊の旗艦である場合は、艦隊司令以下の司令部要員も艦橋、もしくはその下にある戦闘艦橋や司令部艦橋と呼ばれる場所で指揮を執った。長らく艦橋＝艦の中枢であったのだ。

　しかし戦後になって、各種レーダーなどの電子装備が進化するにしたがい、艦の指揮の執り方が劇的に変化した。そこで艦橋とは別に、CDC(Combat Direction Center＝戦闘指揮所)と呼ばれる部屋が設けられるようになった。現在は、作戦中や戦闘中の指揮はここで行われる。

「ニミッツ」級空母では、CDCは飛行甲板下部の艦内にあり、外からの攻撃に対してもかなりの防御がなされているが、詳細は明らかにされていない。CDCには、各種のレーダーやセンサーのコントローラーや戦術コンピューターなどが集められている。その一方で、扱う情報が普通の軍艦に比べ多岐にわたるため、複数の部屋に分散されている。これは仮に攻撃などでダメージを受けた場合でも、一撃での全滅を回避する意味もある。

　作戦時には、艦隊の司令部要員と艦長以下の艦を指揮するメンバーや、武器管制担当者などがCDCに集まる。空母を中心とする艦隊の作戦指揮から、空母自体の戦闘行動に至るまでが、このCDCから指揮されるのだ。当然ながら軍事機密の塊で、一般公開されることはほとんどない。クルーでさえも、アクセス権を与えられた一部の者にしか入室は許されない。

　またCDCに隣接したエリアには、CATCC(Carrier Air Traffic Control Center＝空母航空管制所)が設けられ、艦載機が発艦してから着艦するまでの管制を行っている。こちらには、空母の航空管制担当クルーと、空母飛行隊に所属する指揮管制担当が詰めている。

空母や艦隊の指揮を執るCDC（戦闘指揮所）

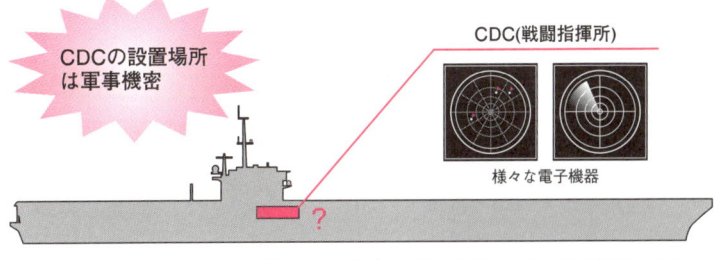

CDCの設置場所は軍事機密

CDC(戦闘指揮所)

様々な電子機器

現在の空母の中枢はCDC(戦闘指揮所)と呼ばれ、艦の奥深くにある最高機密のカタマリだ。ここには様々な情報が集まると同時に、搭載機や随伴艦の動きを管制し指令がここから発せられる。

艦の指揮はどこで行う?

CDC（戦闘指揮所）
- 艦隊全体の指揮。
- 作戦時の空母の航行指揮。
- 防空用の武器の管制　など。

CATCC（空母航空管制所）
- 自艦の搭載機への航空管制指揮。

ブリッジ（航海艦橋）
- 平時の航行指揮。
（戦闘時には、艦長の代わりの士官がここに詰める）

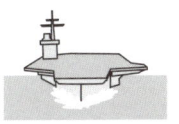

フライトデッキ・コントロール・ルーム
- 飛行甲板上での搭載機移動や発着艦の指揮。

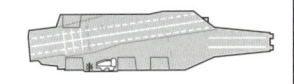

豆知識

● **CDCとCIC** → CDC（Combat Direction Center）は空母だけの呼び方で、空母以外の艦艇ではCIC（Combat Information Center）と呼ばれているが、基本的には同じものだ。CICもその艦の中枢部であり、軍事機密が詰まっているため、平時であっても、滅多に公開されることはない。

No.043
空母の目

高度な電子機器を活用する現代の空母には、様々なレーダーなどのセンサーが積まれている。さらに艦載機が、空母の目の役目を果たす。

●様々なセンサーを積む現代の空母

軍艦には対空、対水上、そして水中を見通す目となるセンサー類が備えられている。すなわちレーダーやソナーなどの電子の目だ。これは空母でも同様で、航空機の運航を管制し、艦隊の旗艦として機能するために、様々の高度なシステムが搭載される。

例えば「ニミッツ」級空母の場合では、対水上レーダー、水上捜索レーダー、対空レーダー、航海レーダー、射撃指揮レーダーなど、様々なレーダーやアンテナが搭載されている。ただしレーダーは電波の反射を捉えて目標物を探知するため、レーダーの電波が届かない水平線の向こう側を見ることができない。そこで高い場所に設置する方が、探知距離が延びて有利になる。レーダー類が艦橋の上にそびえるマストに設置されるのは、できるだけ探知距離を稼ぐためだ。

また電子機器は時代とともに急速に進化する。長期間活躍する空母の場合は、大改修で最新型のレーダーに換装されることも少なくない。

●随伴艦や搭載機が空母の目となる

ただし空母の目は自艦が積んでいるセンサーだけではない。空母は必ず護衛の艦隊に守られており、中には対空専門艦や対潜専門艦などより高度な専用センサーを備える艦がいる。このような随伴艦や軍事衛星が捉えた情報を直接受け取るリンクシステムも、現在の空母は装備している。

そして艦載機には、強力なレーダーを積む早期警戒機や、吊り下げ式のソナーを持つ対潜ヘリなどがいる。こういった搭載機を活用することで、より広範囲の情報入手が可能になるのが、空母最大の強みだ。遠くまで見通すことができる目を、空母を中心とした艦隊は備えているのだ。

空母の艦橋とマストにあるセンサー類

ニミッツ級10番艦「ジョージH.W.ブッシュ」

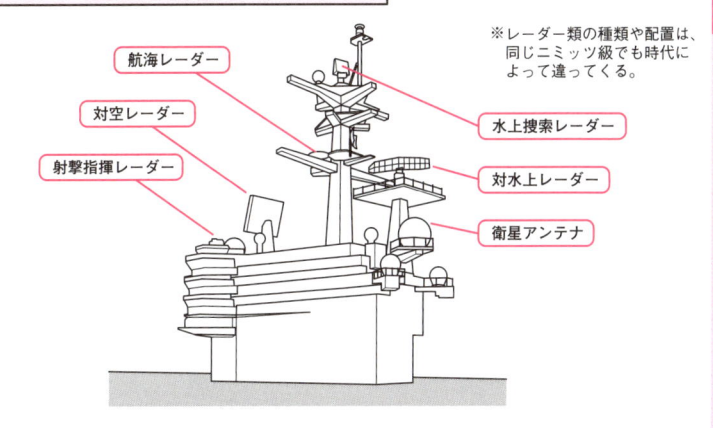

- 航海レーダー
- 対空レーダー
- 射撃指揮レーダー
- 水上捜索レーダー
- 対水上レーダー
- 衛星アンテナ

※レーダー類の種類や配置は、同じニミッツ級でも時代によって違ってくる。

4段階に広がる空母の目

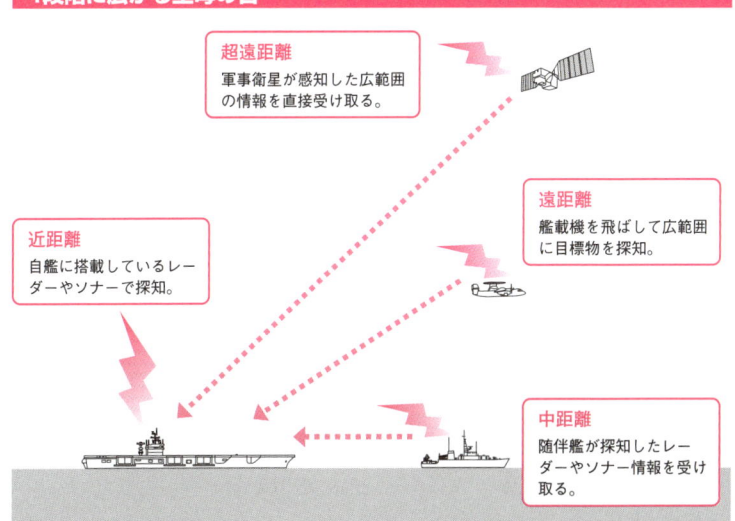

超遠距離
軍事衛星が感知した広範囲の情報を直接受け取る。

遠距離
艦載機を飛ばして広範囲に目標物を探知。

近距離
自艦に搭載しているレーダーやソナーで探知。

中距離
随伴艦が探知したレーダーやソナー情報を受け取る。

豆知識

●**宇宙の目もリアルタイムで利用**→アメリカやロシア、フランス、中国などの軍事大国は、宇宙に軍事偵察衛星を打ち上げて広範囲の情報を集めている。当然のことながら、空母にも軍事衛星からの情報をリアルタイムで活用するシステムが備えられている。

No.043 第2章●空母の構造と機能性

No.044
艦を動かす動力1 通常動力

大型で高速性が必要な空母を動かすためには、大出力が得られやすい蒸気タービンが使われてきたが、最近では新方式に変わりつつある。

●蒸気タービンから新時代の機関に変化

　原子力を使わない動力を一般に通常動力と呼ぶが、空母などの大型の軍艦では、昔から蒸気タービン式の動力が**主機**として使われてきた。蒸気タービンとは、ボイラーとタービンの2つの装置を組み合わせた**外燃機関**のこと。ボイラー(缶)で重油などの燃料を燃やしその熱で水を水蒸気に変え、その水蒸気でタービンを回転させて動力を得る仕組みだ。

　航空機運用のために大型の艦を高速で航行させる空母では、大出力が不可欠だ。蒸気タービンの最大の利点は、容易に大きな出力が得られることで、ボイラーとタービンを必要な出力に応じて複数備え、並列的に動かす。ディーゼルエンジンなどの**内燃機関**では、これほどの大出力を得ることは難しい。また燃料が比較的粗悪なものでも使えたり、生じた蒸気をカタパルトに利用したりするなど、蒸気タービンならではの利点は多い。

　一方で蒸気タービンにもマイナス面がある。大出力を得るためには機関全体がかなり大型になってしまうことや、機関を始動するのに時間がかかり、出力をアップさせるにもタイムラグが生じ、機敏な運動には不向きということだ。そこで現在ではより小型で応答性のよい機関に移行している。

　現在、主流となりつつあるのは、ガスタービンを主機とする艦だ。ガスタービンは航空機のジェットエンジンと基本構造は同じで、排気でタービンを回す。応答性もよくコンパクトな割にそれなりの出力が得られるため、3万t以下の軽空母には向いている。しかし燃費が悪いのが欠点だ。

　そこで最近は、ガスタービンやディーゼルエンジンを組み合わせて、状況に応じて使い分ける方式や、ガスタービンなどで電力を発生させ、その電力でモーターを駆動して推進力とする電気推進が研究され、採用されている。またアメリカのスーパーキャリアなどは原子力機関に移行している。

通常動力空母の機関

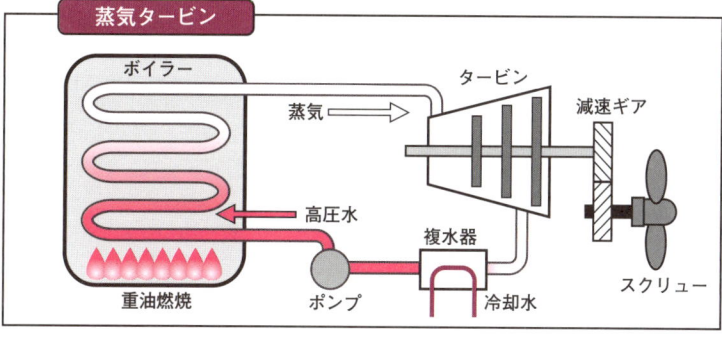

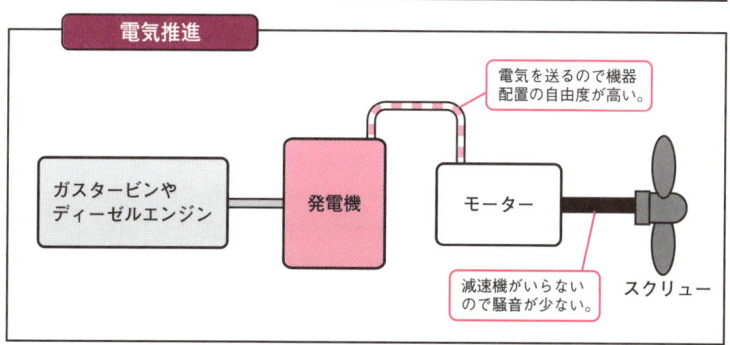

蒸気タービン

- ボイラー
- 蒸気
- タービン
- 減速ギア
- 高圧水
- 複水器
- 重油燃焼
- ポンプ
- 冷却水
- スクリュー

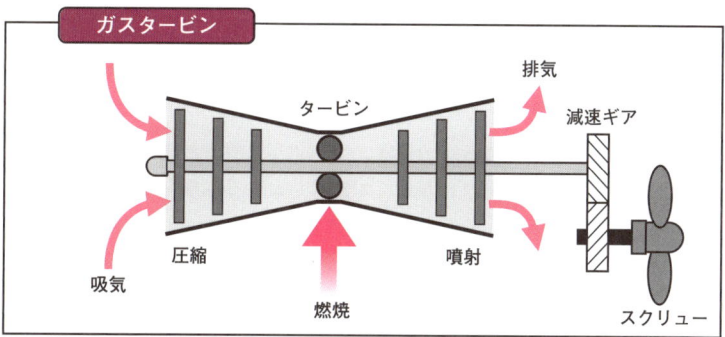

ガスタービン

- 排気
- タービン
- 減速ギア
- 吸気
- 圧縮
- 燃焼
- 噴射
- スクリュー

電気推進

- ガスタービンやディーゼルエンジン
- 発電機
- モーター
- スクリュー
- 電気を送るので機器配置の自由度が高い。
- 減速機がいらないので騒音が少ない。

用語解説

- **主機**→軍艦の専門用語でメインエンジンのこと。
- **外燃機関**→いったんボイラーなどで燃料を燃やし、そこで生じた水蒸気で主機（タービン）を駆動する方式。
- **内燃機関**→主機の内部で燃料を燃やし、直接出力を得るエンジン。ディーゼルエンジンやガスタービンなど。

No.045
艦を動かす動力2 原子力

原子力空母が搭載する原子炉は、その基本構造は陸上の原子力発電所と変わらない。登場から50年の間に、基本性能もアップしている。

●加圧水型の原子炉を搭載

　主機に原子炉を搭載した史上初の空母として1961年に誕生したのが、原子力空母「エンタープライズ」だ。従来の大型空母が搭載していた蒸気タービン機関のボイラーの代わりに、原子炉を搭載した。その後、費用高騰などの理由で一旦は通常動力に戻るが、「ニミッツ」級で復活し、現在はアメリカのスーパーキャリア10隻がすべて原子力空母となっている。

　原子力空母に搭載される原子炉は、加圧水型と呼ばれるもの。原子炉の中を通る加圧された一次冷却水がまず熱せられ、蒸気発生器の中で二次冷却水を沸騰させ蒸気を作る。その蒸気がタービンに送られ駆動力を生み出す。この二次冷却水の蒸気は、その後に復水器の中で海水により冷やされ、また蒸気発生器に戻されるという仕組みだ。正確には原子力蒸気タービンと呼ばれ、基本構造は地上に建設されている原子力発電所と大差ない。軍艦の中に収めるためにコンパクトに設計されているが、堅牢性や安全性を保つ設備が必要で、大型艦でなければ搭載することは難しい。

　原子力蒸気タービンが生み出す出力は、従来の蒸気タービンとさほど変わらない。しかし、蒸気タービンでは大量の燃料を消費するのに対し、原子炉は一度燃料棒を入れると長期間、燃料交換を行わずに運航できるのがメリットだ。しかも原子炉はこの50年で大きく進化した。「エンタープライズ」は新造から3年で最初の燃料棒の交換を行ったが、その後改良が進み、2回目は5年後、3回目は20年後に交換を行った。「ニミッツ」級では13～25年に1度の燃料棒交換となった。さらに2015年に就役予定の「ジェラルドR.フォード」では、燃料棒の交換サイクルは50年に延ばされ、事実上燃料棒の交換を一度も行わなくなることが見込まれている。

　またフランスの「シャルル・ド・ゴール」も原子力空母だ。

空母に搭載される加圧水型原子炉

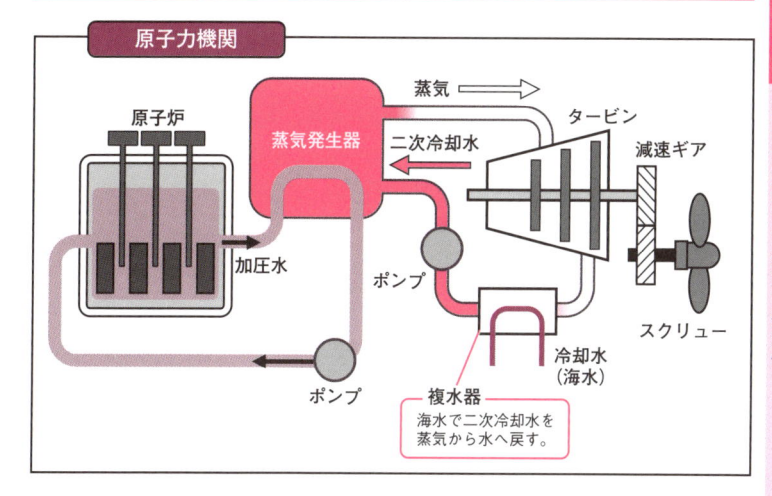

原子力機関

（図：原子炉／蒸気発生器／加圧水／二次冷却水／蒸気／タービン／減速ギア／スクリュー／ポンプ／複水器／冷却水（海水））

複水器：海水で二次冷却水を蒸気から水へ戻す。

空母搭載原子炉の進化

「エンタープライズ」

1961年就役（2012年退役）
A2W型加圧水型原子炉×8基
出力：28万馬力
燃料棒交換サイクル：約3〜20年

「ニミッツ」級

1975〜2009年就役（計10隻）
A4W型加圧水型原子炉×2基
出力：26〜28万馬力
燃料棒交換サイクル：約13〜25年

「ジェラルドR.フォード」

2015年就役予定
A1B型加圧水型原子炉×2基
出力：約28万馬力
燃料棒交換サイクル：約50年

豆知識

- **原子炉を使った電気推進艦**→「ジェラルドR.フォード」では、当初は原子炉蒸気タービンと電気推進を組み合わせた新世代の機関が予定されていたが、今回は見送られた。ただし発電能力は「ニミッツ」級の6.4万キロワットから19.2万キロワットへ、大幅に引き上げられている。

No.046
固定武装1 対空兵器

敵機からの攻撃を迎撃するために、空母には充実した対空兵器が備えられている。それは対空ミサイル中心となった現代でも変わらない。

●高角砲＋機銃から対空ミサイル中心に進化

　空母の天敵の1つが敵の航空機の攻撃だ。自らの最大の武器が、同時に最大の敵でもあった。そのため空母対空母の決戦が行われた第二次大戦時の日米の戦いでは、敵の航空機攻撃への対抗策が施された。空母の対空防御は遠距離では艦上戦闘機が担い、中距離では随伴する護衛艦隊がカバーする。それに加えて空母の固定武装として対空兵器が多く装備された。

　当時の代表的な対空兵器は高角砲と対空機銃で、飛行甲板の両舷に張り出しを設けて、砲座や銃座を設置した。例えば大戦前に建造された大型空母である日本の「赤城」には、12.7cm連装高角砲8基(16門)と25mm連装機銃11基(22門)が装備された。しかし大戦中建造の「信濃」では、高角砲の数こそ同数の8基16門だが、25mm3連装機銃35基＋25mm単装機銃40基(計145門)と機銃を大幅強化。ハリネズミのような対空防御を施した。

　一方で日本軍機の神風攻撃に悩まされたアメリカでも対空防御を重視。大戦中建造の「エセックス」級では、5インチ(12.7cm相当)連装高角砲4基＋5インチ単装高角砲4基(計12門)、40mm4連装機関砲8～9基(32～36門)、20mm単装機銃40～50基と重武装を誇った。

　戦後にレーダーが発達し対空ミサイルが登場してからは、対空防御もミサイル中心となった。また想定する最大脅威も、敵の対艦ミサイルに変わった。現代の空母には、短～近距離の個艦防空兵器が備えられている。例えば**「ニミッツ」級**では、射程15kmのシースパロー対空ミサイルか、射程50kmの発展型シースパロー対空ミサイルの8連装発射機を2～3基。加えて最後の砦となるCIWS(近接防御火器システム)として、レーダー連動のファランクス20mmガトリング砲か、RAM近接防御ミサイル21連装発射機のいずれか2基を搭載。他国の空母も同様の対空装備の組み合わせが一般的だ。

大戦時の空母の対空防御

●エセックス級の対空防御

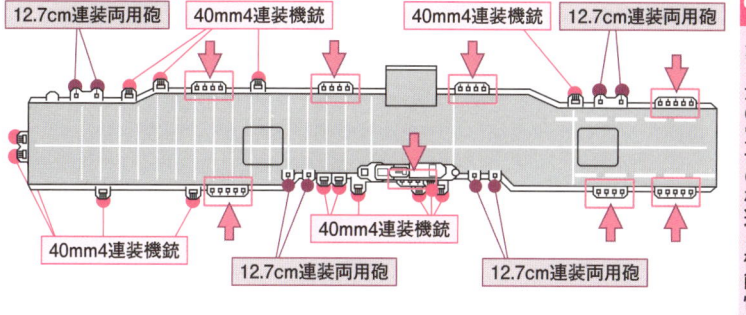

- 12.7cm連装両用砲
- 40mm4連装機銃
- 40mm4連装機銃
- 12.7cm連装両用砲
- 40mm4連装機銃
- 12.7cm連装両用砲
- 40mm4連装機銃
- 12.7cm連装両用砲

※艦や時代によって、高角砲や機銃の数は増減した。

※ ←　…20mm機銃の配置

現代の対空兵器

シースパロー短距離対空ミサイル8連装発射機

※射程約15km。発展型は射程約50km。

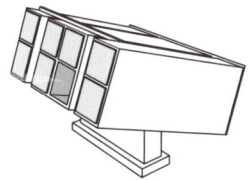

代表的なCIWS（Close in Weapon System＝近接防御火器システム）

RAM（Rolling Airframe Missile）
21連装発射機

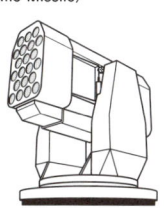

ファランクス　レーダー連動
20mm6銃身ガトリング砲

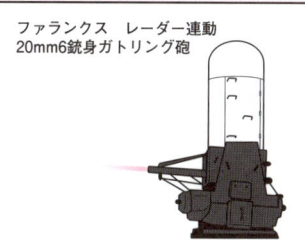

豆知識

- **信濃**→実際には最初の航海でアメリカ潜水艦の雷撃により沈んだため、せっかくの対空防御網は使われることがなかった。
- **ニミッツ級**→1番艦から10番艦まで就役に34年の差があり、就役時期や改修時期によって搭載される対空兵器やその組み合わせが異なる。

No.047
固定武装2 対艦兵器

空母の最大の武器は搭載する艦載機だが、黎明期の空母の中には対艦戦闘を想定してそれなりに強力な艦載砲を積んだものもあった。

●対艦戦闘を考えて砲を積んだ時代もあった

　空母の運用戦術が確立されていなかった第二次大戦前の時代には、空母にも対艦戦闘能力が備えられていた。空母を攻撃してくる敵の駆逐艦や巡洋艦などを撃退するために、それなりの火力を備えることが必要と考えられていたからである。また当時の空母は巡洋艦や巡洋戦艦をベースにして建造されたものもあり、元の艦の主砲や副砲をそのまま生かして20cm級の**平射砲**や対空対艦兼用の**両用砲**を残した艦が存在した。

　例えば日本海軍の「赤城(あかぎ)」や「加賀(かが)」は、建造当時の多層式甲板の時代には、2層目の甲板の前部に20cm連装砲塔を2基備えていた。またこれとは別に艦舷には、**ケースメート方式**の20cm単装砲を備えていた(「赤城」が6門、「加賀」が10門)。その後、全通の飛行甲板に大改装されたときに、20cm連装砲塔は撤去されたが、艦舷の副砲はそのまま残されている。

　また同時期のイギリスの空母「ハーミーズ」や「イーグル」は、やはり艦舷や艦尾に平射砲を備えていた。アメリカの「レキシントン」と「サラトガ」では、飛行甲板の艦橋の前後に8インチ砲(20cm相当)の連装砲塔を4基設置していた。しかし第二次大戦以降は、空母は護衛艦隊に守られながら運用され、以後は対艦戦闘を考慮した砲が搭載されることはなかった。

　現代の空母では、対艦戦闘の主力はあくまでも搭載する艦載機だが、対艦戦闘の中心としてミサイルが多用されることもあり、一部の国の空母には対艦ミサイルや対潜ミサイルを固定武装として装備するものもあった。その代表格が、旧ソ連が建造した「キエフ」級で、大量の強力な対艦ミサイルを積んでいた。もっとも旧ソ連の空母は「重航空巡洋艦」と呼称されており、艦載機は防空任務や対潜任務が主体だったため、対艦戦闘用に固定武装が必要だったというのが真相だ。

空母に積まれた対艦兵器

●「赤城」に備えられた20cm砲

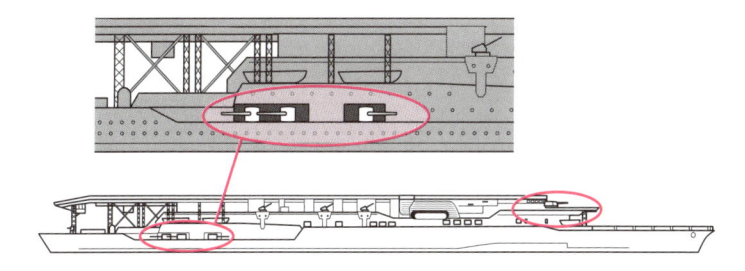

改装前の「赤城」には、第2甲板前縁に20cm連装砲塔が左右に計2基（4門）と、後部艦舷にケースメート方式で左右3基ずつの20cm単装砲（計6門）が備えられていた。

●「レキシントン」に備えられた8インチ砲

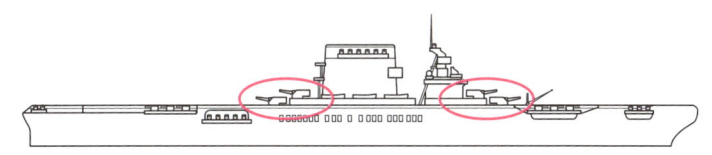

「レキシントン」と「サラトガ」には艦橋の前後に8インチ連装砲塔が2基ずつ（計8門）備えられた。大戦中には両用砲への換装が計画されたが、実現しなかった。

●「キエフ」級の対艦戦闘は対艦ミサイルが主力

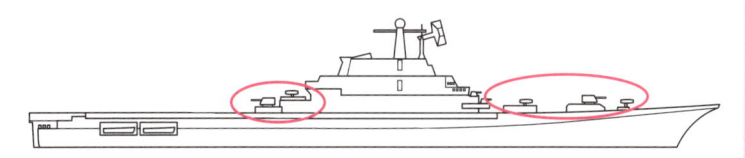

「キエフ」級は、砲塔だけでなく大型対艦ミサイルの発射器を設置して、対艦攻撃能力を備えていた。

用語解説

- **平射砲**→仰角が45度以下で、直接照準で相手を狙う砲。
- **両用砲**→高角砲並みの高い仰角をつけられ、対空戦闘と対艦戦闘のどちらでも使える砲。
- **ケースメート方式**→艦舷に単装の中～大口径砲を備えたもの。1920年代以前の軍艦に採用された古い形式。

No.048
空母のウィークポイントとは？

大型の戦闘艦の中で、空母はもっとも防御が弱い軍艦だ。敵の攻撃を受けやすい飛行甲板を背負っているうえ、艦内には可燃物が満載だ。

●飛行甲板と航空燃料が大きな弱点

　従来から空母の飛行甲板は防御上の大きな弱点といわれてきた。船体が大型であるために機敏な回避行動も難しく、広々した平面は肉薄した敵攻撃機にとって絶好の標的以外の何ものでもないからだ。

　しかも攻撃を受けた場合、船体にダメージが少なく航行には不都合がなくても、飛行甲板が使用不能となるだけで空母は戦力を喪失してしまう。艦載機が攻撃力のすべてである空母にとって、飛行甲板は生命線なのだ。

　そこで飛行甲板の装甲化などの対策が取られたが、重量配分などの問題から、そう簡単な話ではなかった。イギリスの「イラストリアス」級や日本の「大鳳(たいほう)」など、部分的に装甲を施した艦も登場したが、飛行甲板全面に装甲を施したのは、戦後に完成したアメリカの「ミッドウェー」級が最初だった。それでも飛行甲板の脆弱性がすべて払拭されたわけではない。結局、護衛艦隊を随伴し敵機を近づけないことが、最大の防御とされた。

　その飛行甲板以上のウィークポイントとされるのが、空母に積載されている様々な可燃物だ。艦載機そのものや艦載機用の弾薬も誘爆の危険が高いが、もっともやっかいなのが艦載機用の航空燃料だ。船の燃料となる重油と違い、当時使われた航空燃料のガソリンは発火する危険性が非常に高い。しかも揮発性が高いため、気化してガスとして漏れる危険性もある。

　事実、装甲空母として期待された日本の「大鳳」は、潜水艦によるたった1発の雷撃のショックで漏れ出した気化ガスが充満し、その大爆発であっけない最期を遂げた。アメリカのレキシントンも同様の運命をたどった。

　その戦訓から、航空機用燃料のタンクに関しては細心の注意が払われている。しかしその危険性は現代の空母でも払拭し切れていない。燃料タンクから伸びる配管のすべてを堅固にカバーすることは難しいからだ。

最大の攻撃目標になる飛行甲板

●飛行甲板は最大の目標

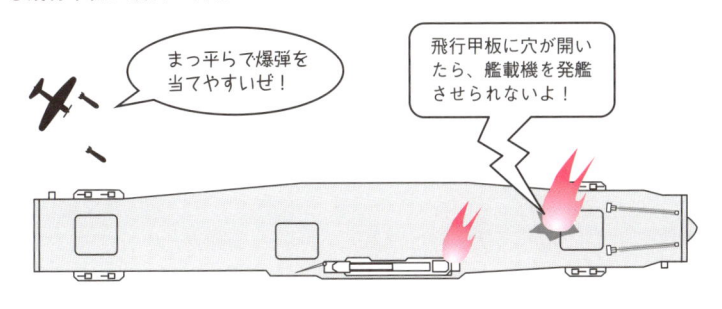

「まっ平らで爆弾を当てやすいぜ！」

「飛行甲板に穴が開いたら、艦載機を発艦させられないよ！」

空母の武器はよく燃える!?

●空母に積まれている、燃えやすいもの

艦載機　　爆弾や魚雷　　燃料

●やっかいなのは、気化して漏れ出した航空燃料

漏れ出した航空燃料が気化すると、ガス状になって艦内に充満。

気化したガスが爆発すると、時には沈没に至ることも。

豆知識
- ●**重油とガソリン**→大型艦艇のボイラーに使われる重油は、粘度が高いB重油やC重油で、常温では揮発性が少なく、揮発ガスによる爆発の恐れは少ない。一方でプロペラ機の航空燃料のガソリンは、揮発性が高いうえに引火点が低いなど、取り扱いや保管が重油に比べて難しい。

No.048 第2章●空母の構造と機能性

No.049
空母のダメージコントロール

攻撃を受けて損傷しても、被害を最小限にとどめて、戦力の損失を防ぐ能力がダメージコントロールだ。空母には欠かせない要素だ。

●戦訓に応じて進化したダメージコントロール能力

　空母は艦内に艦載機やその弾薬燃料といった可燃物や爆発物を多く積んでいる。攻撃を受け損傷したときに、延焼や誘爆による二次被害をできるだけ抑えるための能力が重要だ。そのための設備や人員を備えることや、対応マニュアルの策定や訓練の実施など、ハードとソフトの両方から、ダメージコントロールが図られている。

　ダメージコントロールの重要性にいち早く注目したのは戦前のアメリカ海軍。「ヨークタウン」級以降は延焼や誘爆を制御しやすい開放式の格納庫を採用している。もっとも脆弱性が高い航空機用の燃料タンクには、早くから2重構造のものを採用するなどの工夫に加え、ダメージコントロール担当人員を育成し対策マニュアルを確立。実戦でその成果を発揮した。

　ダメージコントロール能力が低かったと評価されがちな日本海軍でも、まったく無策だったわけではない。航空機用燃料タンクを例に取ってみても、初期に使われた鋲構造のタンクを電気溶接で作った気密性の高いものに交換し、タンクの周囲を水やコンクリートで覆うなどの対策を施している。また戦訓を元に、格納庫に泡沫式の消火剤を散布するスプリンクラーを備えるなどの設備も導入している。加えて日米ともに艦内の可燃物（木製の壁材や床材、調度品など）を極力減らす努力を行っていた。

　戦後もダメージコントロールの基本的な考え方は変わらない。格納庫内には監視ステーションが設けられスプリンクラーも設置、いざというときは防火扉で格納庫を区切り延焼を食い止める。格納庫内や飛行甲板上には、消防車両が配置されている。また現代では核兵器や化学生物兵器の攻撃を受けることも想定されており、除染のために艦の外面全体を洗い流す洗浄スプリンクラー設備も調えられている。

ダメージコントロール能力

●水密区画によるダメージコントロール

浸水

艦内が多くの区画に区切られ、1カ所に穴が開いても簡単には沈まない。

反対側に注水してバランスを取ることも。

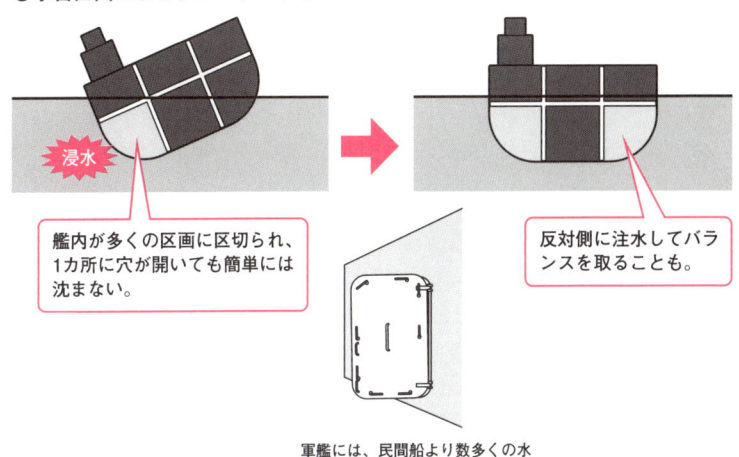

軍艦には、民間船より数多くの水密扉や防火壁が設けられている。

●火災対策は空母の大きな課題

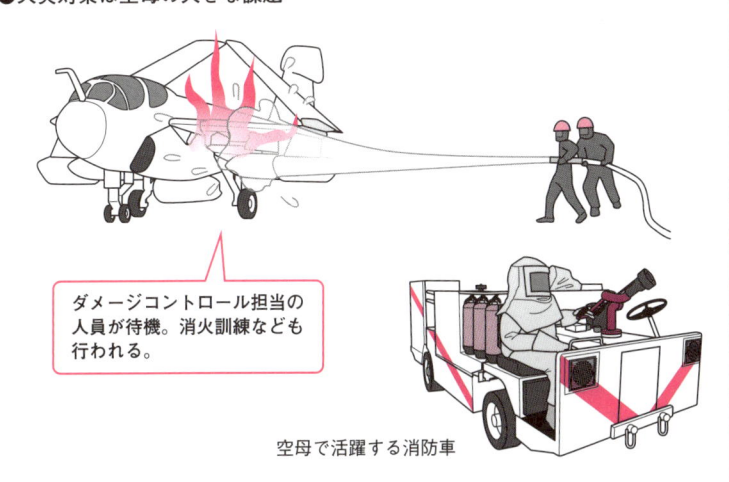

ダメージコントロール担当の人員が待機。消火訓練なども行われる。

空母で活躍する消防車

豆知識

●**軍艦のダメージコントロール**→交戦することを前提とした軍艦では、火災を食い止める防火壁や、船腹に穴が開いた場合の水密構造などの、軍艦ならではの対処能力などが備えられている。商船改造の空母は、このような構造的ダメージコントロール能力が低い。

No.050
空母への補給

空母が継続して作戦行動を行うには、消費した物資の補給が欠かせない。港で補給を行えない場合は、補給艦からの洋上補給に頼る。

●洋上補給は並走しながら行う

　大きな船体を持つ空母は、多くの燃料や物資を搭載できるが、無限ではない。消費すれば作戦行動に支障が出る。通常動力の空母なら、艦を動かす燃料（重油）に加え、航空機用の燃料や弾薬、乗員の食糧などが補給を必要とする。例えば64,000tの「ミッドウェー」では、約1,000tもの食糧を貯蔵できたが、これが45日間で消費されてしまった。重油タンクが不要になった原子力空母では、その分搭載できる物資が増えたが、乗員の数も増えており、それなりのサイクルでの補給が不可欠だ。

　通常の作戦行動では、母港に戻るか補給可能な港に寄港して、様々な物資を補給する。しかし長期間にわたる作戦行動で、寄港することも不可能な場合は、洋上補給を受けることになる。

　第二次大戦時には、洋上で輸送船や油送船を横付けし、ワイヤーを張って滑車などでの物資の積み替えや、給油ホースをつないで燃料を送るなどの補給作業を行った。現代ではより効率的に洋上補給を行える装備を備えた補給艦が就役しており、並走しながらの洋上補給作業を行う。

　給油作業の場合は、約50mの間隔で空母と補給艦が一定の速度で並走する。補給艦側から蛇管と呼ばれる給油ホースが伸ばされ、空母の右舷にある給油口に接続。燃料等を補給する。一方で弾薬や食料などの物資は、旧来のワイヤーをつないで滑車で受け渡す方式も行われるが、搭載するヘリによるスリング（吊り下げ）運搬の方が一般的となっている。またアメリカのスーパーキャリアには、艦上輸送機も搭載されている。

　逆に空母に備蓄した燃料や物資を、随伴艦に補給する場合もある。小型の艦船は空母に比べ航続距離が短く、物資の搭載量も少ないからだ。その場合も洋上補給が行われる。

空母で消費する主な物資

空母自体の燃料
（原子力空母は20年に1度）

乗員の食糧

艦載機の燃料

艦載機の弾薬

洋上補給の方法

●燃料補給

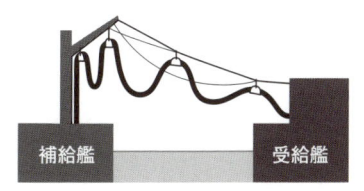

補給艦　受給艦

蛇管と呼ばれる給油ホースを延ばし給油。両艦の間隔は約50m。

●物資補給

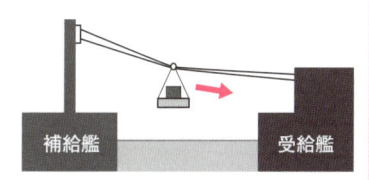

補給艦　受給艦

補給艦から空母へワイヤーを張り、滑車で物資を渡す。

豆知識

- **真水は作る！**→昔の船は真水用の大きなタンクを持ち消耗すれば補給していたが、現在では空母に限らずある程度の大型艦なら、海水から真水を作る造水装置が搭載されている。造水装置用のボイラーの燃料が尽きない限り、真水の心配はなくなった。

No.051
巨大な収容力

90機近い搭載機を運用し、5,000名以上の乗組員が活動するスーパーキャリアでは、そのための物資を収容するスペースが必要だ。

●物資収納に余裕がある原子力空母

　艦のサイズが大きな空母は、当然ながら搭載機以外にも様々な物資を収容する能力がある。中でも大きなスペースが必要なのが、自艦の航行用燃料と、搭載する航空機の燃料だ。また、搭載機が積む武器弾薬や、搭載機のスペアパーツなどの戦闘用物資に加え、乗員の食糧や飲料水、生活物資など様々なものが積まれている。

　しかし現代の原子力空母の場合は、自艦航行用燃料タンクが不必要で、そのスペースを他の物資の収容に使うことができる。そのため従来よりも多くの物資を収容することができることが、大きな利点となっている。「ニミッツ」級の場合、物資の多くは艦底近くの下部デッキに収容するが、主に前部に航空機用武器庫を分散して配置、中央部に航空機用燃料タンク、その後ろに2基の原子炉区画を挟んで、後部には食糧用の巨大な冷凍庫や生活物資の倉庫が配置されている。その搭載量は、航空機用燃料の備蓄量では1,325万リットル。5,000人を超える乗員の食糧については、通常でも約1カ月半の量が積み込まれるといわれており、1日に提供する食事が18,000食。それの45日分として81万食分の食糧が積まれることになる。しかし有事になれば3カ月にも及ぶ作戦日数になることもあり、その場合は補給艦から洋上補給を受けて補充する必要がある。また生活必需品が収められる倉庫には、実に10万種近いアイテムが収納管理されているという。

　一方で、原子炉のおかげで電力には余裕がある。真水は艦内の製水機で海水から作り、その量は1日に150万リットル以上。豊富に使えるためシャワーも制限がない。また艦載機や艦内で使う液体酸素や液体窒素なども製造する。さらに町工場並みの工房も備えており、航空機や空母のパーツなども簡単なものは艦内で製作。そのための資材も備蓄されている。

「ニミッツ」級原子力空母の主な収納スペース

●主な収納スペースは下部甲板

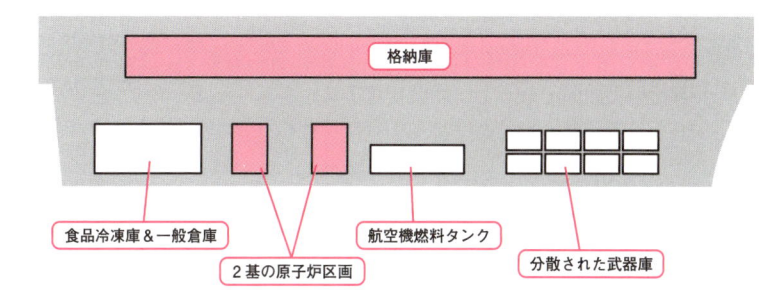

- 格納庫
- 食品冷凍庫＆一般倉庫
- 2基の原子炉区画
- 航空機燃料タンク
- 分散された武器庫

通常動力の空母の場合は、この他に自艦の航行用の燃料を納めるタンクが必要で、かなり大きなスペースを占めてしまう。

武器庫は誘爆等の危険を回避するために、40カ所以上に分散して設置される。個々に防火や耐爆のための設備が施される。

「ニミッツ」級原子力空母が積む膨大な物資

航空機用燃料
1,325万リットル

航空機用武器弾薬
搭載量は軍事機密

航空機のスペアパーツ
予備のエンジンなど

乗員の食糧
約81万食分

生活物資
約10万アイテム

※ 飲用などの真水や液体酸素などは、艦内で製造する。また、様々な工房も備え、その材料も備蓄している。

豆知識

●**艦隊には補給艦が欠かせない**→通常動力の空母では自艦の余剰燃料を随伴艦に分けることができたが、原子力空母では重油をほとんど積んでいないので不可能。また航空機用燃料の消耗も激しいため、現代の空母打撃群では随伴する補給艦の存在が重要だ。

No.052
空母の建造

空母ほどの大型艦になると、建造を行うことができる造船所は限られてしまう。また起工から就役までは数年以上の長い時間が必要だ。

●時間がかかり技術的なハードルが高い空母建造

　空母に限らず、軍艦を建造するにはいくつもの段階を経て行われる。まず、建造計画を立てることから始まり、その国の政府や議会で承認され予算が通ったのち、造船を受け持つ企業などに発注される。造船が開始されることを起工（着工）と呼び、**船台や建造ドック**で船体本体の工事が始まる。本体がある程度できたら、艦を水に浮かべる進水を経て、艦の様々な装備を取り付ける艤装(ぎそう)工事が行われる。艤装が完成すると造船過程は完了する。さらに艦の速度や武装などの様々な性能をチェックする**公試（海上公試運転）**が行われ、性能等に問題がなければ竣工となり、軍に引き渡される。そこで初めて軍籍に登録されて、晴れて就役となる。

　起工から就役までにはそれなりの期間を要する。例えば、アメリカの「ニミッツ」級では、起工から就役までに5〜7年もの年月がかかっている。中には諸々の問題から建造が長期化し、10年を超える歳月がかかることもある。

　また空母を造るには、それに見合った大きさの建造ドックや船台を持つ造船所でなければかなわない。大出力の機関をはじめ、カタパルトや大型エレベーターなど、空母ならではの特殊な装備も必要なため、技術的なハードルは高い。アメリカでは「エンタープライズ」以降の原子力空母はすべて、ヴァージニア州にあるニューポート・ニューズ造船所で造られている。

　造船方式としては、第二次大戦期までは、船台の上に**竜骨（キール）**を築きそれを元に建造を進める「船台建造方式」で行われた。しかし戦後は、あらかじめいくつかのブロックに分けて建造し、最後にそれを組み立てる「ブロック建造方式」が主流となっている。各ブロックを造る過程では複数の場所で並行作業が可能なため、工期を大幅に短縮することが可能になるからだ。

空母建造から就役までの流れ

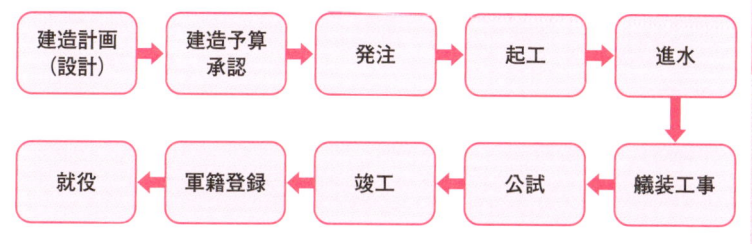

建造計画（設計） → 建造予算承認 → 発注 → 起工 → 進水 → 艤装工事 → 公試 → 竣工 → 軍籍登録 → 就役

建造ドックと工法の違い

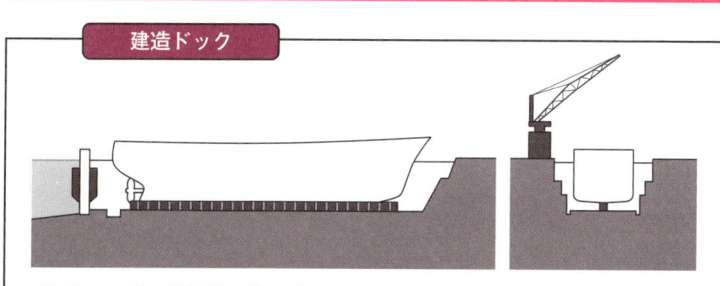

建造ドック

建造ドックは新船の造船機能を備えた施設で、水を抜いた乾ドックの状態で建造を行い、進水時には注水して船を浮かせる構造。この他、陸上の船台で組み立て海面に滑り落として進水させる方式もあるが、空母のような大型艦ではあまり使われない。

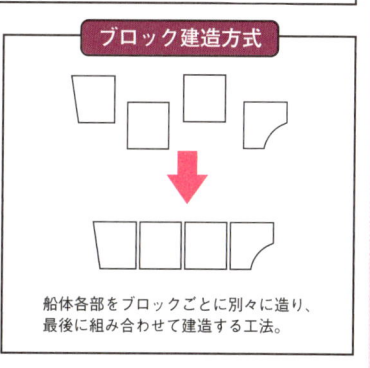

船台建造方式

船台上にまず竜骨を造り、それを元に肉付けして船を建造する工法。

ブロック建造方式

船体各部をブロックごとに別々に造り、最後に組み合わせて建造する工法。

用語解説

- **船台や建造ドック**→船を造船するための設備で船の大きさに見合うサイズが必要。
- **公試（海上公試運転）**→完成前の正式な試験で、乗員や弾薬、戦闘消耗品をフル搭載し、非戦闘消耗品と燃料、予備ボイラー水を2/3積んだ状態で行われる。
- **竜骨（キール）**→船底の中心を貫く背骨となる主要部材。

No.052 第2章●空母の構造と機能性

No.053
空母の整備とローテーション

空母の性能を発揮するには、定期的な整備が欠かせない。しかし時間がかかるため、艦の運用スケジュールも整備に合わせて考慮される。

●大がかりな整備は限られた施設で長期間にわたる

　空母の運用では、一定の期間で整備を行うように、長期的な行動スケジュールが組まれている。所属している母港には、ある程度の整備なら可能な設備が備わっていることが多い。通常の整備なら、母港に戻った際に行われる。ただし、大がかりな整備を行うような場合は、海軍工廠などと呼ばれる大型艦を入渠できる乾ドックを備えた施設で行うことになる。この場合、整備には数カ月～数年といった長期間にわたることが多い。

　例えば、現在10隻が就役しているアメリカの「ニミッツ」級の場合は、原子炉を動力としているために、20～25年に一度、原子炉の燃料棒の交換が必要となる。その場合は船体を割って原子炉を露出させて行うという大工事となる。アメリカで原子炉の燃料棒交換ができるのは、ヴァージニア州のニューポート・ニューズ造船所だけしかなく、工期も2～3年かかる。もちろん、整備されるのは原子炉だけではない。艦全体の装備や設備が徹底的にメンテナンスされ、電子装備などは新しいものに更新されるなど、改装と呼んでもおかしくないくらいに手を入れられることもある。

●3隻以上でローテーションを組むのが理想だが……

　大がかりな整備で母港や海軍工廠に入渠することを考えると、空母を常に作戦可能なように配備するには、3隻が理想だといわれている。2隻では1隻が整備中にもう1隻に何かあった場合は、稼動艦がなくなってしまうからだ。予備も含め作戦に従事するのが2隻、整備中が1隻というローテーションだ。しかしそれには多大な国力が必要で、**11隻体制のアメリカ**を除くほとんどの国では、1隻もしくは2隻の空母で運用していることがほとんど。そのため時期によっては稼動できる空母がないこともある。

大がかりな整備には乾ドックが必要

通常の整備
↓
母港となる港には通常整備用の施設があり、戻ったときに行う。

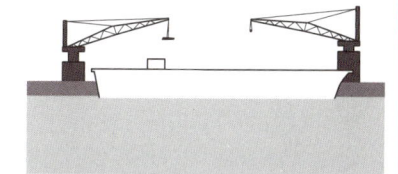

大がかりな整備
↓
乾ドックを備えた海軍工廠や造船所に入れて、時間をかけて行う。

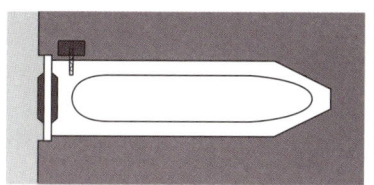

上から見た乾ドック

整備を考慮した空母運用のローテーションは?

●常に作戦行動を行うには3隻でのローテーションが理想

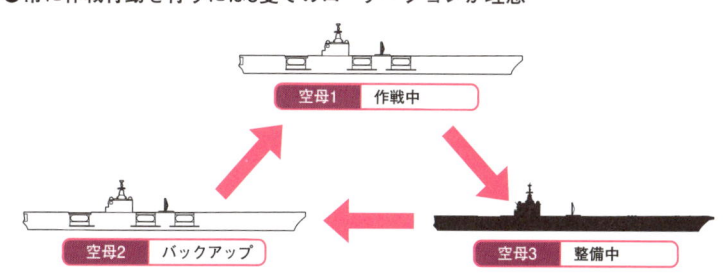

空母1　作戦中
空母2　バックアップ
空母3　整備中

●米海軍は11隻体制

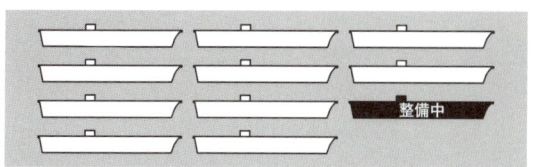

整備中

1隻は2〜3年の原子炉交換整備。残り10隻で世界中をカバー。この他にも通常の定期整備が行われる。

豆知識

●**11隻体制のアメリカ**→全世界の海をカバーし、すべて原子力空母を運用するアメリカでは、11隻体制を敷いている。そのうち1隻は原子炉交換の大整備中という計算だ。「エンタープライズ」が退役した現在は10隻だが、2015年に新空母が就役すれば、再び11隻体制となる。

No.054
退役した空母の行く末は？

寿命以外の様々な理由で現役を引退した空母には、第2の人生が待っている。改装されたり他国へ売却されたりする艦もある。

●空母のセカンドライフ

　空母もいつかは引退することになるが、その行く末にはいろいろな道がある。ただし、まだ使える状態で**退役・除籍**した場合と、老朽化して寿命をまっとうし退役した場合では大きく違ってくる。

　まだ使える状態であるにもかかわらず、予算削減などの理由から退役を余儀なくされる場合、第2の人生が用意されることもある。まずは**予備役**に編入され、**モスボール**状態で保存されて、出番を待つケースだ。しかしそのまま復活せずに除籍となった場合は、結局解体される運命にある。

　次に空母以外の艦に改修されて活用されるケースがある。例えば第二次大戦後に余剰となったアメリカの空母の一部は、ある程度の改修を経て対潜哨戒機を搭載した対潜空母や、輸送ヘリコプターを積んだ強襲揚陸艦に艦種を変更し、第2の人生を歩んだものも少なくない。

　ただし民間船として転用される例はほとんどない。数少ない例外が、日本海軍で大戦を生き残った「鳳翔（ほうしょう）」と「葛城（かつらぎ）」で、戦後に除籍されてから、数年間は戦地からの復員輸送船に転用され、その後に解体された。

　また、他国に貸与や売却される例も少なくない。戦後の連合国の余剰艦は、ブラジル、アルゼンチン、インド、オランダ、カナダなどの国で使用された。現在、現役として活躍中の空母に限っても、ブラジルの「サン・パウロ」（旧フランス「フォッシュ」）、インドの「ヴィラート」（旧イギリス「ハーミーズ」）、中国の遼寧（りょうねい）（旧ソ連「ワリヤーグ」）と3隻もある。

　一方で艦齢をまっとうし、老朽化して退役した空母には、2つの道が残されている。現役時代に国を代表するような武勲艦であった幸運な艦は、記念館として係留され保存されることがある。しかしそれ以外の多くの艦は、除籍されたあと業者に引き渡され、解体処分でその生涯を閉じる。

空母のセカンドライフ

●日本空母「鳳翔」の一生

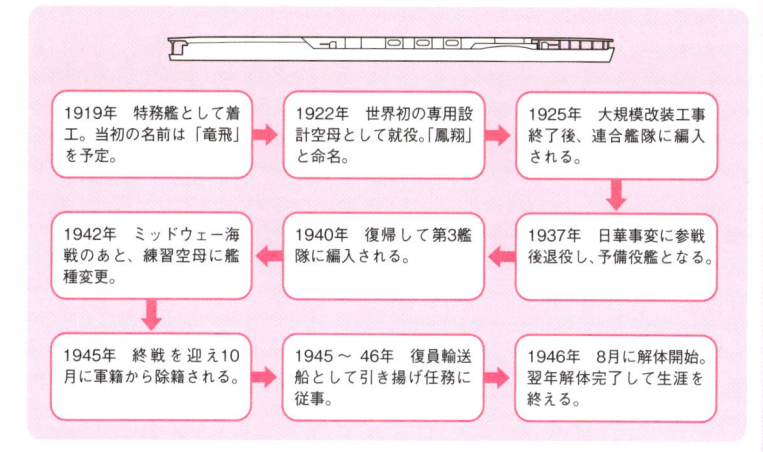

- 1919年　特務艦として着工。当初の名前は「竜飛」を予定。
- 1922年　世界初の専用設計空母として就役。「鳳翔」と命名。
- 1925年　大規模改装工事終了後、連合艦隊に編入される。
- 1937年　日華事変に参戦後退役し、予備役艦となる。
- 1940年　復帰して第3艦隊に編入される。
- 1942年　ミッドウェー海戦のあと、練習空母に艦種変更。
- 1945年　終戦を迎え10月に軍籍から除籍される。
- 1945～46年　復員輸送船として引き揚げ任務に従事。
- 1946年　8月に解体開始。翌年解体完了して生涯を終える。

●3回名前が変わったアルゼンチン空母「ベインティシンコ・デ・マヨ」

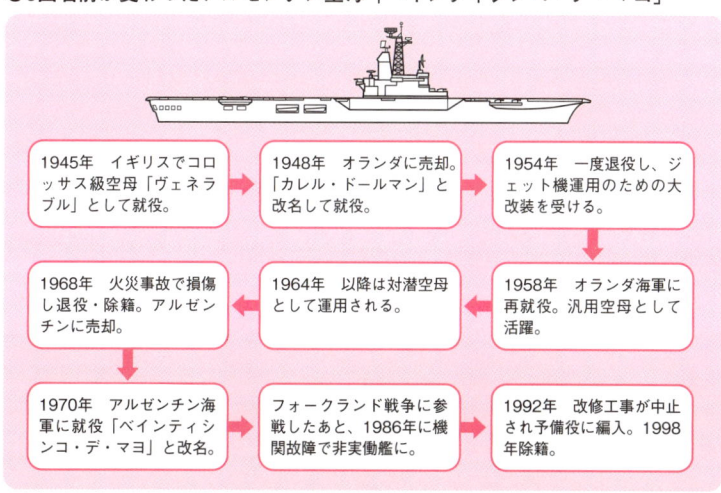

- 1945年　イギリスでコロッサス級空母「ヴェネラブル」として就役。
- 1948年　オランダに売却。「カレル・ドールマン」と改名して就役。
- 1954年　一度退役し、ジェット機運用のための大改装を受ける。
- 1958年　オランダ海軍に再就役。汎用空母として活躍。
- 1964年　以降は対潜空母として運用される。
- 1968年　火災事故で損傷し退役・除籍。アルゼンチンに売却。
- 1970年　アルゼンチン海軍に就役「ベインティシンコ・デ・マヨ」と改名。
- フォークランド戦争に参戦したあと、1986年に機関故障で非実働艦に。
- 1992年　改修工事が中止され予備役に編入。1998年除籍。

用語解説

- ●**退役・除籍**→退役は現役からの引退でまだ軍艦だが、軍籍を除籍されると軍艦ではなくなる。
- ●**予備役**→退役したが予備戦力として軍籍は残してある状態。
- ●**モスボール**→再使用を前提として、状態を保持したまま保管されること。

第2章●空母の構造と機能性

No.055
空母の乗員構成

空母を運用するには、数多くの人員が必要だ。彼らがそれぞれの役割を果たすことで、空母の武器である航空機を生かすことが可能になる

●パイロットを支える多くの後方支援要員

　空母は搭載する航空機を武器にしており、攻撃力を直接行使するのは、艦載機のパイロットたち。乗員の多くはそれを支えるために存在する。

　例えばアメリカのスーパーキャリアの場合、主役となる戦闘攻撃機は4個飛行隊で約50機、その他の艦載機を合わせても75～90機で、それを動かすパイロットは300名に満たない。その一方で空母の乗員は5,000～6,000名にものぼるわけだから、パイロットの数は全体の約5%にすぎない。一方で直接艦の運用や作戦に加わらない、いわゆる後方支援要員（例えば食堂のコックとか）は、全乗員の2/3にものぼるといわれている。また、護衛する随伴艦も含めた空母打撃群全体でみると構成員は7,000名以上にもなるから、艦隊全体から見たパイロットが占める比率はさらに小さくなる。

　1つの艦隊でこれほど多くの人員を抱えるのは、アメリカの空母打撃群のみ。その規模は突出している。また他国の空母や艦隊では、これほど後方支援要員の割合が高いわけではない。しかしそれでも少数のパイロットを生かすために、多くの乗員が尽くす構図は変わらない。

　空母の乗組員の所属や構成は、大きく3種類に分けることができる。まず、空母そのものに所属する要員で、これがもっとも多く、全体の8割以上を占める。次に空母を拠点とする空母航空団に所属する要員がいる。例えば空母艦載機を整備する要員は空母航空団の所属だが、重整備などを担当するクルーの一部には空母そのものに所属している者もいる。さらに空母は艦隊の旗艦を務めるため、艦隊司令部要員も乗り組んでいる。

　また、現代のアメリカ海軍では女性のクルーも多く、全体の3割を超える。後方支援要員だけでなく、デッキクルーや格納庫での整備部門、中枢部に詰めるオペレーターなどにも女性の姿を多く見かけるようになった。

アメリカの空母打撃群の人員構成

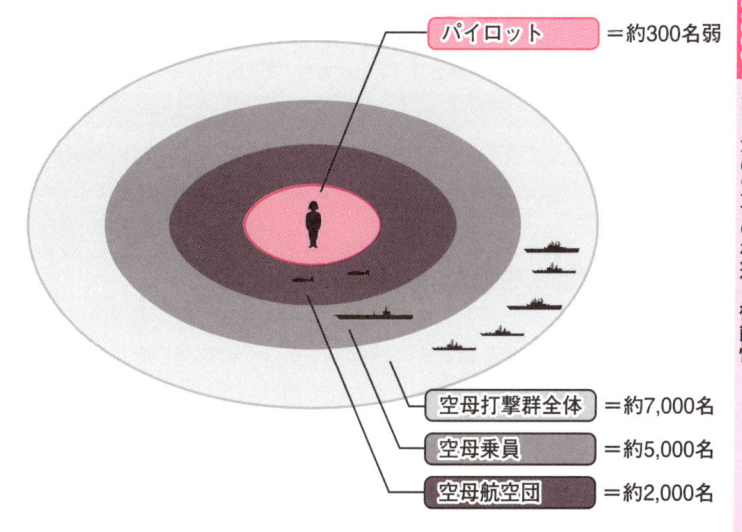

- パイロット ＝約300名弱
- 空母打撃群全体 ＝約7,000名
- 空母乗員 ＝約5,000名
- 空母航空団 ＝約2,000名

アメリカの空母に乗り組む3つの組織

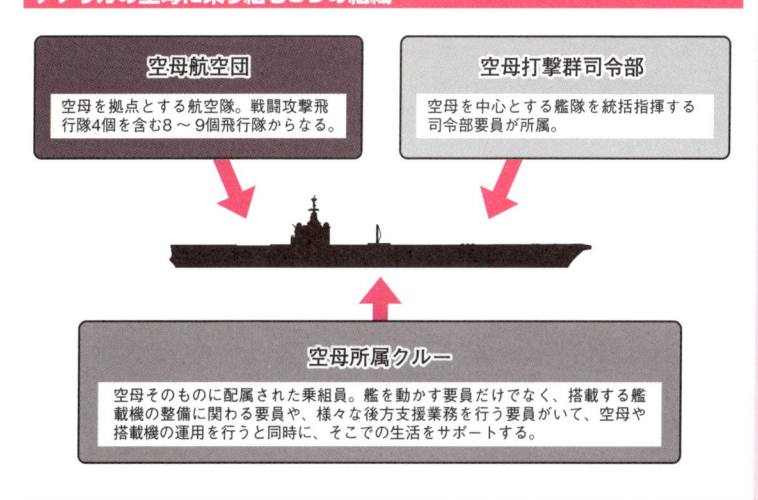

空母航空団
空母を拠点とする航空隊。戦闘攻撃飛行隊4個を含む8〜9個飛行隊からなる。

空母打撃群司令部
空母を中心とする艦隊を統括指揮する司令部要員が所属。

空母所属クルー
空母そのものに配属された乗組員。艦を動かす要員だけでなく、搭載する艦載機の整備に関わる要員や、様々な後方支援業務を行う要員がいて、空母や搭載機の運用を行うと同時に、そこでの生活をサポートする。

豆知識

● **アメリカ海軍のマンパワー**→現在アメリカには空母打撃群が11個あり（2015年までは一時的に10個）それぞれに7,000人とすれば、その合計だけで77,000人もが所属している計算になる。日本の海上自衛隊の総数が約45,500人であることと比べても、その強大さがよくわかる。

No.056
空母の指揮系統は?

空母には、艦長を頂点とする空母所属の組織に加え、空母打撃群の司令部と空母航空団の3つの組織が同居して、作戦に従事している。

●空母と艦載機の運用は、空母艦長が責任を持つ

　軍艦と航空機の両方が所属する空母では、主に3つの組織で構成されており、それぞれに指揮系統が設立されている。その組織形態は各国によって違いがあるが、ここではアメリカ海軍を例に紹介しよう。

　まず空母を含む艦隊全体と、そこに所属する航空部隊のすべてを統括するのが、空母打撃群(Carrier Strike Group = CVSG、もしくはCSG)と呼ばれる組織だ。2005年までは空母戦闘群(Carrier Battle Group = CVBG)と呼称していたが、現在の呼び方に変更された。また任務部隊と呼ばれることもある。トップとなる司令官は海軍少将か海軍准将が就任する。この打撃群司令部の下に、空母と護衛の艦艇、空母を拠点とする空母航空団(Carrier air Wing = CVW)が所属し、その指揮を受けて行動する。

　空母そのものの運用については、空母の艦長が責任者として指揮を執る。アメリカでは空母の艦長は大佐、副長は大佐か中佐が務めるが、いずれもパイロット出身者がなるように規定されている。空母と空母航空団双方の連携をスムーズに進めるための工夫だ。一方で空母航空団の司令にも大佐が就任する。また、その配下には8～9個の飛行隊が所属するが、各飛行隊の隊長には中佐～大尉があてられる。

　空母と空母航空団は、厳密には指揮系統は別だが、実際の運用はオーバーラップしている。例えば搭載した航空機の運用を取り仕切るのは「エアボス」と呼ばれる空母の航空科のトップで階級は大佐か中佐。やはりパイロット出身者が就く。飛行甲板や格納庫、空母周辺の空域管制は、彼が統括する。また航空管制所に詰めるクルーは、空母所属と航空団所属の双方が協力して業務を行う。飛行甲板上で働くデッキクルーは大半が空母所属だが、個々の艦載機を担当する機付きクルーは、空母航空団の所属だ。

アメリカ空母打撃群の組織図

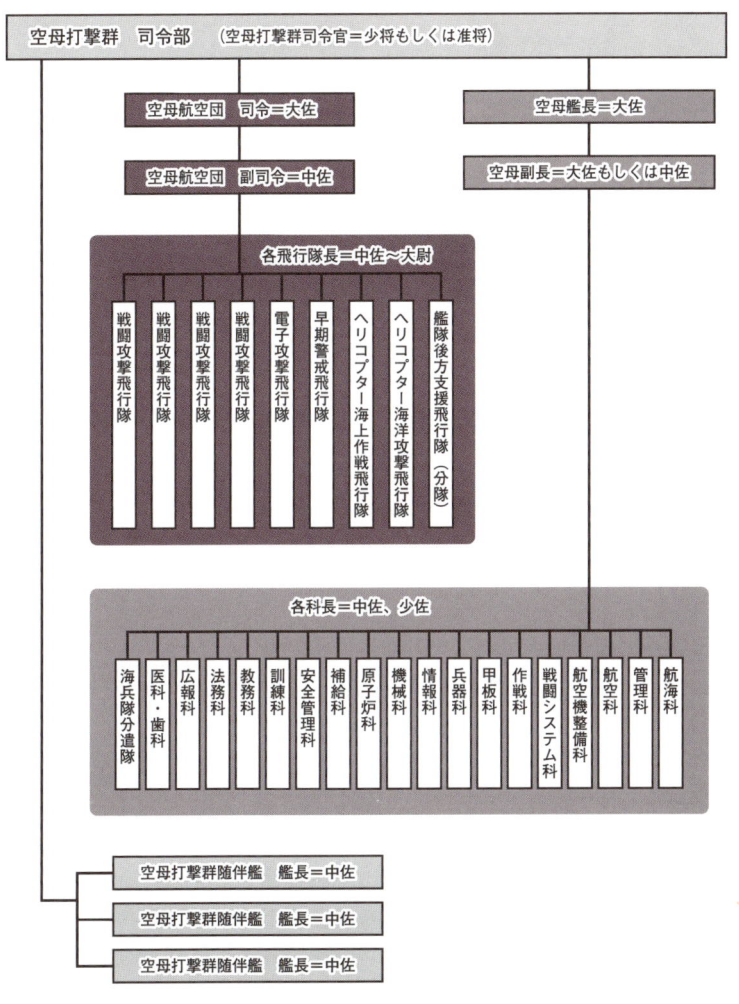

- 空母打撃群　司令部　（空母打撃群司令官＝少将もしくは准将）
  - 空母航空団　司令＝大佐
    - 空母航空団　副司令＝中佐
      - 各飛行隊長＝中佐～大尉
        - 戦闘攻撃飛行隊
        - 戦闘攻撃飛行隊
        - 戦闘攻撃飛行隊
        - 戦闘攻撃飛行隊
        - 電子攻撃飛行隊
        - 早期警戒飛行隊
        - ヘリコプター海上作戦飛行隊
        - ヘリコプター海洋攻撃飛行隊
        - 艦隊後方支援飛行隊（分隊）
  - 空母艦長＝大佐
    - 空母副長＝大佐もしくは中佐
      - 各科長＝中佐、少佐
        - 海兵隊分遣隊
        - 医科・歯科
        - 広報科
        - 法務科
        - 教務科
        - 訓練科
        - 安全管理科
        - 補給科
        - 原子炉科
        - 機械科
        - 情報科
        - 兵器科
        - 甲板科
        - 作戦科
        - 戦闘システム科
        - 航空機整備科
        - 航空科
        - 管理科
        - 航海科
  - 空母打撃群随伴艦　艦長＝中佐
  - 空母打撃群随伴艦　艦長＝中佐
  - 空母打撃群随伴艦　艦長＝中佐

※航空団の編成は、空母打撃群によって多少の違いがある。

豆知識

- **下士官のトップが最先任上級曹長**→乗組員の4/5を占める下士官と水兵の取りまとめ役が、艦でただ1人だけ任命される最先任上級曹長だ。下士官以下の乗員を掌握し、ときには艦長に直接進言し相談役となることもある。専用の執務室も与えられ、その権限と責任は階級以上に大きい存在だ。

No.057
クルーの居住環境

アメリカのスーパーキャリアともなると、小さな町と同じくらいの人間が居住する。そこには海軍伝統の、階級による待遇の違いがある。

●意外に余裕のある空母の居住空間

　空母には数多くの乗員が乗り込んでいる。空母そのものを運用するクルーに加え、空母航空団所属の人員、司令部に所属する人員などが同居しているからだ。

　特にアメリカのスーパーキャリアともなると、総勢5,000～6,000名にものぼり、1つの町に匹敵するほどの数になる。当然、それだけの人員を収容する膨大な居住空間が用意されている。

「ニミッツ」級の場合、居住エリアは大きく2つにわかれる。1つ目は格納庫を中心としたエリア。実は格納庫の天井と飛行甲板の間には、ギャラリーデッキと呼ばれる階層があり、そこは艦の中枢に関連する重要施設が配置されている他に、士官以上の幹部の居住区画にあてられている。また格納庫の前後に隣接するエリアも同様だ。一方で格納庫の下層には7層にも及ぶデッキがあり、格納庫に近い上の2層が居住エリアとなっている。

　これは空母に限らずだが、軍艦では居住環境は階級に応じて大きく違ってくる。まず、艦長と空母打撃群の司令官には、執務室と寝室付きの広い個室が与えられる。また副長以下の高級士官や飛行隊長などには、トイレやシャワーの付いた個室が用意されている。その他の士官については、2人部屋が与えられる。空母航空団所属のパイロットはすべて士官以上なので、彼らもここに居住する。下士官や一般クルーは何10カ所もある大部屋の居住区になり、下士官は2段ベッド、一般クルーは3段ベッドとなる。シャワーやトイレは居住区の近くにそれぞれ用意され、その居住環境は軍艦の中でも比較的余裕がある。また「ニミッツ」級の総ベッド数は約6,500で、乗員の数より1割以上の余裕がある。これは、作戦によってはさらに多くの人員を乗せることを考慮されたものだという。

「ニミッツ」級の居住区の配置

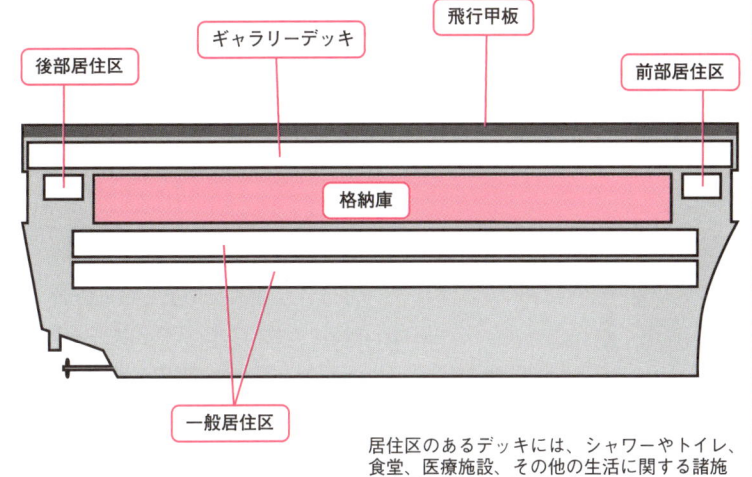

- 飛行甲板
- ギャラリーデッキ
- 後部居住区
- 前部居住区
- 格納庫
- 一般居住区

居住区のあるデッキには、シャワーやトイレ、食堂、医療施設、その他の生活に関する諸施設なども隣接して配置されている。

階級で待遇が違う居住スペース

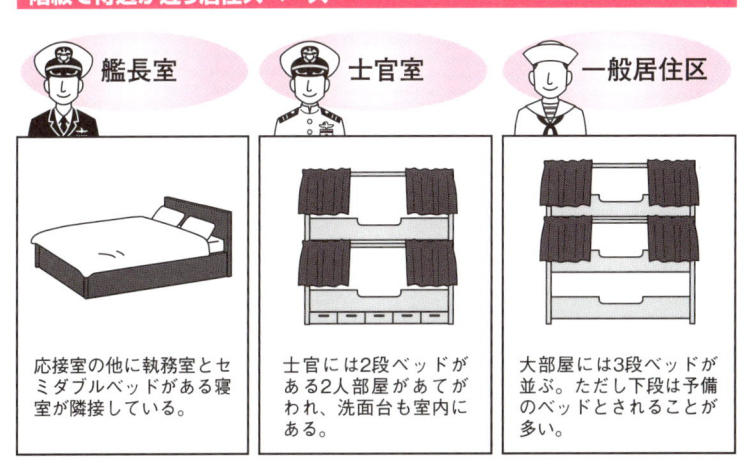

艦長室
応接室の他に執務室とセミダブルベッドがある寝室が隣接している。

士官室
士官には2段ベッドがある2人部屋があてがわれ、洗面台も室内にある。

一般居住区
大部屋には3段ベッドが並ぶ。ただし下段は予備のベッドとされることが多い。

豆知識

●**騒音がうるさいギャラリーデッキ**→艦長以下の高級士官の居住区となっているギャラリーデッキは、飛行甲板のすぐ下になるため、発着艦作業中などは騒音が絶えない。騒音という意味では、格納庫より下にある一般居住区の方が環境はよいのだ。

No.058
巨大空母の食事事情

食は人間の基本で巨大空母の乗員も1日3食の食事がなければ働けない。1日に18,000食もの食事が提供されるが、そこには階級格差がある。

●階級ごとに分けられた食堂

　アメリカのスーパーキャリアには5,000人以上の人員が乗り組んでおり、1日に用意される食事はなんと18,000食にものぼる。これを提供するのは大仕事だ。メニューは2～3週間でローテーションされ、軍艦の中でも充実している。食事を摂る食堂は各居住区の近くに複数あり、調理を行う厨房も食堂ごとに設置される。また階級により利用できる食堂は異なっている。

　艦長や司令官は、それぞれの個室にあるダイニングルームで食事を摂る。特別なゲストを迎えたときなどは、ここで一緒に会食することもある。また艦長が望む場合は、士官と同じ食堂で食事をすることもあるようだ。

　士官用の食堂はワードルームと呼ばれていて、制服着用が原則だ。「ニミッツ」級にはワードルームが3カ所設置されているが、給仕がきちんとついてサーブする格式ばった場所から、セルフサービススタイルで好きなものをチョイスする24時間営業のワードルームと、スタイルは様々。また、士官が作業の合間に食事を摂る場合には、ダーティシャツと呼ばれる作業着でも構わない食堂を利用する。通常のワードルームでは、その日ごとにメニューが用意され、いくつかのメニューから選ぶことができる。

　一方、下士官や一般クルーは、メスデッキと呼ばれる大食堂を利用する。基本的には24時間営業で、1プレートのセルフサービススタイル。メスデッキも数カ所あり、一番大きいものは500名が収容できる。急いで食事を摂らなければならない者向けには、ファーストフードコーナーもある。この他、チーフクラスの下士官専用のCPOメスと呼ばれる食堂もある。

　また艦内の売店でお菓子類や飲料などの嗜好品を購入して、個人的に食べることもできる。さすがに軍艦なのでアルコールの販売はないが、特別なときに息抜きとして、ビールが振る舞われることもある。

階級で変わるスーパーキャリアの食事処（一例）

艦長・司令官
個室に付属するダイニングルームで。ここでゲストを迎えた会食がなされることも。

士官

- **ワードルーム1**：制服の着用が義務。日に3度オープンしメニューは日替わりで、給仕が付く。
- **ワードルーム2**：制服着用だが、ややラフな雰囲気。24時間オープンでセルフサービスのレストラン。
- **ダーティシャツ**：任務の合間に利用できるように作業服のままでもOK。セルフサービススタイル。

下士官・一般クルー

- **CPOメス**：チーフクラスの下士官だけが利用できる。セルフサービスで雰囲気はファミレス。
- **メスデッキ**：下士官や一般クルーが利用。ワンプレートのセルフサービスで長テーブルが並ぶ大食堂。居住区に複数あり大きいところは500名収容。
- **ファーストフード**：メスデッキの何カ所かには時間がないクルーのためのファーストフードコーナーもある。

1日に用意される食事は18,000食！

豆知識

- **国ごとの食事メニュー**→空母の食事は充実しており、そのお国柄が現れる。例えばアメリカならハンバーガーなどもメニューにあり、フランスではデザートが欠かせない。インドならカレー＆ナンが用意され、中国では饅頭製造機が積まれているという。

No.059
空母に備わる医療設備

スペースに余裕がある空母は、医療設備が充実している。昨今はその能力を生かして災害救助活動に力を発揮することも求められている。

●たいがいの傷病に対応できる充実した医療設備

　現代の多くの空母には充実した医療設備が調えられている。単に空母が大型艦でスペースに余裕があるだけが理由ではない。空母には多くの乗員が乗り組んでいる。さらに護衛する艦隊も含めると、さらに多くが所属する。例えばアメリカの空母打撃群(艦隊)には、7,000名を超える人間がいる。遠隔地で活動することも想定されているため、よほどの事態でない限り、空母打撃群の中で傷病者に対応する必要があるからだ。

　スーパーキャリアの場合、複数の手術室や集中治療室、レントゲン室、歯科施設、薬局などが備えられ、入院ベッドは60床以上。10人もの医師と5人の歯科医師が待機する。空母や艦隊で生じた傷病者は、特殊な技術や設備が必要な手術や高度医療でもない限り、空母内で自己対応できるのだ。

　その他の国の空母やそれに準じる艦艇でも同様で、その規模に準じた医療設備を備える傾向にある。例えば軽空母並みの大きさと設備を備える日本の「ひゅうが」型の場合、集中治療室や手術室と入院設備を備える。普段は弾薬運搬などに使われている小型エレベーターを使って、傷病者を飛行甲板から迅速に搬入できるような工夫が施されている。

　充実した医療設備や物資運搬能力は、戦時だけでなく平時の災害救助活動などで大きな力を発揮する。空母や強襲揚陸艦ほど自己完結能力を備えている艦はないし、搭載するヘリも頼もしい存在だ。これは、東日本大震災のおりに「トモダチ作戦」で被災地支援にあたった、アメリカの空母「ロナルド・レーガン」と強襲揚陸艦「エセックス」の活躍で証明された。また2004年のインド洋大津波の際にも、タイの軽空母「チャクリ・ナルエベト」が被災者救助活動に大活躍した。このような実績から近年の空母には、災害救助活動が任務の1つに盛り込まれるようになっている。

スーパーキャリアの充実した医療施設

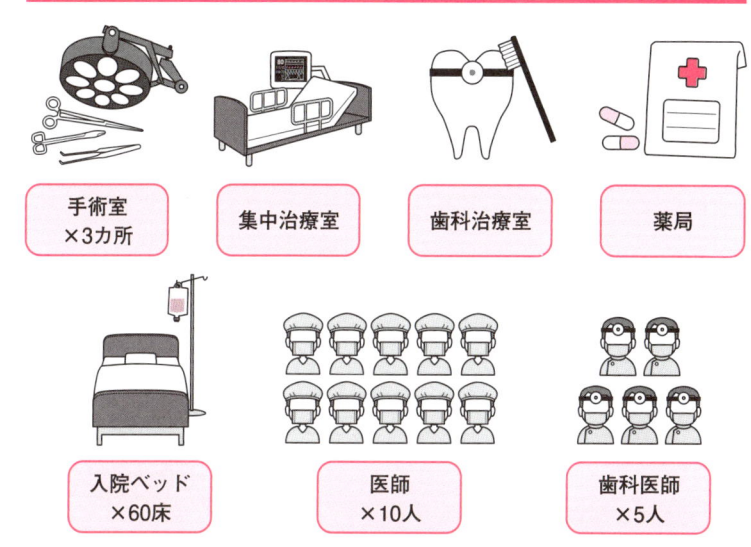

- 手術室 ×3カ所
- 集中治療室
- 歯科治療室
- 薬局
- 入院ベッド ×60床
- 医師 ×10人
- 歯科医師 ×5人

災害時に果たす空母の支援

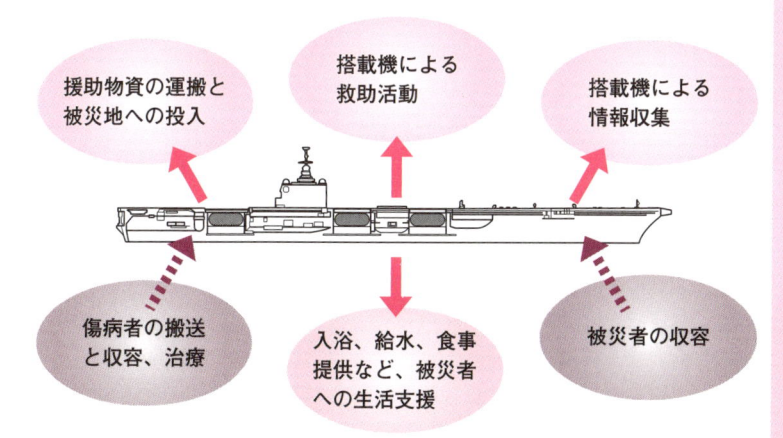

- 援助物資の運搬と被災地への投入
- 搭載機による救助活動
- 搭載機による情報収集
- 傷病者の搬送と収容、治療
- 入浴、給水、食事提供など、被災者への生活支援
- 被災者の収容

豆知識

- **医薬品の備蓄も豊富**→空母には薬局も備えられている。またあらゆる傷病に備えられるように、豊富な医薬品が倉庫にはストックされている。アメリカ海軍では、医薬品の管理補充は、補給課が扱う物品の中でも優先順位が高いという。

No.060
空母は移動する大きな街

長期間の任務をこなすことが多いアメリカのスーパーキャリアでは、5,000名の乗組員の生活をサポートする様々な設備が整っている。

●様々な生活支援施設があり、その専門職も乗り組む

　5,000名もの乗組員が働くアメリカのスーパーキャリアには、彼らの生活を支える様々な施設が備えられ、ちょっとした街にも匹敵する。

　例えば艦内の売店は大小合わせて3カ所。コンビニエンスストアのようにスナック類や飲料、支給品以外の日用雑貨を売っているだけでなく、空母の名前やマークを入れたキャップやTシャツ、ワッペン、オリジナルジッポーライターなどの、記念グッズも扱っている。ここでは現金は使わず、カード決済が基本となる。その他、ソフトドリンクの自販機もある。

　ランドリー部門では巨大な業務用洗濯機がフル活動し、1日に5tもの洗濯物を洗っている。バーバーショップでは1日に200名もの散髪を手掛ける。無料だが予約制で、基本的に髪型はネービーカットオンリーだ。

　乗組員の福利厚生施設としては、広大なフィットネスジムや図書室、PCルームなどがあり、娯楽室では衛星回線経由でのTV中継や映画を見ることができる。また艦内にはTVスタジオもあり、独自の艦内放送も行っている。それとアメリカならではといえるのが、チャペルが3カ所も備えられていること。キリスト教はもちろん、ユダヤ教やイスラム教など他の宗教の信者にも開放されており、それぞれの宗教行事が行われている。その他、郵便局や公衆電話、銀行ATMなども備えられている。

　これらの様々な施設を運用するために、実に多くの専門職員が乗り込んでいる。厨房のコックや医師・歯科医師、看護師はもちろんのこと、フィットネスインストラクター、理髪師、従軍牧師、艦内放送のTVクルー、ランドリー職人など様々。また物資を仕分けする担当や、工房でモノ作りを行う職人もいる。実はこういった後方支援要員が、5,000名の乗組員の実に2/3になるという。まさに移動する大きな街といっても過言ではない。

スーパーキャリアに備えられる生活支援設備の数々

医務室	歯医者	食堂	コンビニ
床屋	クリーニング	郵便局	自販機コーナー
チャペル	スポーツジム	図書室	娯楽室（映画館）
TV局	銀行ATM	PCコーナー	公衆電話

空母艦内で手に入れられる記念グッズ

空母や所属飛行隊のワッペン

オリジナルポロシャツ

ジッポーライター　オリジナルキャップ

オリジナルTシャツ

No.060
第2章●空母の構造と機能性

豆知識

- **複数の仕事を持つ後方支援要員**→後方支援要員の中には、専門職も多いが、いくつかの業務を兼務するクルーも多い。また各科の要員には一定数のダメージコントロール兼務要員が存在し、有事の際は消火活動などに従事すべく、日頃から訓練を積んでいる。

スーパーキャリア乗組員の過酷な生活サイクル

　現在、世界に10隻が展開するアメリカのスーパーキャリアには、5,000～6,000名の乗員が乗り組んでいるが、彼らは非常に厳しい任務に耐えている。

　原子力を主動力としているので、航続距離は事実上無限大。しかし通常任務では、一つの作戦期間が半年間、無寄港の連続航海は最大90日とされている（湾岸戦争などでは100日を超える長期航海もあったがあくまで例外）。その理由は、過酷な任務のため乗組員の体力や精神面を考慮してのことだといわれている。

　平時では、空母の海上作戦中は訓練の繰り返しだ。いざというときに備え、米空母では常に実戦さながらの厳しい訓練が行われている。空母艦載機のパイロットはもちろんのこと、それを支える乗組員たちには高いスキルと集中力を要求されるからだ。特に飛行甲板や格納庫内などでは、ちょっとしたミスや気の緩みが、すぐに重大な事故につながってしまう。事実、乗員が死傷に至る不幸な事故も、けして少なくはないという。また通常訓練以外にも、週に何回かは緊急戦闘態勢訓練が抜き打ちで行われる。1回2～3時間を要するこの訓練は、基本的に全員参加。当直も非番も関係なく参加することになり、有事での対応力を鍛えている。

　海上作戦時は、空母は24時間休むことがない。乗組員のシフトは職種により違うが1日2交代が基本だ。12時間勤務をこなし、12時間休むという具合である。そして一度海に出てしまうと休日はない。母港に戻るか、どこかに寄港するまでの90日間、この2交代12時間勤務が延々と続けられることになる。

　昼勤と夜勤は、一定期間で入れ替えられるが、勤務場所によっては昼勤であっても、常に艦内奥深くにいて陽の光を浴びることなく毎日を過ごすこともある。空母乗組員だからといって、日焼けや潮焼けしているとは限らないのだ。また空母には直接戦闘行動に加わらない支援任務につく乗組員も多いが、彼らにしても5,000名以上の生活を支える労苦は並大抵ではない。空母に楽な仕事はないのだ。

　居住環境は、士官以上は個室か2人部屋が与えられるが、下士官以下は3段ベッドが並ぶ大部屋住まいだ。ここは朝食時と夕食時の時間を除いては、基本的に赤色灯が灯るだけの暗い状態だ。昼夜を問わず就寝中の乗組員がいるからだ。共用スペースで騒いでいると、すぐに怒鳴りつけられることになる。

　これほど過酷な任務を続けることもあり、寄港したときの休暇は乗組員の多くにとって最大の楽しみだ。半舷上陸と呼ばれ、乗組員の半数が休暇、半数が艦に残って艦を守る。また平時には、洋上でも特別休暇を設けることがあり、スチールビーチピクニックと呼ばれる飛行甲板でのバーベキューなどが催されることもある。このときは特別にビールが支給されるという（普段はアルコール厳禁だ）。

　半年の任務を終え母港に帰ると、飛行隊所属のパイロットや航空機の整備クルーは、ベースとなる航空基地に移動する。一方で空母所属の乗組員は、空母とともに母港で勤務する。現在日本の横須賀を母港にしているのは空母ジョージ・ワシントンだが、その所属飛行隊は25km離れた厚木基地がベースだ。

第3章
艦載機

No.061
艦載機と陸上機の違い

艦載機は軍艦に陸上機を載せることから始まったが、やがて空母で運用するための様々な工夫が盛り込まれた、専用設計の機体となった。

●空母で使うための装備を搭載

　空母は、元々は軍艦に陸上機を載せて発着艦させる目的で誕生した。黎明期には陸上機をそのまま使っていたが、やがて空母で運用するための専用の装備を備えた機体が開発され、艦載機や艦上機と呼ばれ区別された。

　1910～30年代に複葉機が活躍した時代は、短距離離陸が可能な小型で軽量な機体が使われた。一方で着艦については、軽量の複葉機であっても難しく、着艦制動装置が考案された。そのワイヤーを引っかけるためのフックを装備したのが、艦載機専用装備の始まりだろう。

　その後、空母専用の艦載機が各国で開発される。限られたスペースに多く積むための翼を折りたたむ機構や、より長距離を飛ぶためにドロップタンクを備えるなどの工夫が盛り込まれた。さらに狭い飛行甲板に着艦するために低速安定性や下方視界などが重視され、塩害対策も施された。

　第二次大戦中に油圧カタパルトが実用化されると、米英の艦載機にはカタパルトと接続する装備が備えられた。そのため機体が多少重くても発艦が可能になり、発着艦時に負担がかかる脚部などの各部を強化した機体が登場した。この時期のアメリカ製艦載機が、重量がかさむ装甲板を装備できたのも、高出力エンジンと油圧カタパルトの恩恵が大きい。例えば大戦後期の日本の主力艦上戦闘機、ゼロ戦52型が全備重量2,700kgちょっとだったのに対し、同時期のアメリカ主力艦上戦闘機であるグラマンF6Fヘルキャットは、全備重量5,700kgと倍以上の重さがあった。

　戦後、ジェット機の時代になっても、機体重量は蒸気カタパルトや着艦装置の能力と密接に関連しており、陸上機に比べ搭載武器の量などがある程度制限されることもある。その他、洋上を長時間飛行するための航法装置や、電子的な着艦誘導装置など、艦載機ならではの装備が発展してきた。

艦載機に施された装備

アレスティング・フック

着艦時にアレスティング・ワイヤーを引っかけるためのアレスティング・フックを装備。飛行時は胴体に沿って収納されている。

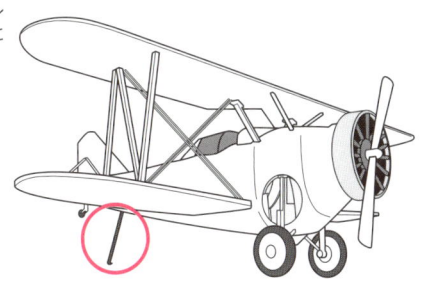

主翼折りたたみ機構

主翼を途中から上に折り曲げて収容できる機数を増やした。折りたたみ方は機種によって異なる。

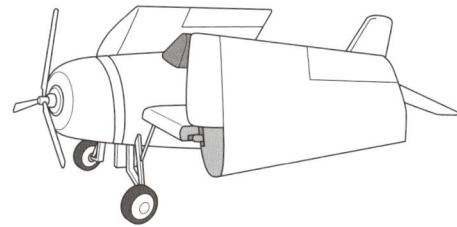

ドロップタンク（落下式増槽）

機外に装着し、必要に応じて落下できる燃料補助タンク。

豆知識

●**艦載機と艦上機**→艦載の水上機が多く使われていた時代には、艦に搭載する浮舟を付けた水上機を「艦載機」、車輪があり飛行甲板から飛び立つ搭載機を「艦上機」と呼び分けていたこともあった。しかし現代では、両方ともに「艦載機」と呼ばれることが多い。

No.062
初期の艦載機

水上機から始まった艦載機の歴史は、より高性能な陸上機を発着艦させる空母を生み出し、やがて専用設計を盛り込んだ艦載機が誕生した。

●小型軽量の複葉陸上機から、専用設計の艦載機が誕生した。

　空母が登場する以前、第一次大戦時に艦載機として活躍したのはフロートを備えた複葉水上機だった。主に敵地を爆撃する攻撃機としてや、広範囲を索敵する偵察機として活躍した。海上からいきなり現れる艦載の水上機は、敵にとって脅威の存在となった。しかし、フロートを備えた水上機は鈍重で、敵の陸上戦闘機と遭遇するとひとたまりもなかった。

　一方で、ドイツ軍の大型陸上機や**ツェッペリン飛行船**の攻撃に手を焼いたイギリス海軍は、艦艇から運動性のよい戦闘機を発艦させて、対処することを考えた。1917年8月、イギリスの軽巡洋艦「ヤーマス」の仮設飛行甲板から発艦したソッピース・パップ複葉戦闘機は、ツェッペリン飛行船を撃墜する戦果を上げて、軍艦に陸上機を積む有用性を証明した。しかし着艦するすべはなく、戦闘後は海上に不時着して乗員だけを回収した。

　英米日の各国で、全通甲板を備えた空母が誕生すると、小型軽量で短距離離陸能力の高い複葉陸上機が艦載機として使われた。当初は敵機を迎え撃つ**単座**の陸上戦闘機と、敵地を攻撃したり偵察したりする**複座**や**三座**の陸上攻撃機を改造して搭載した。やがて空母に着艦するためのアレスティング・フックなどの装備を最初から備えた専用設計の艦上機へと進化する。

　1920年代には、飛行機から魚雷を使って敵艦船を攻撃する戦法が編み出され、艦上雷撃機が誕生する。また1930年代に入ると、従来の水平爆撃に加え、急角度で降下しながら爆弾を投下し命中率を上げる**急降下爆撃**が行われるようになり、艦載機にもその能力が求められるようになった。

　その後日本海軍では、艦載機を主に3種類に分類し開発した。対空戦闘を主任務とする艦上戦闘機、雷撃や水平爆撃を主任務とするのが艦上攻撃機、そして急降下爆撃を主任務とする艦上爆撃機だ。

初期の艦載機

空母黎明期に使われた陸上戦闘機

軽量で短距離離陸が可能なソッピースパップ戦闘機は、各国で使われた傑作機だった。

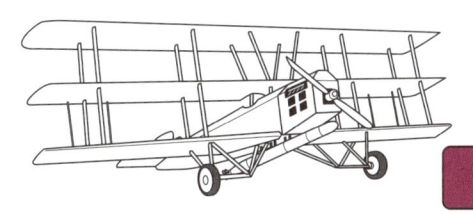

雷撃を任務とする艦上攻撃機

1922年に初の艦上雷撃機として誕生した日本の10式艦上雷撃機。重い魚雷を積むために三葉機だった。この当時はまだ艦上攻撃機とは呼ばれていなかった。

急降下爆撃を任務とする艦上爆撃機

1934年に日本海軍に制式採用された94式艦上爆撃機は、ドイツのHe66急降下爆撃機を元に開発された。

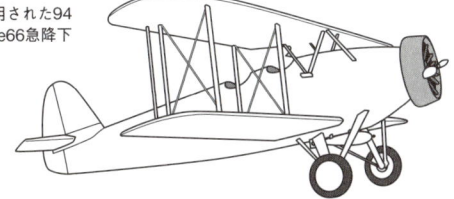

用語解説

- **ツェッペリン飛行船**→第一次大戦でドイツが爆撃や偵察任務で使用した飛行船。
- **単座、複座、三座**→乗員が1名を単座、2名を複座、3名を三座と呼ぶ。
- **急降下爆撃**→日本軍では50～60度の角度で行った。それより緩い角度で降下し爆撃するときは、緩降下爆撃という。

No.063
第二次大戦時の艦上攻撃機

魚雷や大型爆弾を積んで攻撃を行う艦載機を、艦上攻撃機と呼んでいる。第二次大戦当時、空母が備える最大の攻撃力を担っていた。

●航空魚雷で敵艦を攻撃する艦攻は、空母航空隊の花形

　航空機から魚雷を落として艦船を攻撃する戦法が考え出されたのは、1912年のこと。1915年には、エーゲ海でイギリスの水上機母艦から発進した水上機が、トルコの補給艦を雷撃して撃沈する初の戦果を上げた。

　その後の空母黎明期には、艦載機にも魚雷を搭載することが求められ、各国で開発が始まった。艦上攻撃機はその第1の任務が航空魚雷による雷撃であり、アメリカやイギリスでは艦上雷撃機と呼ばれていた。一方でその大きな搭載能力から、500kgや800kgといった大型爆弾を積み水平爆撃でも戦果を上げたことから、日本では艦上攻撃機、略して艦攻と呼称した。

　第二次大戦時には、**単葉**で**脚引き込み式**の高性能な艦上攻撃機が、空母戦力の主力として君臨した。開戦時の日本の97式艦攻やアメリカのTBDデバステーター、大戦中期に登場した天山やTBF/TBMアベンジャーは、その代表格。ただしイギリスでは、第二次大戦時も複葉のフェアリー ソードフィッシュ雷撃機が使われていた。

　大戦後期になると搭載機数が限られる空母での運用を考えて、日本では急降下爆撃もこなせる流星が開発された。またイギリスでは戦闘機と雷撃機を兼ねたブラックバーン ファイアブランドが誕生。アメリカでは戦後に多機能の傑作機A-1スカイレーダー艦上攻撃機を登場させ、1970年代まで使われた。艦上攻撃機は艦上爆撃機を兼ねるように進化していったのだ。

　ところで、雷撃機に搭載された魚雷は、最初は小型の艦船用魚雷を使っていたが、1931年に日本で専用設計の91式航空魚雷が開発される。この魚雷は、高度500mからの投下にも耐え、最大2,000mの射程があった。**真珠湾攻撃**に際しては、水深が30m前後の浅い湾でも使えるように改良され、高度20mの低空から投下して大きな戦果を上げた。

日本海軍の一般的な航空雷撃

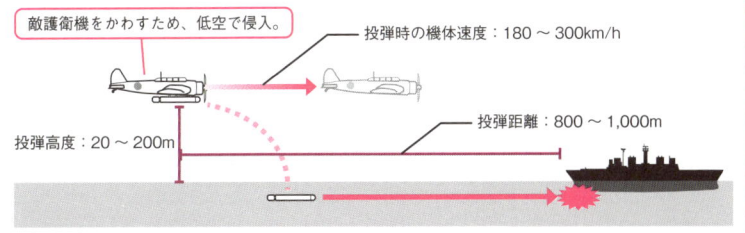

敵護衛機をかわすため、低空で侵入。

投弾時の機体速度：180〜300km/h
投弾距離：800〜1,000m
投弾高度：20〜200m

艦上攻撃機と搭載兵器

中島97式艦上攻撃機

制式採用：1937年
最大速度：378km/h
航続距離：約2,000km
乗員：3名

武装：7.7mm機銃×1（後席）
800kg航空魚雷×1か、
800kg爆弾のいずれか
を胴体下に搭載。

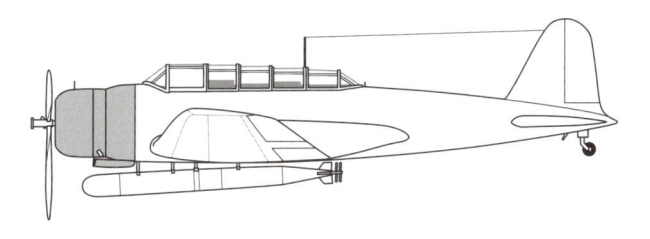

91式航空魚雷

世界初の専用航空魚雷。

全長：542cm
直径：45cm
重量：824kg

航走距離：最大2,000m
速度：78km/h

80番陸用爆弾

陸上への爆撃に使われた大型爆弾。

全長：287cm　重量：805kg

用語解説
- **単葉**→航空機の主翼が1枚であること。複葉に対する言葉。
- **脚引き込み式**→離陸後、主脚を胴体や主翼内に引き込んで、空気抵抗を減らす方式。
- **真珠湾攻撃**→1941年12月7日に、太平洋戦争開戦時に日本海軍が行った、ハワイ真珠湾への攻撃。

第3章●艦載機

No.064
第二次大戦時の艦上爆撃機

爆撃の精度を高めるために編み出された急降下爆撃は、艦載機にも採り入れられ艦上爆撃機を誕生させた。対艦攻撃で真価を発揮した。

●最大70度の急角度で降下し、敵艦に爆弾を命中させる

　航空機からの爆撃は、当初は水平飛行からの水平爆撃で行われたが、その命中精度はけして高くなかった。そこで爆撃の精度を高めるために生み出された戦法が急降下爆撃だ。陸上や海上の動く目標には効果絶大で、1930年代以降に使われるようになった。角度30度以上で降下しながら爆弾を投下することを急降下爆撃と呼んだが、実際には45度から70度もの急角度で行われた。角度30度未満の場合は緩降下爆撃として区別されている。

　艦載機にも急降下爆撃の専用機種が求められ、艦上爆撃機(艦爆)として誕生した。急降下とその後の急な引き起こしに耐える頑丈な構造や、急角度での投弾で自機のプロペラを破損しないように爆弾投下アームを備えるなどの工夫が盛り込まれた。急降下時に速度を落とすダイブブレーキを備えたものもある。乗員は2名で、機首と後部に自衛用の機銃を備えたものが多い。爆弾は250kgか500kgが使われ、約600mの高度で投弾した。威力は高高度から投弾する水平爆撃に劣るが、命中精度は非常に高かった。

　イギリスでは、ブラックバーン スクアが1940年に世界初の艦爆による急降下爆撃での戦果を記録したが、その後はほとんど活躍する機会がなかった。一方、真珠湾攻撃や珊瑚海海戦では、日本の99式艦爆がアメリカの艦船を攻撃し大きな戦果を上げた。またミッドウェー海戦では、アメリカのSBDドーントレスが急降下爆撃で日本空母4隻を大破させ自沈に追い込んだ。日本も99式艦爆がアメリカのヨークタウンを撃破(のちに曳航中に日本潜水艦の雷撃で沈没)。艦上爆撃機の威力を知らしめた戦いとなった。

　その後、日本は彗星、アメリカはSB2Cヘルダイバーと新鋭機を投入した。やがて急降下爆撃と雷撃や水平爆撃など様々な任務が可能な艦上攻撃機が登場し、急降下爆撃専門の艦上爆撃機はその歴史の幕を閉じることとなる。

艦船を攻撃する場合の急降下爆撃と水平爆撃

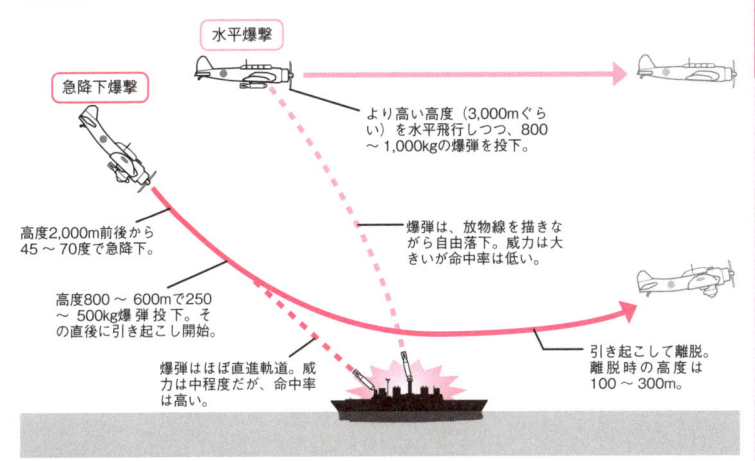

水平爆撃

急降下爆撃

より高い高度（3,000mぐらい）を水平飛行しつつ、800～1,000kgの爆弾を投下。

高度2,000m前後から45～70度で急降下。

爆弾は、放物線を描きながら自由落下。威力は大きいが命中率は低い。

高度800～600mで250～500kg爆弾投下。その直後に引き起こし開始。

爆弾はほぼ直進軌道。威力は中程度だが、命中率は高い。

引き起こして離脱。離脱時の高度は100～300m。

艦上爆撃機の構造

ダグラスSBDドーントレス

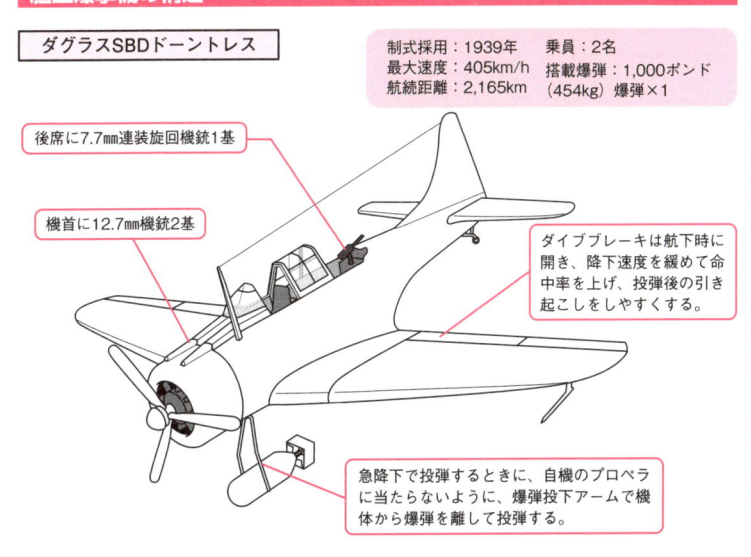

制式採用：1939年
最大速度：405km/h
航続距離：2,165km
乗員：2名
搭載爆弾：1,000ポンド（454kg）爆弾×1

後席に7.7mm連装旋回機銃1基

機首に12.7mm機銃2基

ダイブブレーキは航下時に開き、降下速度を緩めて命中率を上げ、投弾後の引き起こしをしやすくする。

急降下で投弾するときに、自機のプロペラに当たらないように、爆弾投下アームで機体から爆弾を離して投弾する。

豆知識

●**急降下爆撃の利点**→対艦攻撃で急降下爆撃が多用されるようになったのは、艦船の対空装備が充実したことも一因だ。緩い角度で侵入する緩降下よりも、急角度で突入する急降下の方が、対空砲に補足されにくいのだ。

No.065 第二次大戦時の艦上戦闘機

第二次大戦期には、日本のゼロ戦やアメリカのヘルキャットなど、後に名機と呼ばれる艦上戦闘機が誕生し、数々の名勝負を繰り広げた。

●様々な任務で使われ活躍した艦上戦闘機

敵機を迎え撃ち対空戦闘を行う艦上戦闘機（艦戦）は、空母には欠かせない航空戦力だ。空母黎明期の大西洋では、艦隊を襲う陸上機や飛行船を迎撃する役割を担った艦上戦闘機は、さらに様々な任務を行うようになる。

まずは攻撃するエリアに先乗りし、その上空の敵機を駆逐して制空権を確保する制空任務。そして味方の艦上攻撃機や艦上爆撃機に同伴し、護衛する直掩任務も重要な役割だ。そのために、敵機を撃墜する火力と速度に加え、攻撃機以上の航続距離が要求された。さらに大戦後期になると、小型爆弾やロケット弾、機銃による掃射で地上部隊の支援を行い、敵の潜水艦や小型艦艇を攻撃するなど、様々な局面で使われるようになった。

日本では、1935年に登場した96式艦上戦闘機に続き、1940年に不朽の名機、零式艦上戦闘機（通称、ゼロ戦）が誕生した。軽快な運動性能と長大な航続距離に強力な火力を備え、**格闘戦**を得意として大戦前期は圧倒的な強さを誇った。ゼロ戦は改良を加えながら、終戦まで使われた。

対するアメリカは、開戦時にはF2AバッファローとF4Fワイルドキャットを配備していたが、ゼロ戦には太刀打ちできなかった。しかし大戦中期になると、高速で重火力重装甲のF6FヘルキャットやF4Uコルセアを投入した。高速を生かした**一撃離脱戦法**を駆使してゼロ戦を凌駕していく。これは高馬力のエンジンを実用化したことと、空母に油圧カタパルトが備えられ発艦重量の制約が少なかったことが、大きな要因だった。

一方でイギリスは、フェアリー フルマーなどの複座の艦上戦闘機を開発したが、性能が低く不評だった。そこで名機スピットファイアを艦載型にしたシーファイアを投入した。さらにアメリカのF4Fを大量に供与してもらい、マートレットと名付け護衛空母などで運用した。

第二次大戦時の日米主力艦上戦闘機

三菱 零式艦上戦闘機 21型

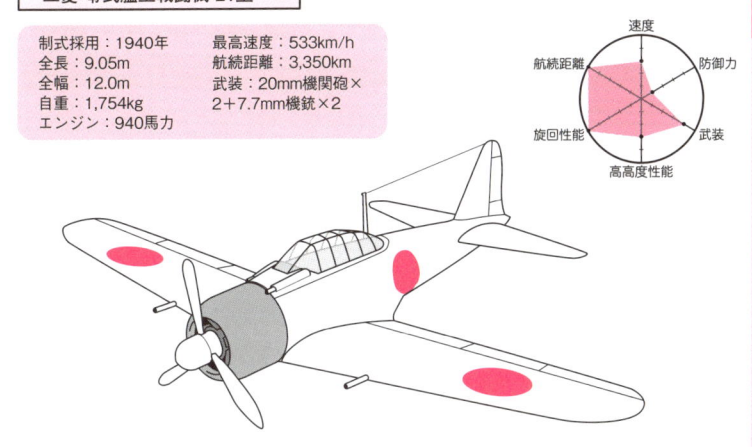

制式採用：1940年
全長：9.05m
全幅：12.0m
自重：1,754kg
エンジン：940馬力

最高速度：533km/h
航続距離：3,350km
武装：20mm機関砲×2＋7.7mm機銃×2

グラマンF6F-3ヘルキャット

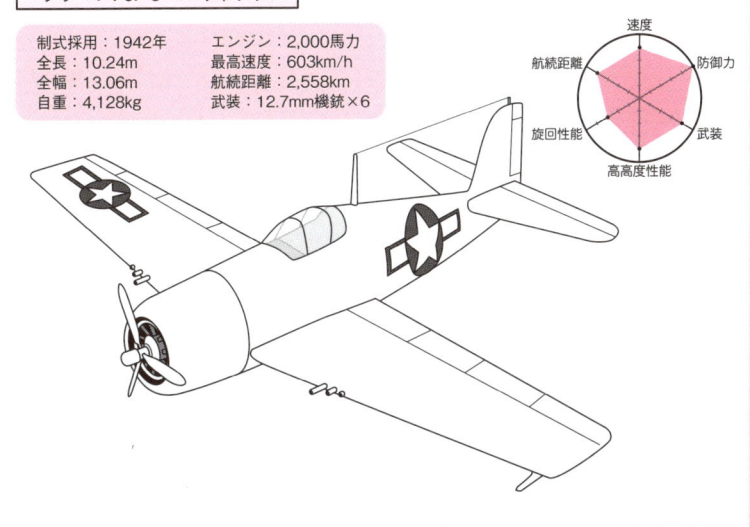

制式採用：1942年
全長：10.24m
全幅：13.06m
自重：4,128kg

エンジン：2,000馬力
最高速度：603km/h
航続距離：2,558km
武装：12.7mm機銃×6

用語解説

- **格闘戦**→戦闘機同士が空戦で互いの背後を取り合いながら戦う状況。一般に小回りが利く方が有利とされる。巴戦やドッグファイトとも呼ばれる。
- **一撃離脱戦法**→より高い高度から、速度を生かして突っ込み、1連射してすぐに離脱する戦法。

No.066 ジェット機時代の艦上攻撃機

戦後に航空機がジェット化し、艦上攻撃機の能力は飛躍的に高くなった。また搭載兵器の電子化により、攻撃の戦術も変わっていった。

●ジェット化と誘導兵器の登場で艦上攻撃機は大きく変わった

　戦後、空母に搭載された攻撃機は、大きく方向転換した。ジェット化されて高速になり武器の搭載量が増えた一方で、使用する攻撃武器や防御側の装備の進化にともない、戦術も大きく変わらざるを得なかったからだ。

　例えば艦船のレーダーの発達により、レーダーに探知されることを避けるために、**低高度侵入能力**が求められるようになった。同時に大戦時に対艦攻撃の主力であった航空魚雷による雷撃は廃れ、重量級の爆弾が主流となった。武器搭載能力が大戦時の重爆撃機並みに、飛躍的に向上したからだ。さらに武器の電子化が進むにつれ、精密誘導爆弾や空対艦ミサイルが登場し、攻撃兵器の主役となった。特に空対艦ミサイルの登場は、敵の防御エリアの外側から攻撃する、**アウトレンジ攻撃**を実現させた。

　戦後、CATOBAR（キャトーバー）空母を自国で建造運用したのは、アメリカ、フランス、イギリスの3カ国で、それぞれにその攻撃力となる艦上攻撃機を開発した。

　アメリカでは、小型ながら汎用性が高かったA-4スカイホーク、亜音速の速度を持つA-7コルセアⅡ、低高度侵入能力に長けて8tもの武器を搭載できたA-6イントルーダーなどが長らく使われた。また種類としては戦闘機となるF-4ファントムⅡも、汎用性の高さから爆撃任務などをこなし、朝鮮戦争やベトナム戦争、湾岸戦争などで活躍した。

　フランスでは、シュペルエタンダールなどの戦闘攻撃機を開発し、空対艦ミサイルや核ミサイルなどを運用する独自の戦力を配備した。一方イギリスは低高度侵入能力に長けたバッカニアが活躍したが、その後CATOBAR空母が廃止され、V/STOL機のハリアーが艦上攻撃機として使われた。

　こういった一時代を築いた艦上攻撃機も、対空戦闘から対地対艦攻撃任務までを1機でこなす**マルチロール機**の登場で、現在は姿を消しつつある。

代表的な艦上攻撃機

ダグラスA-4スカイホーク（アメリカ）

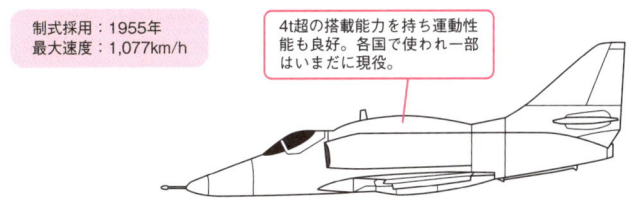

制式採用：1955年
最大速度：1,077km/h

4t超の搭載能力を持ち運動性能も良好。各国で使われ一部はいまだに現役。

グラマンA-6イントルーダー（アメリカ）

制式採用：1963年
最大速度：1,040km/h

8tもの搭載能力と充実した電子装備を備えた全天候型艦上攻撃機。

ブラックバーン・バッカニア（イギリス）

制式採用：1962年
最大速度：1,074km/h

5.4tの搭載能力。双発複座で低空での機動性に優れる。

空対艦ミサイルは現代の航空魚雷

エグゾセ 空対艦ミサイル

空対艦ミサイル（ASM）は航空機から発射し艦船を攻撃する大型のミサイルで、ジェット推進やロケット推進で飛ぶ。威力の大きい弾頭と誘導装置を備え、100km以上の遠距離から攻撃ができる。

用語解説

- 低高度侵入能力→レーダーに探知されないように、数10～100mの低い高度で飛び、相手に肉薄する能力。
- アウトレンジ攻撃→ミサイルなどの長射程を利用して、相手からの反撃を受けない遠距離から攻撃する方法。
- マルチロール機→様々な任務に使える多用途機（No.069参照）。

No.067
ジェット機時代の艦上戦闘機

ジェット機の時代になり高速化したのに加え、高性能レーダーや誘導式空対空ミサイルの登場で、艦上戦闘機の戦い方は大きく変わった。

●対空ミサイルの登場で戦闘機の概念が一変した

　戦後にジェット機の時代になり、1947年に誕生したマクダネルFH-1をはじめとして、米英ではジェットエンジンを積んだ艦上戦闘機が開発された。空母に搭載するためのコンパクトな機体に、信頼性を考えた双発エンジンを備えているのが、艦上戦闘機の基本だった。1950年に勃発した朝鮮戦争では、アメリカのグラマンF9Fパンサーが活躍したが、主要兵器はまだ機関砲であり、直接の射撃によるドッグファイトで空戦を行っていた。

　その後、艦上戦闘機は3つの大きな進化を果たす。まず、最高速度が超音速にまで引き上げられたこと、次に強力なレーダーを搭載するようになったこと。そして最大の変化が、赤外線誘導のサイドワインダーやレーダー誘導のスパローといった空対空ミサイルが実用化され、主要兵器として使われるようになったことだ。より速く飛び、より遠くの状況を探知し、離れた場所から攻撃できる能力を備え、空戦の概念を一変させたのだ。

　1960年代以降に活躍したアメリカのチャンスボートF-8クルセイダーやマクダネルF-4ファントムⅡは、その圧倒的な性能でベトナム戦争以降のアメリカ空母打撃戦力の象徴となった。特にF-4ファントムⅡは、最初から艦載機として開発されたのにもかかわらず、その高性能から世界各国の空軍でも使われた。日本の航空自衛隊でも活躍している。

　またアメリカは、究極の制空任務をこなす艦上戦闘機として、グラマンF-14トムキャットを1973年に登場させた。低速性能と高速性能を両立させる可変翼機構を備え、射程が210kmもあるフェニックスミサイルを装備して、ドッグファイトとアウトレンジ攻撃の双方で絶対の力を発揮した。

　しかし、戦闘から攻撃まで様々な任務をこなせるマルチロール機が登場し、2006年のトムキャット退役を最後に、純粋な艦上戦闘機は姿を消した。

アメリカの歴代艦上戦闘機

グラマンF9Fパンサー

制式採用：1949年
最大速度：864km/h
20mm機関砲×4
乗員：1名

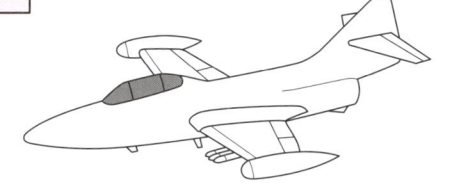

グラマンF-14トムキャット

制式採用：1973年
最大速度：マッハ2.34
　　　　　（約2,480km/h）
20mmガトリング砲×1
搭載ミサイル：フェニックス×6
　　　　　　　＋サイドワインダー×2
乗員：2名

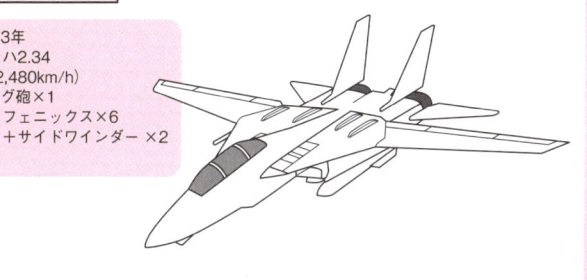

アメリカの艦上戦闘機が使った主な空対空ミサイル

AIM-9L　サイドワインダー

全長：2.87m
最大射程：約18km
赤外線誘導

AIM-7E　スパロー

全長：3.66m
最大射程：約30km
レーダー誘導

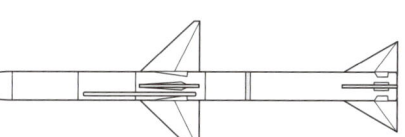

AIM-54　フェニックス

全長：3.90m
最大射程：約210km
レーダー誘導

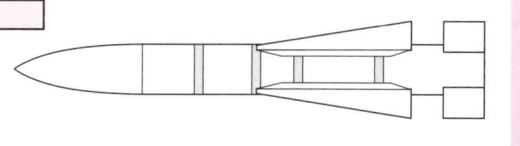

豆知識

● **ミサイル万能論**→空対空ミサイルが普及した1960年代に、戦闘機同士の空戦では、ミサイルがあれば十分、機関砲はいらないという考え方が生まれた。しかし、ベトナム戦争で有用性が見直され、現在の戦闘機の多くは機関砲を備えている。

No.068
空母に変革をもたらしたV/STOL機

短距離離陸／垂直着陸ができるV/STOL機ハリアーの登場は、比較的小型の軽空母の誕生につながり、いくつかの国で積極的に配備された。

●革命的だったハリアーの登場

1950年代から始まった垂直離着陸が可能なジェット機の開発では、様々な試行錯誤が繰り返された。ついに1967年には、イギリスのホーカー・シドレー社がAV-8Aハリアーを誕生させた。4つの噴射ノズルを離着陸時に下方へ向きを変える、推力偏向方式のエンジンを搭載したハリアーは、垂直離陸と垂直着陸を可能にした亜音速攻撃機として配備された。

艦船への搭載実験もすぐに始まり、1979年にはレーダーなどの装備を加えた艦載型、シーハリアーが実戦配備。翌年に就役した軽空母「インヴィンシブル」に搭載され、比較的小型の空母でもジェット艦載機の運用を可能にした画期的な出来事だった。また、アメリカ海兵隊にも導入され、1985年にはハリアーを大幅に改良したAV-8BハリアーIIが誕生。ハリアー／シーハリアー／ハリアーIIは、イギリス(2010年に全機退役)とアメリカ以外に、イタリア、スペイン、インド、タイの軽空母で使われている。

ところで、ハリアーは垂直離着陸(VTOL)機として誕生したが、実際の運用では、ある程度の滑走を行う短距離離陸を行う。垂直離陸の場合はペイロードが極端に少なくなり、搭載武器が事実上ほとんど積めないからだ。そのため短距離離陸/垂直着陸(V/STOL)機と呼ばれている。軽空母の多くは**スキージャンプ台**を備え、短距離離陸能力を高めている。

一方で旧ソ連でもVTOL機の開発が行われ、1977年には艦上攻撃機Yak-38が配備された。推力偏向エンジンと**リフトエンジン**を搭載したが、構造上の問題で短距離離陸が限定的にしか行えず、武器搭載量が少なくて航続距離も最大600kmとミニマムだった。1992年にはすべて退役している。

現在アメリカを中心とする国々で、多任務に対応するマルチロール機のV/STOL艦載型、F-35BライトニングIIをハリアーの後継として開発中だ。

V/STOLの艦載機

AV-8Bハリアー II（アメリカ）

ハリアーを元に開発された艦上攻撃機。

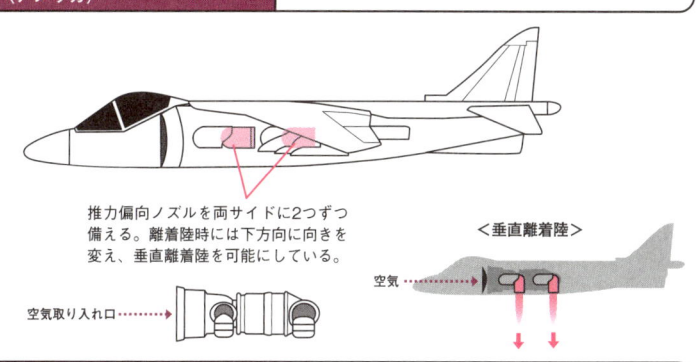

推力偏向ノズルを両サイドに2つずつ備える。離着陸時には下方向に向きを変え、垂直離着陸を可能にしている。

空気取り入れ口

＜垂直離着陸＞

空気

Yak-38（旧ソ連）

西側がつけたニックネーム「フォージャー」はまがい物という意味。

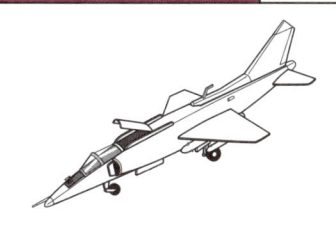

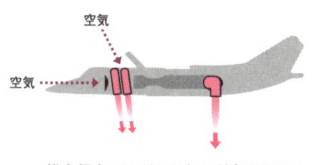

空気
空気

推力偏向エンジンに加え前部にリフトエンジン2基を搭載。

ロッキード・マーチン F-35B ライトニング II（アメリカ他）

マルチロールのV/STOL艦上戦闘機として現在開発中。超音速飛行を予定。

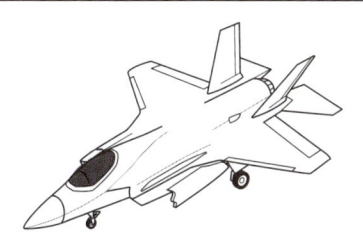

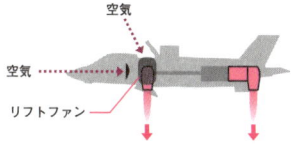

空気
空気
リフトファン

後部のメインノズルを下に偏向すると同時に、胴体前部にエンジンと連動したファンを内蔵するリフトファン方式を採用。

用語解説

- **スキージャンプ台**→短距離離陸性能を補助するために、甲板の端に上向きに傾斜をつけた台を設けたもの（No.027参照）。
- **リフトエンジン**→垂直方向への推力を専門に発生するエンジン。水平飛行時は使われないので、デッドウェイトになってしまう。

No.069
現代の主力、マルチロール艦載機

従来は艦上戦闘機と艦上攻撃機で任務を分担していたが、21世紀になると双方の任務プラスαをこなすマルチロール艦載機が登場した。

●1機で様々な任務を遂行する

　搭載スペースが限られる空母では、整備などの関係から、あまり多くの機種を積むことは望ましくない。1つの機種で様々な任務をこなせることが理想的だ。そのため第二次大戦後期には、雷撃機と急降下爆撃機の能力を兼ねる機体や、爆撃能力を持つ艦上戦闘機が登場した。

　戦後のジェットの時代にも、戦闘機と爆撃機を兼ねる戦闘爆撃機(デュアルロールファイター)が活躍した。アメリカの傑作艦上戦闘機F-4ファントムや、その後継のF/A-18ホーネットなどがそうだ。ちなみに「F」はファイター(戦闘機)、「A」はアタッカー(攻撃機)の略号だ。

　そしてさらに多くの任務をこなせるようにと開発されたのが、多用途任務機と訳されるマルチロール機だ。F/A-18をベースに大幅改造して1999年から運用されているF/A-18E/Fスーパーホーネットが、マルチロール艦載機の代表格だ。艦上戦闘機と艦上攻撃機の能力を高いレベルで併せ持ち、より高精度な電子装備を備え搭載武器を組み替えることで、多くの任務に対応できる。最大8tもの武器搭載が可能で、空対空ミサイルや機関砲を使った対空戦闘から、誘導爆弾を使った**精密爆撃**や、空対艦ミサイルを積んでの対艦攻撃など、特殊な攻撃任務もこなす。さらに偵察ポッドを積んでの偵察索敵任務や、**空中給油**装置の付いた増槽を積んで僚機への空中給油任務を行うなど、言葉どおりマルチな任務で活躍している。

　この他、フランスの主力艦載機ラファールMやロシアの主力艦載機スホーイSu-33、その改修型である中国の殲撃15型なども、現代を代表するマルチロール艦載機だ。また、現在開発が進められている統合打撃戦闘機F-35ライトニングⅡのCTOL艦載型も、ステルス性能を備えた次世代のマルチロール艦載機として期待されている。

マルチロール機が担う任務

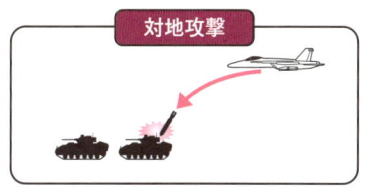

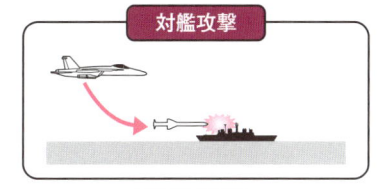

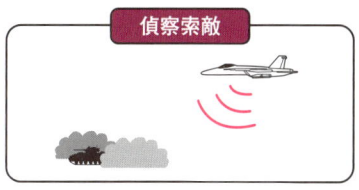

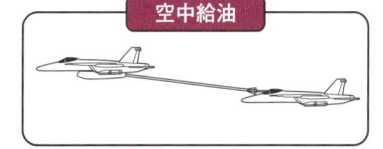

- 対空戦闘
- 対地攻撃
- 対艦攻撃
- 偵察索敵
- 空中給油

多様な任務をこなす！

現代のマルチロール艦載機

F/A-18E/Fスーパーホーネット（アメリカ）

制式採用：1999年
最大速度：マッハ1.6
　　　　　（約2,000km/h）
最大搭載量：約8t
乗員：1名（E型）／2名（F型）

空対空ミサイル、対レーダーミサイル、空対地ミサイル、空対艦ミサイルなどの他、通常爆弾、誘導爆弾など様々な武器や装備を組み合わせて11カ所に搭載できる。

用語解説
- **精密爆撃**→レーザーなどを照準に使い落下軌道をコントロールできる誘導爆弾を使って行うピンポイント爆撃のこと。
- **空中給油**→航空機の航続距離を延ばすために、専用の給油ホースや給油管を用いて、飛びながら給油を行うこと。与える側と受け取る側の双方に専用の装置が必要だ。

No.070
艦上偵察機

第二次大戦では、艦上攻撃機や艦上爆撃機を流用し、専用機も登場した。現在はマルチロール機に偵察ポッドを積んで偵察任務を行っている。

●敵の位置や状況をつかむために欠かせない艦上偵察機

　第二次大戦当時、空母にとって敵艦の位置を探る索敵は重要な任務だった。せっかくの航空打撃力も、敵の位置がわからなければ宝の持ち腐れだからである。そこで日本海軍は、航続距離が長く乗員が2～3名の艦上攻撃機や艦上爆撃機、随伴艦に搭載された**水上偵察機**を索敵任務や敵地偵察任務に使っていた。さらに大戦後期には、専用の艦上偵察機を開発した。5,300kmもの長大な航続距離と日本の艦載機で最速のスピード(609km/h)を誇る彩雲だ。「ワレニオイツク、グラマンナシ」と彩雲搭乗員が発した電文がその優速を示すエピソードとして伝えられている。一方でアメリカの空母では、主に艦上爆撃機を索敵／偵察任務に使っていた。また艦上戦闘機に航空カメラを積み航続距離を増して偵察仕様にした機体も採用した。

　戦後のジェット機時代になると、既存の艦載機に航空カメラを積んで偵察仕様に改造した専用機が活躍した。レーダーの発達により広範囲の索敵が可能になった一方で、航空カメラによる偵察でピンポイントの状況把握を行う必要性が、むしろ高まったからだ。超音速艦上攻撃機A-5ヴィジランティを改造したRA-5や、超音速艦上戦闘機F-8クルセイダーを改造したRF-8などが登場。RF-8は、機首の搭載機関砲を外してそこに5基の航空カメラを装備し、1960年代初頭から1987年まで長く使われた。

　しかしその後は、偵察ポッドを取り付けた艦上戦闘機F-14トムキャットが偵察任務もこなすようになり、専用の艦上偵察機は姿を消した。現在はマルチロール機であるF/A-18E/Fスーパーホーネットが、その役割を引き継いでいる。

　また、今世紀に入って進歩著しいのが無人偵察機。より長時間の滞空時間が可能という利点から、アメリカ空軍のRQ-4グローバルホークなどが使われている。その艦載型も開発され、近い将来、空母に配備される予定だ。

進化する艦上偵察機

中島 彩雲（日本）

制式採用：1944年
速度：609km/h
航続距離：約5,300km
乗員：3名

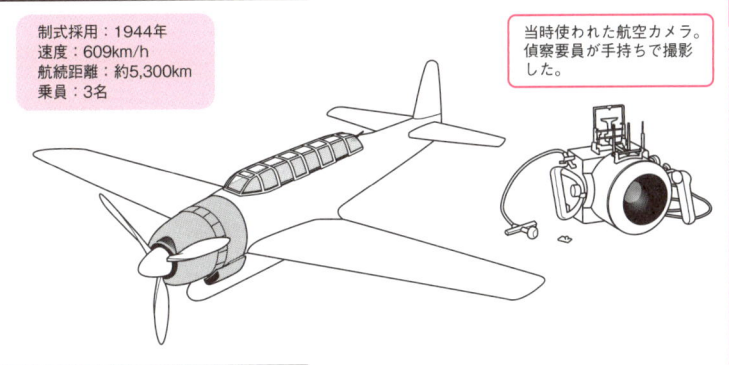

当時使われた航空カメラ。偵察要員が手持ちで撮影した。

チャンスボートRF-8（アメリカ）

制式採用：1960年
速度：マッハ1.8
航続距離：約2,260km
乗員：1名

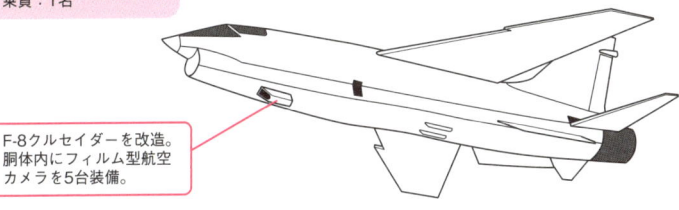

F-8クルセイダーを改造。胴体内にフィルム型航空カメラを5台装備。

F/A-18E/Fスーパーホーネット（アメリカ）

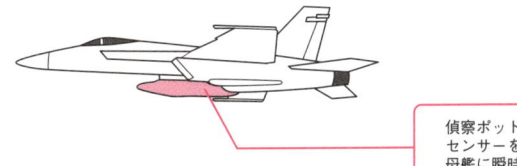

偵察ポッドは、各種電子カメラやセンサーを内蔵し、そのデータを母艦に瞬時に転送する機能を持つ。

豆知識

●**偵察任務に活躍した水上機**→第二次大戦時の日本海軍では、空母艦載機をすべて攻撃任務にあてるため、随伴の戦艦や巡洋艦に搭載した水上偵察機を索敵や偵察任務に活用することも多かった。一方アメリカでは、艦載機ではないが、3,790kmの航続距離を持つPBYカタリナ飛行艇が使われた。

No.071
早期警戒機

レーダーの発達にともない、レーダーを使って広範囲を探る早期警戒機が誕生した。空母の目として欠かせない装備となっている。

●レーダードームを背中に背負ったユニークな形

　第二次大戦中に実用化されたレーダーは、電波の反射等を利用して広範囲の状況を探ることができる。しかし、水平線下の対象は死角になるため万能ではない。そこでアメリカ海軍では、空母自身が装備するレーダー探知エリアの外側に、レーダー装備の駆逐艦をレーダーピケット艦として前方配置して探知範囲を広げた。さらにこの役目を艦載機で行う空中早期警戒(AEW)を考案し、強力なレーダーを積んだ艦上早期警戒機を開発した。

　早期警戒機の導入により、空母が情報を探知できる範囲は比べものにならないほど広がった。特に接近してくる航空機や対艦ミサイルの探知には、不可欠な装備となっている。また水上の艦艇の探知にも有効で、大戦中に活躍した索敵機の役割は、早期警戒機にとって代わられた。現在では防御のための早期警戒任務と攻撃のための索敵任務の双方で活躍している。

　初めて実用化された早期警戒機は、戦後の傑作レシプロ攻撃機であるA-1スカイレーダーの胴体下部にレーダーを積んだもの。次いで1958年には、艦上対潜哨戒機である双発**レシプロエンジン**のS-2トラッカーの背中にレーダードームを搭載した、E-1トラッカーを空母に配備した。

　1964年には双発**ターボプロップエンジン**を備えた機体の背中に、円盤状のレーダードームを配置したE-2ホークアイを配備。E-2は搭載する電子機器やエンジン・機体の改良を施しバージョンアップされながら、現在でもアメリカとフランスの空母で使われている。「ニミッツ」級空母には1個飛行隊4機が搭載され、周辺を広範囲で探る目として活躍している。

　また1990年代以降は、ロシアやインドで使われているカモフKa-31や、イギリスのシーキングAEWなど、ヘリコプターに警戒レーダーを搭載した早期警戒ヘリも開発され、各国の空母などに搭載されて使われている。

早期警戒機の役割

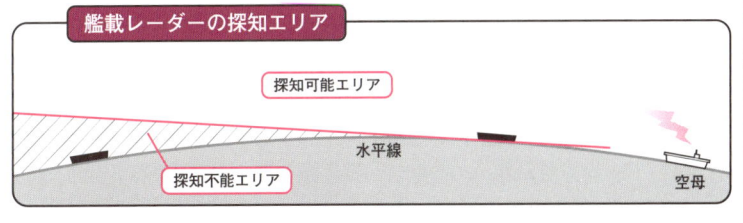

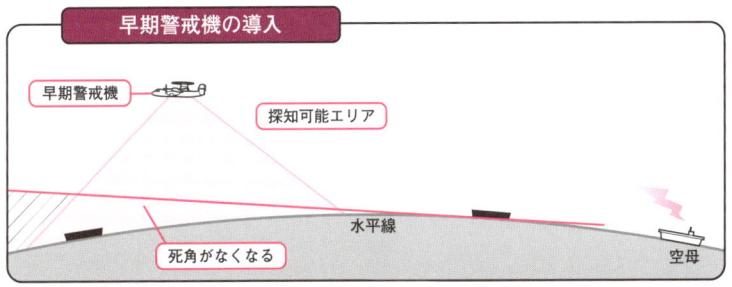

艦載レーダーの探知エリア

探知可能エリア
水平線
探知不能エリア
空母

早期警戒機の導入

早期警戒機
探知可能エリア
水平線
死角がなくなる
空母

空母の目　早期警戒機

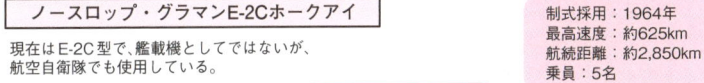

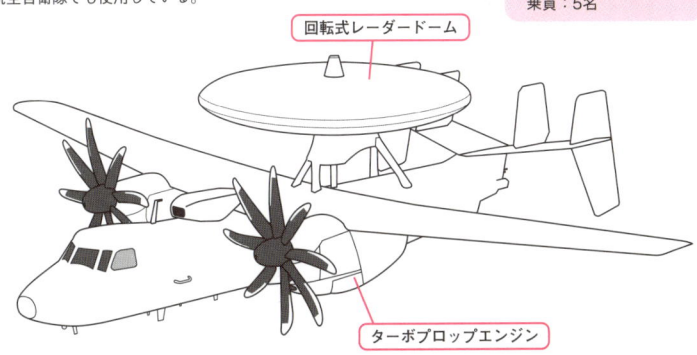

ノースロップ・グラマンE-2Cホークアイ

現在はE-2C型で、艦載機としてではないが、航空自衛隊でも使用している。

制式採用：1964年
最高速度：約625km
航続距離：約2,850km
乗員：5名

- 回転式レーダードーム
- ターボプロップエンジン

用語解説

- **レシプロエンジン**→ピストンを備えたエンジンでプロペラを回して推力を得る仕組み。
- **ターボプロップエンジン**→ジェットエンジンと同じ基本原理で、噴流によりタービンを回し、その回転をプロペラに伝えて推力を得る仕組み。

No.071　第3章●艦載機

No.072
艦上電子戦機

現在、アメリカの空母だけが搭載しているのが、艦上電子戦機だ。敵のレーダーや対空ミサイルを欺き、発信源を攻撃する任務を担当する。

●敵のレーダーを無力化する

　レーダーが発達した現在では、敵のレーダーに対抗するため、様々な方策が採られるようになった。レーダーをジャミング(妨害)したり、欺いたり、さらにはレーダー波をたどって攻撃する対レーダーミサイルを使用するような戦法が編み出されている。そして通常の攻撃作戦の前に、敵の対空レーダーや対空ミサイルを攻撃して無力化する、敵防空網制圧任務(SEAD = Suppression of Enemy Air Defense)が行われるようになった。こういった対レーダーの戦いを、電子戦もしくは電子攻撃と呼んでいる。

　航空機による電子戦も行われ、その専用機は電子戦機と呼ばれている。空母搭載の艦載機としては、アメリカ海軍のみが艦上電子戦機を開発して運用を行っている。電子戦では膨大な電力が必要となるため、パワーに余裕のある双発の艦上攻撃機をベースとしている。

　電子戦の有用性が知られるようになった1960年代前半に、A-3スカイウォーリアー艦載攻撃の爆弾倉を改造し与圧キャビンとして、電子機器と操作員を載せる改造を施したEA-3Bが登場した。次いで1971年には、A-6艦上攻撃機の胴体を伸ばし4名の乗員と電子機器を載せる大改造を施した、EA-6Bプラウラー艦上電子攻撃機を開発し空母に配備した。乗員は操縦士1名と電子戦操作員が3名の構成で、ジャミングなどの電子戦に加えて、対レーダーミサイルHARMを4発搭載し、積極的に敵の防空網を無力化する任務を担っている。プラウラーは、電子装備等の改修を施されながらすでに40年以上にわたって現役だが、もうすぐ全機退役する予定だ。

　その後継として2007年に登場したのが、複座のF/A-18Fスーパーホーネットをベースに開発されたEA-18Gグラウラー。機動性が高く自衛能力もあり、これからの電子戦の主役としてすべてのアメリカ空母に配備される。

電子戦は騙し合い

●繰り返されるジャミング

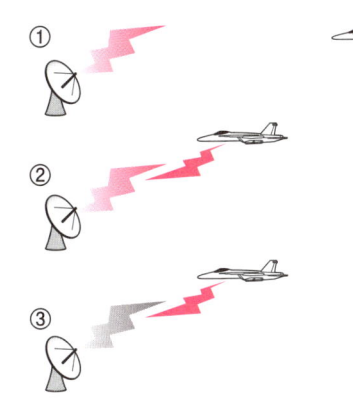

① レーダーが備えられた敵陣地に電子戦機が浸入。

② 敵のレーダーを妨害する強力な電波を発するなどして、ジャミングを行う。これをECM（Electric Counter Measure）という。

③ ECMをかけられた敵はレーダーの周波数や強さを変えるなどして対抗する。これをECCM（Electric Counter-Counter Measure）という。この駆け引きを双方で繰り返す。

●レーダーを攻撃するミサイル

敵のレーダー波をたどり、その発信源を攻撃する、対レーダーミサイルを使用する。

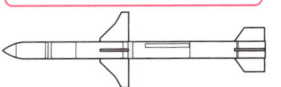

AGM-88 HARM（対レーダーミサイル）

艦上電子戦機

ノースロップ・グラマンEA-6Bプラウラー

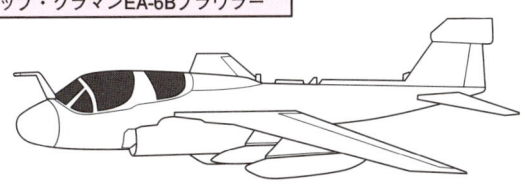

制式採用：1971年
最大速度：約1,000km/h
搭載ミサイル：対レーダーミサイル4発
乗員：4名

豆知識

●**電子戦は出力勝負**→敵のレーダーを妨害するジャミングは、現在レーダーを積む多くの航空機で可能な戦法だ。ただしレーダーの出力が小さい場合はその効果は薄くなる。そこで電子戦機には、レーダーに大出力を供給できる余裕がある双発機が用いられる。

No.072 第3章●艦載機

No.073
艦上対潜哨戒機

空母の最大の天敵である潜水艦。その潜水艦を狩る専用の機体が艦上対潜哨戒機だ。現在は対潜ヘリコプターが、その任務を担っている。

●潜水艦を探知し空から攻撃する

　艦上対潜哨戒機は、第二次大戦後半の大西洋における、ハンター・キラー戦法に端を発している。アメリカやイギリスの護衛空母は、大西洋で船団を襲うドイツUボートに対して、艦載機による反撃を試みた。当初は艦上戦闘機や艦上爆撃機での各個攻撃だったが、やがてチームを組み効率的な対処を行った。TBFアベンジャー艦上攻撃機の爆弾倉を潰して胴体下部に大きな索敵レーダーを装備したTBF-W型が、浮上中のUボートを探知。それを受けて対潜攻撃仕様のTBF-S型や爆装したF4Fワイルドキャット戦闘機が急行し、攻撃を加えるというもの。さらに護衛空母に随伴する駆逐艦とも連動し、ハンター・キラーチームは多くのUボートを仕留めた。この戦法は、その後の太平洋での日本海軍との戦いでも高い実績を上げた。

　戦後になると、潜水艦索敵能力と潜水艦攻撃能力を併せ持つ、艦上対潜哨戒機が開発された。双発レシプロエンジンを備えたS-2トラッカーだ。水上捜索レーダーと**磁気探知装置**を積み、投下式のソナーである**ソノブイ**を搭載。攻撃用の対潜魚雷、爆雷、ロケット弾なども搭載した。アメリカの空母だけでなく、日本の海上自衛隊も含め世界15カ国で使われた。

　その後継として1974年に登場したのが、双発ジェットエンジンのS-3バイキングで、長らくアメリカの空母で対潜哨戒任務を担っていた。またフランスも独自開発の艦上対潜哨戒機、Br.1050アリゼを装備していた。

　しかし21世紀に入り、対潜ヘリコプターの能力が向上したこともあり、空母をはじめとする艦艇に積まれる対潜哨戒機は、すべて対潜ヘリに置き換わっている。アメリカや海上自衛隊をはじめ多くの国で使われているSH-60シリーズや、ロシアのKa-27、イギリスのAW-101など様々な対潜ヘリが、世界中の空母やヘリ搭載艦に積まれ、対潜哨戒任務で活躍している。

歴代の艦上対潜哨戒機

グラマンTBF-Wアベンジャー（アメリカ）

制式採用：1943年
乗員：3名

艦上攻撃機TBFアベンジャーをベースに、索敵レーダーを装備。

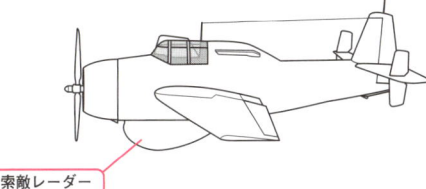

索敵レーダー

グラマンS-2トラッカー（アメリカ）

制式採用：1954年
乗員：4名

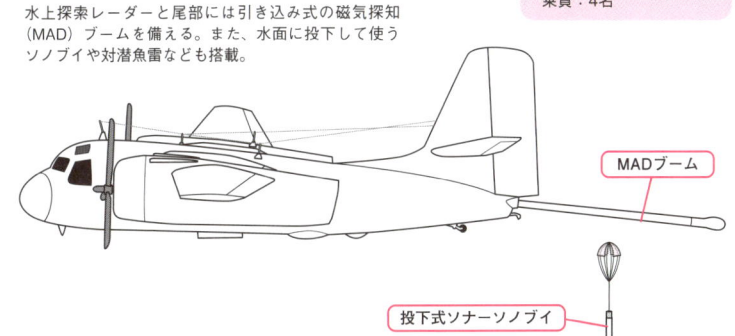

水上探索レーダーと尾部には引き込み式の磁気探知（MAD）ブームを備える。また、水面に投下して使うソノブイや対潜魚雷なども搭載。

MADブーム

投下式ソナーソノブイ

三菱 SH-60K（日本）

制式採用：2005年
乗員：4名

シコルスキー SH-60シリーズを元に日本独自で改良した機体。最新の対潜電子装備と、魚雷に加えてヘルファイアⅡ空対艦ミサイルも積める。現在もっとも進化した対潜ヘリの1つ。

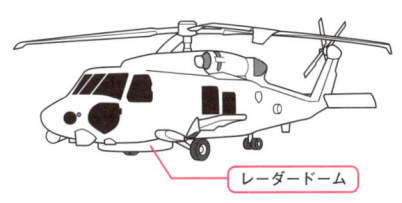

レーダードーム

用語解説

● **磁気探知装置**→MADと呼ばれる装置で、潜水艦が磁気を帯びることから、磁場の乱れを感知して海面近くの水中に潜む潜水艦を探知する。ブーム（棒状）形状のものをMADブームと呼ぶ。
● **ソノブイ**→ソナーを内蔵した棒状の浮標で、航空機から投下して海面に浮かせて使う。

No.074
艦上輸送機・救難機

空母の運用を支えるのが、輸送機や救難機といった艦載機たちだ。地味だが縁の下の力持ち的存在抜きでは、空母は機能しない。

●人員や物資を空母に運ぶ

　陸地から離れた洋上で作戦を展開することが多い空母では、人員や軽貨物を輸送する輸送機が欠かせない。現在、アメリカのスーパーキャリアでは、C-2Aグレイハウンド輸送機を搭載している。C-2Aは早期警戒機のE-2Cの機体をベースに作られた艦上輸送機で、最大39名の人員か4.5tの貨物を積み2,800km以上の距離を飛べる。

　また、大型の輸送ヘリコプターも、艦載の輸送機として使われている。航続距離は1,000km程度だが最大8tの貨物が運べるCH-53Eや、航続距離約1,370kmで最大5.6tの貨物を運べるAW-101などが、輸送ヘリの代表格。軽貨物や数人程度の人員輸送には、もっと小型の汎用ヘリを使うことも多い。

　現在注目を集めている、ヘリコプターと固定翼機の特性を兼ね備えた**ティルトローター**機のV-22オスプレイは、8tの貨物か24名の人員を1,700km以上運ぶ能力を持っている。まだ空母艦載機としては配備されていないが、近い将来に艦上輸送機兼**戦闘捜索救難**機として導入される予定だ。

●汎用ヘリが兼ねる救難任務

　空母艦載機でもう1つ忘れてならないのが救難ヘリだ。ホバリングで水面の要救助者を吊り上げるなど、ヘリにしかできない働きが可能だ。艦載機の発着艦時などには必ず事前に空中待機し、不測の事態に備えている。まさになくてはならない重要な存在だ。

　アメリカのMH-60Sや欧州共同開発のNH-90に代表される汎用ヘリは、救難機としてはもちろんのこと、輸送や連絡、哨戒任務に至るまで幅広く使われる。例えばアメリカのスーパーキャリアには、汎用ヘリと対潜ヘリを合わせて8～15機程度が常時搭載され、様々な任務で活用されている。

艦上輸送機

グラマンC-2Aグレイハウンド（アメリカ）

制式採用：1966年
乗員：3名
航続距離：約2,800km
搭載量：約4.5t

早期警戒機のE-2Cの機体を
ベースに開発された、艦上輸
送機。

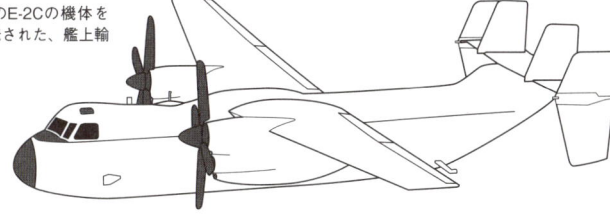

ベル・ボーイングV-22オスプレイ（アメリカ）

制式採用：1966年
乗員：3名
航続距離：約2,800km
搭載量：約4.5t

離着陸時はローターを上向き
にした垂直／短距離で行い、
飛行時はローターを前向きに
する。収容時には主翼とロー
ターが折りたたまれる。

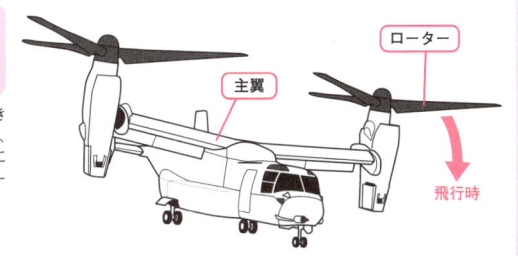

ローター
主翼
飛行時

救難・輸送任務に従事する汎用艦載ヘリ

シコルスキー MH-60Sナイトホーク（アメリカ）

制式採用：2002年
乗員：2名
搭載量：約4.5t
人員11名

アメリカ海軍の新しい艦載汎
用ヘリ。輸送任務と救難任務
の双方に使われる。

用語解説

●**ティルトローター**→ローターの角度を真上から前方に90度傾けることができる機構。垂直離着陸が可能な
ヘリコプターと、長距離飛行に効率がよい固定翼機の双方の利点を兼ねる。
●**戦闘捜索救難**→敵の勢力圏に不時着した味方を救難する任務。

No.074 第3章●艦載機

空母から大型機は発艦できるのか？

艦載機といえば、コンパクトな小型機というイメージがあるが、アメリカ海軍ではこれまで何回か大型の機体を運用する試みが行われてきた。そのもっとも知られた例は、第二次大戦時のドゥーリトル隊による東京空襲だろう。

大戦の序盤、各地で日本軍に対し劣勢に追い込まれていた米軍が、国内の厭戦気分を払拭するため、日本本土への空襲を計画した。しかし当時、米海軍は長距離飛行が可能な艦載機を持っていなかったため、陸軍が使っていたノースアメリカンB-25ミッチェル爆撃機を改造し空母から発艦させることを考えた。燃料タンクを増加しさらに軽量化して航続距離の延長を図った。ただし発艦は可能でも着艦は不可能だったため、攻撃後は日本列島を飛び越え中国大陸に着陸することで、奇襲攻撃を実現させた。空母「ホーネット」の飛行甲板にクレーンで搭載された16機のB-25は、1942年4月18日に日本本土から約1,200km離れた太平洋上から発艦し、東京をはじめ各地に空襲を加えた。その後、15機が中国大陸に達した（1機は旧ソ連領に着陸）。約3,000km以上を飛行した計算になる。ただ予定通りに中華民国勢力圏内の飛行場に着陸できず、パラシュートによる機外脱出や不時着などで、結果として全機が損失した。

戦後もアメリカ海軍では、空母による中～大型機運用の試みがなされた。そのために艦橋のない広大な飛行甲板を備えた大型空母「ユナイテッド・ステーツ」が計画されたが、起工直後に中止された。一説には大型戦略爆撃機を運用する空軍との政治的な争いに敗れたためだという。それでも朝鮮戦争で空母の実力を再度実証し、後にスーパーキャリアと呼ばれる「フォレスタル」級を建造する。

1963年には空母への洋上補給の必要性から、「フォレスタル」でロッキードC-130Fハーキュリーズ戦術輸送機の発着艦実験が行われ、見事成功している。短距離離着陸性能に長けたC-130Fは、カタパルトもアレスティング・ワイヤーも使わずに325mの飛行甲板に貨物満載状態で発着艦できたという。全長29.8m、全幅40.4mで4基のターボプロップエンジンを備えた同機は、空母に発着艦した史上最大の航空機となった。しかし、実験的には発着艦に成功しても、空母の甲板で運用するにはさすがに機体が大きすぎて、実用は難しかった。またその直後に、E-2C艦上早期警戒機の機体をベースにしたグラマンC-2グレイハウンド艦上輸送機が登場し運用開始されたため、C-130Fの空母への発着艦はこの実験だけで終わっている。ちなみにE-2C/C-2は全長17.3m、全幅24.6mあり、B-25（全長16.1m、全幅20.6m）よりもサイズは大きい。

ちなみに現在、ニューヨークのマンハッタンにあるイントレピッド海上航空宇宙博物館は、エセックス級の「イントレピッド」を係留保存して航空機を展示している。2012年から、この飛行甲板上にスペースシャトル「エンタープライズ」が展示されている。もちろん発着艦はできないが、重量78tのスペースシャトルは、空母に載せられた史上最重量の航空機となるのかもしれない。

第4章
空母のミッションと運用

No.075
創始期に課された空母の役割

創始期の空母の任務は偵察や観測が主だったが、大型の空母が登場するようになると、敵戦艦を撃破することが期待されるようになる。

●空母の役割は戦艦を補助することだった

　空母がその創始期に担った任務は、偵察と弾着観測だった。偵察とは敵の艦隊を探したり（索敵）、敵の基地や陸軍部隊の様子を調べるものだ。航空機は視界も速度も限られた水上艦とは比べものにならないほど広い範囲を索敵でき、潜水艦の警戒も行った。もう1つの任務である弾着観測とは、戦艦が砲撃する際、敵戦艦の近くまで接近して砲撃が正確に行われるよう指示する任務だ。特に戦艦の砲の射程が延び、水平線の向こうにまで砲弾が届くようになると、航空機による弾着観測が必須となっていた。アメリカ海軍で空母の艦種記号として使用されている「CV」は航空機を搭載する巡洋艦を意味するともいわれるが、巡洋艦は広い海域を警戒する艦種であり、空母はそれに準ずるものとされたことになる。

　航空機に爆弾や魚雷を装備し、それで敵戦艦を攻撃するというアイデアも各国で研究されてはいた。だが、誕生したばかりの空母はまだ技術や大きさにおいて未成熟であり、空母を敵艦の攻撃に使用するという思想は、1920年代を通じ、広く認められたものではなかった。それが変化するきっかけの1つに、主要国の主力艦（当時は戦艦や巡洋戦艦が海軍の主力と考えられていた）の保有量を制限した**ワシントン海軍軍縮条約**が挙げられる。同条約は主力艦の新たな建造を禁止したが、日米は建造中だった主力艦の船体を転用することで大型の空母を完成させたのである。期せずして多数の航空機を搭載することが可能な大型の空母を持つこととなった両国は、演習を通じて空母の効果的な運用法を探り続け、1930年代になると空母搭載機による艦艇攻撃とそれに対抗する空母による艦隊防空の可能性を認識する。特に日本はワシントン条約によって劣勢を強いられた主力艦数を補う必要から、空母で敵主力艦を撃破することを構想するようになった。

創始期に課された空母の役割

役割1 偵察と弾着観測

水上艦の視界と速度には限りがあり狭い範囲の状況しか知ることができない。

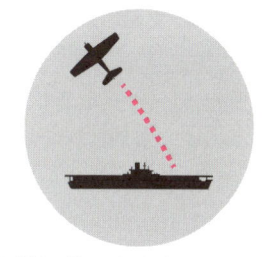

艦載機を使えば、偵察できる範囲は飛躍的に広がる。

役割2 味方主力艦の不足を補う

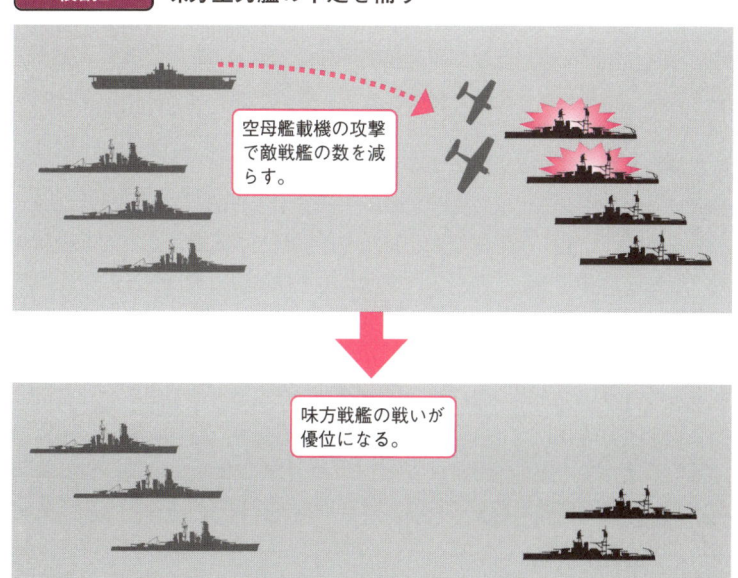

空母艦載機の攻撃で敵戦艦の数を減らす。

味方戦艦の戦いが優位になる。

用語解説

- **ワシントン海軍軍縮条約**→第一次大戦後、列強の間に起こった海軍拡張競争に歯止めをかけるために結ばれた条約。日本は戦艦の保有比率を総基準排水量で米英の6割に制限されたため、その不利を補うために、未開拓の分野だった空母や、無制限の巡洋艦の整備に力を入れた。

No.076
空母は動く航空基地？

空母は機能的、戦力的に陸上の航空基地に匹敵する能力を備えている。
また、動かない基地に比べ、移動する空母には大きな利点がある。

●空母と陸上基地の違い

　空母は艦載機を離着艦させるだけでなく、弾薬と燃料を補給し、整備して常に能力を発揮できる状態に保つ。その点では陸上の航空基地と変わりない。空母と基地との一番の違いは、空母が移動できることである。基地から出撃する航空機はその航続距離内でしか活動できないが、移動する空母上の艦載機は、世界中の海域と沿岸地域で活動できるのだ。そのため空母を保有している国は、現地に基地を持たなくとも、世界中の紛争地域に航空戦力を展開することができる。そして敵対勢力に爆撃を加えたり、紛争地域で行動する部隊あるいは紛争地域に上陸する部隊を空から支援することができるのだ。現代のアメリカ、イギリス、フランスが世界各地の安全保障に寄与できるのは、これらの国が保有する空母あってのことだ。

　基地から飛び立つ航空機でも、長距離を飛行できる爆撃機ならば紛争地域に戦力を投射できる。だが、爆撃機が紛争地域まで飛行するのには時間がかかり、融通が利かない。その爆撃機にしても、敵の空軍力や防空網を撃破してからでなければ出撃は難しく、やはり空母艦載機が支援する必要があるだろう。本国から離れた沿岸地域で軍事力を有効に生かすには空母が必須なのである。

　基地に比べて小さな空母だが、アメリカ海軍の空母は48機前後の戦闘機あるいは攻撃機を搭載しており、これは日本の航空自衛隊のどの航空基地にも引けを取らない。そして常に同じ場所にある基地に比べ、海上を移動する空母は位置を把握しにくい。そのため空母からの攻撃は、時機と場所の特定が困難だ。いつ、どこから攻撃されるかわからないまま、突然攻撃が行われるのだ。また、動かない基地は敵航空機やミサイルの攻撃目標となりやすいのに対し、移動する空母は攻撃を受けにくい。

空母は動く航空基地?

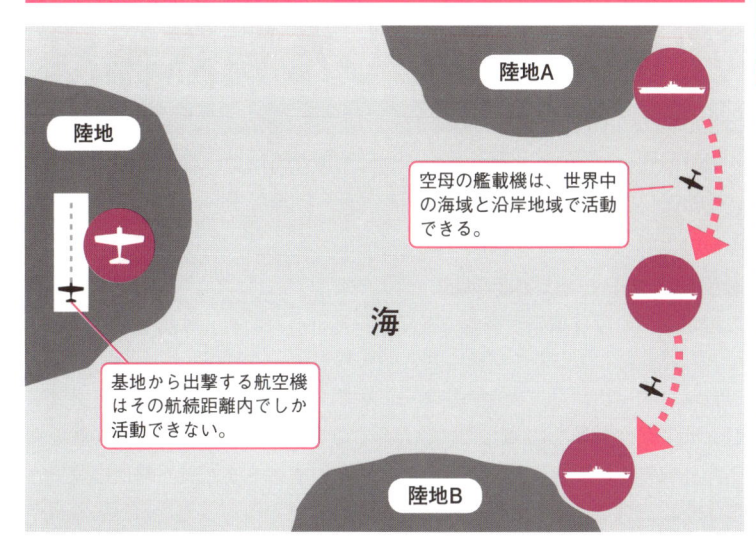

陸地A

空母の艦載機は、世界中の海域と沿岸地域で活動できる。

陸地

海

基地から出撃する航空機はその航続距離内でしか活動できない。

陸地B

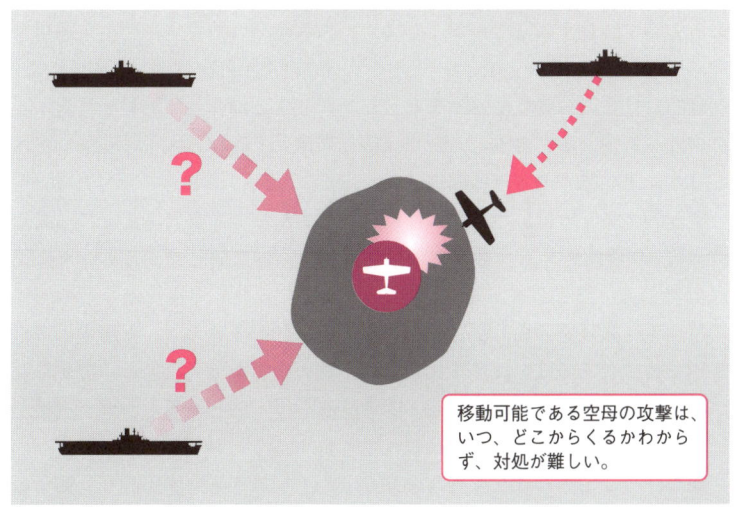

移動可能である空母の攻撃は、いつ、どこからくるかわからず、対処が難しい。

第4章 ● 空母のミッションと運用

No.076

豆知識

●航空自衛隊の航空基地→ほとんどの場合、F-15やF-2から成る2個飛行隊が配置されている。飛行隊の定数は18機で、2つの飛行隊を合わせても36機となり、アメリカの空母航空団に及ばない。

No.077
空母を中心とした艦隊編成

空母とそれを護衛する随伴艦によって艦隊が編成される。これらは「機動部隊」「任務部隊」「空母打撃群」などと呼ばれる。

●空母を中心とした艦隊編成

　創設期の空母は偵察や戦艦の補助が役割だったため、戦艦や巡洋艦を中心とした艦隊に1隻ずつ配備するという考えが一般的だった。

　日本は第一次、第二次上海事変や日中戦争において複数の空母を実戦に投入して航空作戦を実施した経験から、空母2隻をペアにして随伴艦を加えた「航空戦隊」を編成するようになった。当時、まだ航空機に搭載できるような高性能で小型の無線機や位置測定装置がなかったため、艦載機が空中で合流することは困難だった。そのため、大編隊を作るには、空母がまとまって行動する必要があったのだ。日本はその後も空母の集中運用を進め、主力空母4隻と護衛の駆逐艦から成る「第1航空艦隊」を編成した。作戦時にはこれに戦艦や巡洋艦などが護衛として加わり、燃料を補給するタンカーも加わる。日本はこれを「**機動部隊**」と呼び、太平洋戦争における日本海軍の基本の空母艦隊編成となった。

　戦前のアメリカは、空母が巡洋艦に準じる艦種であると考え、巡洋艦隊に空母1隻を配備した。太平洋戦争初期も基本的に同じで、日本海軍に比べ劣勢であったこともあり、空母を1〜2隻に分散して巡洋艦などの随伴艦を加えた艦隊を編成し、これを「空母任務群」と呼んだ。大編成の空母部隊を編成するのは大戦後半になって多数の空母が戦列に加わってからだ。

　一方、船団護衛の場合は空母1隻で任務を行うことが多く、地上支援を行う場合も主力部隊の空母とは離れて行動することが多い。

　戦後、核兵器の時代になると、集中した空母が1発の核兵器で全滅するリスクを回避するため、再び空母を分散するようになる。現代のアメリカの「空母打撃群」と呼ばれる空母部隊は、1隻の空母をイージス巡洋艦1隻、イージス駆逐艦2隻、さらに1〜2隻の原子力潜水艦が護衛している。

空母を中心とした艦隊編成

●複数の空母をまとめる編成

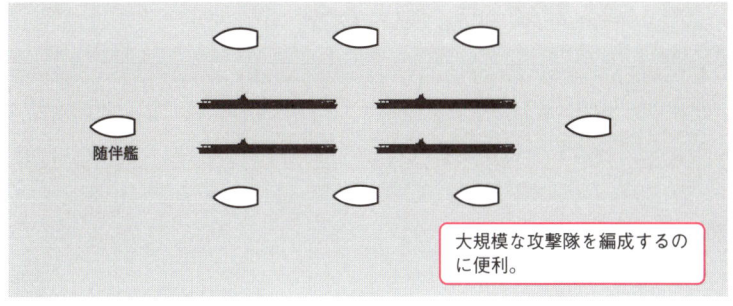

随伴艦

大規模な攻撃隊を編成するのに便利。

●空母を1隻ずつ分ける編成

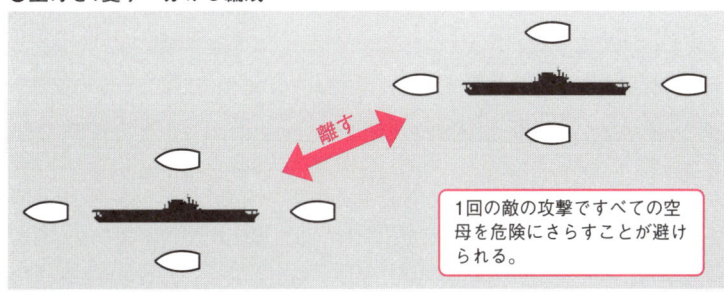

離す

1回の敵の攻撃ですべての空母を危険にさらすことが避けられる。

●現代アメリカの空母打撃群

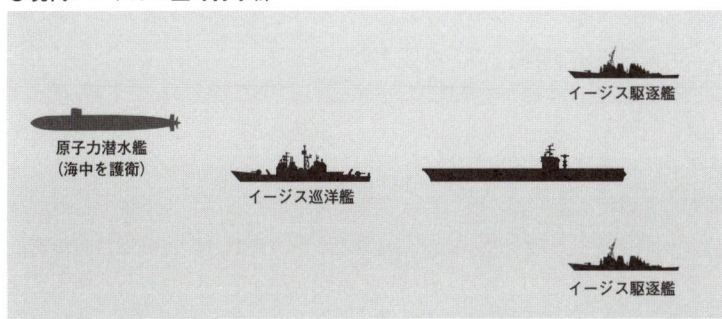

原子力潜水艦
(海中を護衛)

イージス巡洋艦

イージス駆逐艦

イージス駆逐艦

用語解説

- **機動部隊**→戦前の日本海軍では、戦艦で編成される主力部隊に対し、高速の小型艦艇で編成された部隊のことをこう呼ぶことがあった。戦争直前、南雲中将率いる空母部隊が機動部隊と命名されたのが空母部隊を機動部隊と呼んだ最初である。以後、機動部隊は空母部隊の代名詞となる。

No.078
空母の天敵は？

空母は軍事的に重要な存在であり、それゆえに真っ先に敵の標的となる。敵対勢力は様々な方法で空母を攻撃してくる。

●空母の敵は空と海中

軍事的に大きな価値を持つ空母は、当然敵の目標となる。そして空母はダメージに弱い。艦載機用の弾薬や燃料といった危険物を大量に積み込んでいる空母は、ダメージが拡大すると艦全体に危険が及ぶ可能性がある。また、ダメージ・コントロールによってダメージを最小限に抑えたとしても、飛行甲板が損傷したり、高速を出せなくなれば、空母としての機能を失ってしまう。空母の主な敵は、航空機、ミサイル、潜水艦である。

第二次大戦時の航空機は、搭載した爆弾か航空魚雷を使って目視で空母を攻撃した。現代の航空機は空母を視認できない遠距離から対艦ミサイルで攻撃する。対艦ミサイルは航空機だけでなく水上艦や潜水艦などからも発射され、精密な誘導装置によって空母に向かってくる。しかも対艦ミサイルは海面すれすれを飛行して防空システムの死角を突こうとしたり、一度に大量の対艦ミサイル発射することで防空システムが処理し切れなくなる、いわゆる**飽和攻撃**を仕掛けてきたりする。

一方の海中の天敵は潜水艦だ。潜水艦の魚雷は大型で炸薬量が多く、1発命中しただけで空母は大きなダメージを受ける。第二次大戦でも潜水艦によって沈められた空母は多い。また、沿海域や海峡などの狭い海域では機雷も脅威である。特に戦略的に重要な海域であるペルシャ湾とその周辺には、テロリストや欧米と敵対する勢力が機雷を敷設する可能性もある。

さらに近年浮上した新たな脅威に、中国が開発中といわれる対艦弾道ミサイルがある。これは移動する艦艇に照準を合わせるためのセンサー類を取り付けた弾道ミサイルで、高空から超音速で落下してくるために迎撃が難しい。弾道ミサイルを迎撃できる艦艇は一部のイージス艦しかなく、これが実用化されれば、新たな空母の天敵となるだろう。

空母の天敵は？

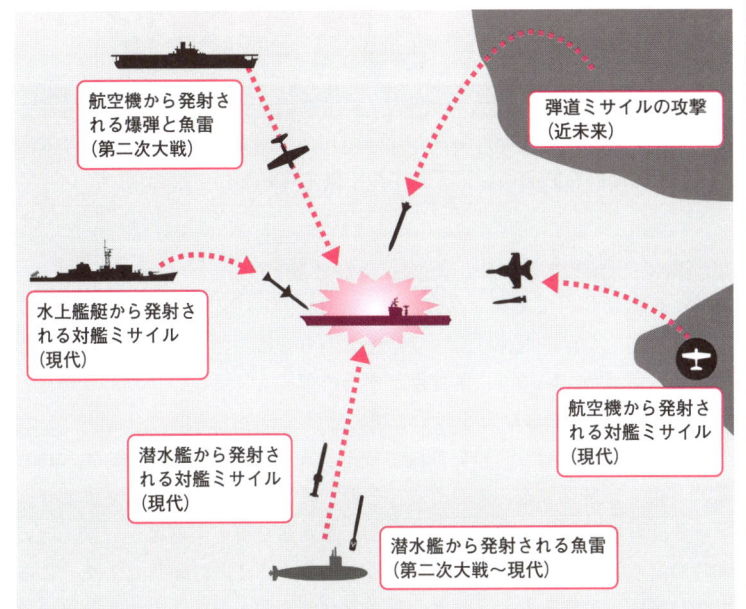

- 航空機から発射される爆弾と魚雷（第二次大戦）
- 弾道ミサイルの攻撃（近未来）
- 水上艦艇から発射される対艦ミサイル（現代）
- 潜水艦から発射される対艦ミサイル（現代）
- 航空機から発射される対艦ミサイル（現代）
- 潜水艦から発射される魚雷（第二次大戦〜現代）

●第二次大戦における主な空母の喪失原因

	航空機による攻撃		潜水艦による雷撃
	爆撃のみ	爆撃及び雷撃	
日本	「赤城」「加賀」「蒼龍」「飛龍」	「飛鷹」「瑞鶴」	「翔鶴」「大鳳」「信濃」「雲龍」
アメリカ		「レキシントン」「ヨークタウン」「ホーネット」	「ワスプ」
イギリス			「イーグル」「カレイジャス」「アークロイヤル」

この他、イギリスの「グローリアス」が砲撃で沈んでいる。日本空母は爆撃に弱かったこと、イギリス空母の天敵が潜水艦だったことがわかる。

※最終的に自軍によって処分されたり、他の攻撃がとどめになった場合もあるが、喪失に至った最大の原因によって分類した。

用語解説

●飽和攻撃→旧ソ連軍がアメリカ空母を撃破するために考案した戦法。水上艦、潜水艦、航空機が一斉に対艦ミサイルをアメリカ空母めがけて発射する。これにより空母を守る随伴艦や艦載機が能力の限界に達することを期待した。それに対抗して開発されたのがイージス艦である。

No.079
空母を守る艦隊陣形

第二次大戦当初は様々な陣形があったが、大戦後期や現代では最大の脅威である航空機あるいはミサイルに備えた陣形が一般的だ。

●護衛する随伴艦をいかに配置するかが重要

　砲や魚雷を使って戦闘する軍艦は、1列か2列の縦隊を作って航行するのが普通だ。だが空母部隊は、空母を敵から守ることを最優先とした陣形を採る。第二次大戦時は、随伴艦が前方の警戒も行っていたため、警戒と防御の2つの観点から様々な陣形を使い分けていた。

　敵の水上艦や敵国の商船を警戒するときは、自軍の空母の姿を見られる前に、相手を発見する必要がある。そのため、随伴艦の一部は空母よりもずっと前方に展開する陣形が採られた。潜水艦を警戒する場合、第二次大戦時の潜水艦は低速で、潜水艦が空母を追跡することは困難だった。よって空母部隊は主に前方の潜水艦を警戒すればよかった。そのため数隻の随伴艦が空母の前方に出て横並びで展開する。これをスクリーンと呼ぶが、スクリーンが一重だと潜水艦を見逃す恐れがあるため、これを二重にしたり、随伴艦をジグザグに配置して潜水艦を見逃さないよう工夫した。また、空母の側面には随伴艦を配置して魚雷への盾とした。

　太平洋戦争が始まり海戦の主役が航空機になると、それに対抗する陣形が生まれた。航空機はどの方向から襲ってくるかわからないことが多いため、空母部隊は全方位を警戒する。随伴艦は空母を中心に同心円を描くように配置され、この陣形を輪形陣と呼ぶ。空母の近くには戦艦、重巡洋艦、防空巡洋艦のような対空砲を多数搭載した艦が配置される。これらの随伴艦は航空機の攻撃を受けても回避せず、あくまで陣形を保ち、空母に飛来する航空機の盾となる。いち早く敵を発見するために1、2隻の随伴艦を輪形陣の外側に配置することもあり、これをピケット艦と呼ぶ。

　現代では潜水艦も対艦ミサイルで攻撃してくることが多いため、空母部隊は空からの攻撃に適した輪形陣を採ることがほとんどである。

空母を守る艦隊陣形

第二次大戦時の対水上警戒陣形の例

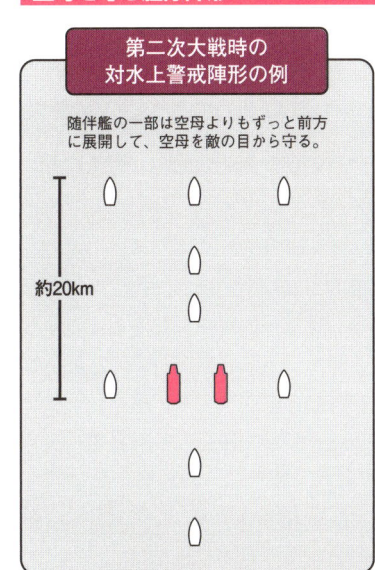

随伴艦の一部は空母よりもずっと前方に展開して、空母を敵の目から守る。

約20km

第二次大戦時の対潜水艦警戒陣形の例

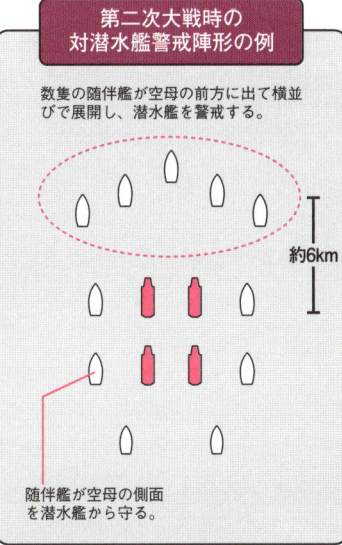

数隻の随伴艦が空母の前方に出て横並びで展開し、潜水艦を警戒する。

約6km

随伴艦が空母の側面を潜水艦から守る。

第二次大戦時の対空警戒陣形の例（輪形陣）

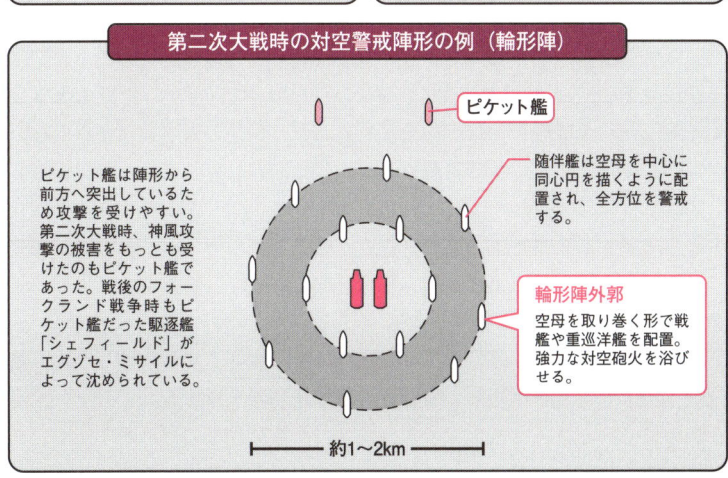

ピケット艦

ピケット艦は陣形から前方へ突出しているため攻撃を受けやすい。第二次大戦時、神風攻撃の被害をもっとも受けたのもピケット艦であった。戦後のフォークランド戦争時もピケット艦だった駆逐艦「シェフィールド」がエグゾセ・ミサイルによって沈められている。

随伴艦は空母を中心に同心円を描くように配置され、全方位を警戒する。

輪形陣外郭
空母を取り巻く形で戦艦や重巡洋艦を配置。強力な対空砲火を浴びせる。

約1〜2km

No.079
第4章 ●空母のミッションと運用

豆知識

- **ピケット艦**→ピケットとは英語で「杭」のこと。杭を打ち、柵を作って敵を食い止めることから、見張りのことをこう呼ぶようになった。労働争議の際、労働者側が事務所や工場を封鎖状態にすることを「ピケット（ピケ）を張る」という。

171

No.080
空母を守る戦闘機

空母を発進した艦上戦闘機は、対空兵器の届かない遠距離で敵を迎撃し、空からの空母への脅威を事前に取り除く。

●空母を守るもっとも外側の盾

　空母を守るには、敵を空母の周囲に近づけないのが一番である。空からの脅威に対しては、艦上戦闘機を発進させて、空母に向かってくる敵を撃墜してしまえばよい。しかし、運動性に優れた戦闘機でも、敵を発見してから発進していたのでは、間に合わない。そこで、あらかじめ発進した戦闘機が空母周囲を警戒する。これを戦闘空中哨戒（CAP）と呼ぶ。第二次大戦中の日本海軍は直衛戦闘機と呼んだ。戦闘海域に進入した空母は、戦闘機を交代で発進させ、常時上空に戦闘機を飛ばす。

　第二次大戦時、レーダーがない場合、敵は目で発見するしかなく、ただちに敵機を捕捉するためにゼロ戦のような高い運動性能を持つ艦上戦闘機が配備された。それでも優秀なレーダーを持っていなかった日本海軍はミッドウェー海戦時、空母への攻撃を許した。低空の雷撃機に気を取られ、高空から侵入してくる急降下爆撃機への対応が遅れてしまったのである。

　アメリカ軍は高性能のレーダーをいち早く導入し、第二次大戦後期になると、来襲する日本軍機の高度、速度、編隊規模などを、空母のはるか先で探知できた。そのためアメリカ軍は状況に応じて戦闘機を割り振り、最適な高度と位置で日本軍機を迎撃することができたのである。

　現代の空母は早期警戒機や早期警戒ヘリを搭載し、空母のはるか前方で敵機や敵ミサイルを探知して戦闘機の迎撃任務を支援する。

　近年はイージス・システムのように、遠距離で敵を迎撃可能な対空システムが普及したこともあり、空母の防御における戦闘機の比重は低下している。また、アメリカ軍のF-14艦上戦闘機が退役するなど、純粋な艦上戦闘機は姿を消しつつあり、それに代わってF/A-18戦闘攻撃機のようなマルチロール機が艦載機の主流になりつつある。

空母を守る戦闘機

●第二次大戦時の輪形陣

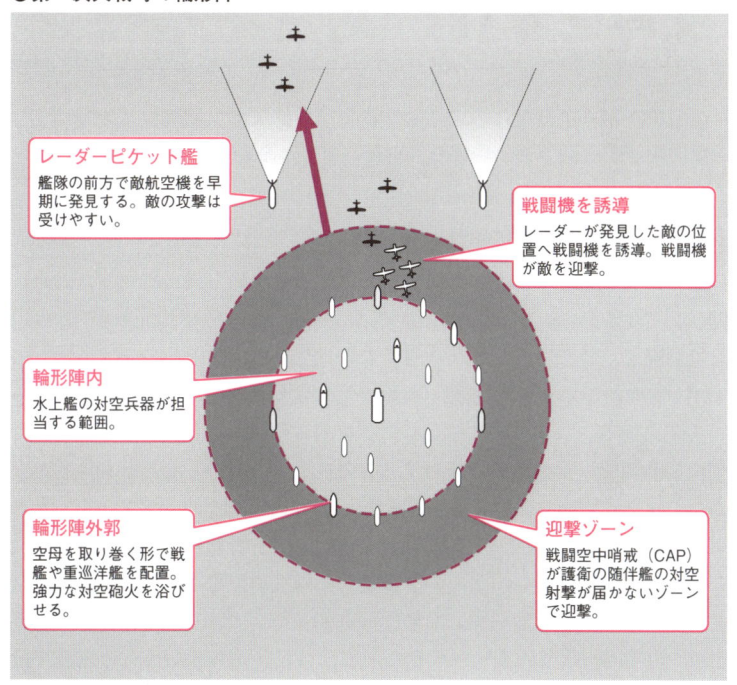

レーダーピケット艦
艦隊の前方で敵航空機を早期に発見する。敵の攻撃は受けやすい。

戦闘機を誘導
レーダーが発見した敵の位置へ戦闘機を誘導。戦闘機が敵を迎撃。

輪形陣内
水上艦の対空兵器が担当する範囲。

輪形陣外郭
空母を取り巻く形で戦艦や重巡洋艦を配置。強力な対空砲火を浴びせる。

迎撃ゾーン
戦闘空中哨戒（CAP）が護衛の随伴艦の対空射撃が届かないゾーンで迎撃。

●現代の防空

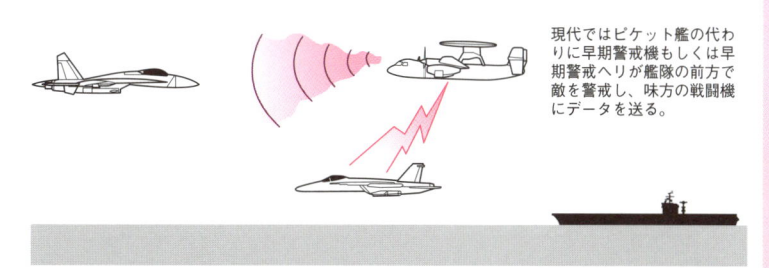

現代ではピケット艦の代わりに早期警戒機もしくは早期警戒ヘリが艦隊の前方で敵を警戒し、味方の戦闘機にデータを送る。

豆知識

●敵を目で発見→レーダーのない時代は、敵を発見するのは肉眼と望遠鏡・双眼鏡だけが頼りで、視力が非常に重要だった。第二次大戦の空中戦で活躍したパイロットの中には驚異的な視力を持つ者も多かった。編隊長に代わり視力の高いパイロットが編隊を指揮することもあった。

第4章●空母のミッションと運用

No.081
空母を守れ！ 対空ミッション

空母を空からの脅威から守る対空兵器は、第二次大戦当時は対空砲と機関砲が中心だった。現代では対空ミサイルが中心である。

●弾幕、近接信管から対空ミサイルへ

　第二次大戦までは航空機に対抗する手段は対空砲と機関砲だった。対空砲は口径12.7cm前後のものが用いられ、砲弾は高度8,000mから1万mにまで到達し、敵機を遠距離から迎撃する。機関砲は口径20〜40mmのものが用いられ、5,000m以下に迫った敵を迎撃する。空母と随伴艦にはこれらが大量に搭載され、敵機に対して弾幕を張った。弾幕とは命中率を期待せずに短時間に大量の砲弾を発射することをいい、命中しなくとも砲弾が向かってきたり周囲で炸裂したりするため、敵機は正確な攻撃ができなくなる。

　対空砲の砲弾には、一定距離飛翔すると炸裂する時限信管が用いられた。これは戦闘前に設定しておくか、測定した敵機の位置と速度から得られたデータをセットするもので、命中率は低かった。アメリカが開発した近接信管(VT信管)はこれを一変させた。これは信管から放射された電波を敵機が反射するのを感知して起爆するもので、命中率は飛躍的に向上した。

　現代では敵機が空母の上空に現れることはなく、対艦ミサイルが脅威であり、それを迎撃するのも砲に代わって対空ミサイルが主力である。アメリカの**イージス・システム**に代表される、同時に多目標を迎撃可能な対空システムを備えた随伴艦が空母を護衛している。

　対艦ミサイルは航空機、水上艦艇、潜水艦など、様々な位置から発射され、高速かつ低空で飛来することから、全方位的な防御が必要になる。発射する母機あるいは母艦を発射前に撃破したり、電子偵察機が敵のミサイルが発する電磁波、あるいはミサイルを誘導する電波を探知したりしてできるだけ遠方で脅威を取り除くことが重要である。また、対空ミサイルだけでなく、艦砲、機関砲、ECM(電子妨害)などを組み合わせた重層的な防空システムが採用されている。

空母を守れ！　対空ミッション

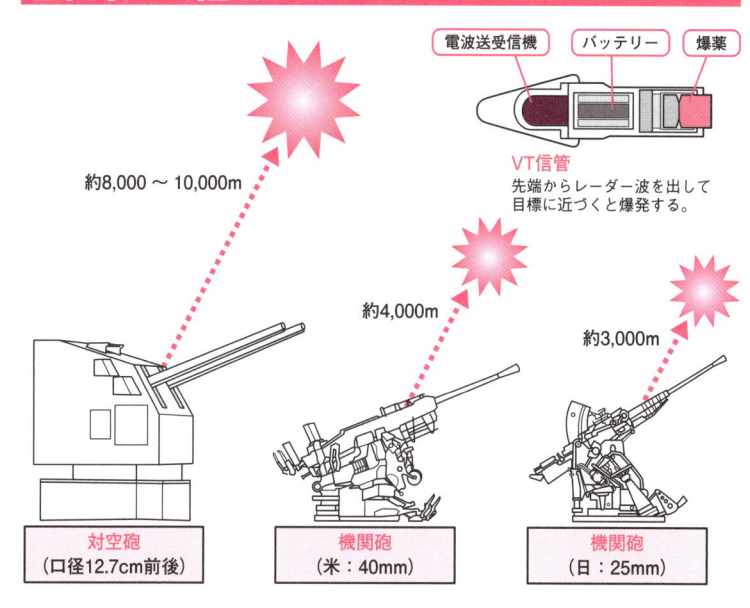

電波送受信機 | **バッテリー** | **爆薬**

VT信管
先端からレーダー波を出して目標に近づくと爆発する。

約8,000〜10,000m

約4,000m

約3,000m

| 対空砲
（口径12.7cm前後） | 機関砲
（米：40mm） | 機関砲
（日：25mm） |

●現代のミサイル防御

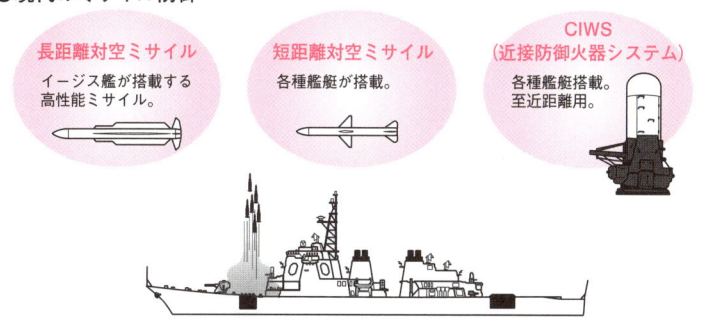

長距離対空ミサイル
イージス艦が搭載する高性能ミサイル。

短距離対空ミサイル
各種艦艇が搭載。

**CIWS
（近接防御火器システム）**
各種艦艇搭載。至近距離用。

イージス・システムは同時に多目標を迎撃可能で、各種対空ミサイルだけでなく、艦砲、機関砲などを統合して制御することにより重層的な防空システムを構築している。

用語解説

- **イージス・システム**→多数のミサイルを迎撃するためにアメリカが開発した防空システム。多数の目標に対し同時にミサイルを誘導することができるなどの特長を備える。NATO諸国が共同開発したNAAWSシステムも同様の能力を持つ。

第4章●空母のミッションと運用

No.082
空母を守れ！ 対潜ミッション

見えない海中から空母に忍び寄る潜水艦に対応するために、艦隊の陣形を工夫したり、ソナーや対潜機、対潜ヘリが使用される。

●対潜機と対潜ヘリで空から潜水艦を警戒

　第二次大戦において潜水艦は、航空機と並んで空母の大敵であった。当時の潜水艦は速度が低く、空母などの水上艦の方が高速だった。そのため、空母部隊は主に針路前方を警戒していた。空母を護衛する艦は、潜水艦を見逃さないように空母の前方に展開し、目視で潜水艦の潜望鏡を警戒したり、**ソナー**や水中聴音器で海中の潜水艦を警戒した。空母からは偵察機や艦上攻撃機を発進させて空から潜水艦を警戒した。潜水艦を攻撃する際は、設定した深度で爆発する爆雷が主に用いられた。

　戦後の冷戦期には、旧ソ連が大量に配備した潜水艦が空母部隊の脅威であった。そのため、空母でも対潜任務が重要になり、専用の艦上対潜機が空母に搭載されたり、対潜任務専門の対潜空母が配備されるなどした。

　現代では空母に固定翼の対潜機が搭載されることはなくなり、代わりに対潜ヘリが数機搭載されている。対潜任務の主力は陸上から発進する大型の対潜機か、随伴艦に搭載された対潜ヘリが担っている。対潜機はソノブイという使い捨て式のソナーを投下したり、潜水艦が帯びる磁気を探知するなどして潜水艦を探す。対潜ヘリは吊り下げたソナーを海中に下ろして、海中の潜水艦を探知することができる。潜水艦への攻撃は魚雷で行われ、航空機や水上艦から発射されたり、ミサイルで近くまで飛ばしたりする。

　また、陣形も変わった。潜水艦の速度が向上し、潜水艦から発射される対艦ミサイルが脅威となると、前方のみならず全周囲を警戒する必要が生じた。そのため、航空機に対応して生まれた輪形陣が、対潜任務の際にも採られるようになった。

　さらに現代アメリカ軍の空母打撃部隊には攻撃型原子力潜水艦が随伴し、海中を警戒しているといわれている。

空母を守れ！ 対潜ミッション

No.082
第4章●空母のミッションと運用

●第二次大戦時の対潜水艦作戦

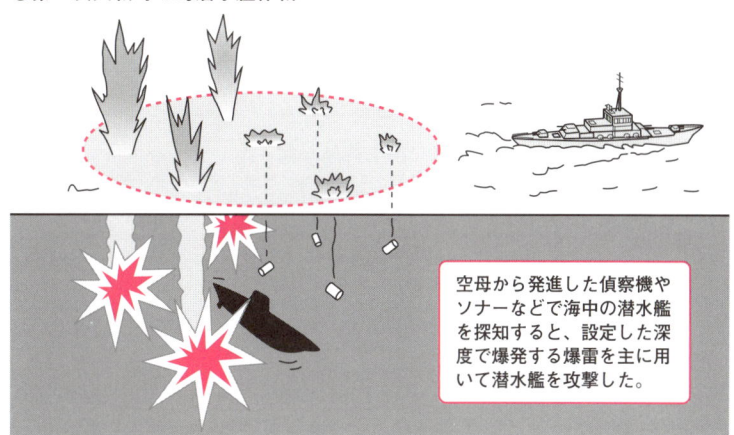

空母から発進した偵察機やソナーなどで海中の潜水艦を探知すると、設定した深度で爆発する爆雷を主に用いて潜水艦を攻撃した。

●現代の対潜水艦作戦

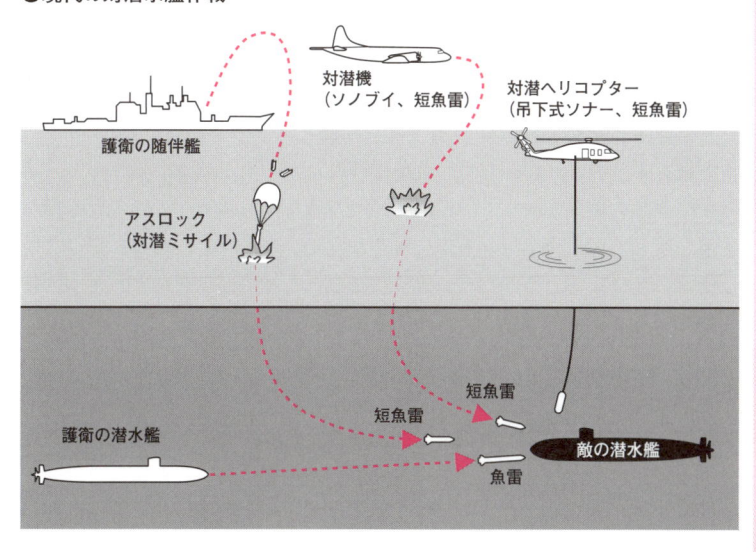

対潜機（ソノブイ、短魚雷）
対潜ヘリコプター（吊下式ソナー、短魚雷）
護衛の随伴艦
アスロック（対潜ミサイル）
短魚雷
短魚雷
魚雷
護衛の潜水艦
敵の潜水艦

用語解説

●ソナー→音波を利用して水中の潜水艦の位置を探知する装置。超音波を出して、潜水艦がそれを反射して返ってくるのを探知するアクティブ・ソナーと、潜水艦そのものが出す音を探知するパッシブ・ソナーとがある。

No.083
第二次大戦時の空母航空部隊編成

第二次大戦時の艦載機は主に戦闘機、(急降下)爆撃機、雷撃機から成り、これらは機種ごとに飛行隊を編成した。

●戦闘機、爆撃機、雷撃機のバランスを取って編成

多数の航空機を搭載可能な空母を保有していた日米は、空戦・爆撃・雷撃の3つの任務ごとに専門の航空機をまとめ、それぞれ航空隊を編成した。

日本軍空母では、戦闘機隊(艦戦隊)、艦爆隊、艦攻隊の3隊が配備された。航空隊の規模は空母の大きさによって異なるが、攻撃の主力である艦攻隊に重点を置いた編成になっていた。アメリカ軍空母には、各18機程度で編成された、戦闘機隊、急降下爆撃機隊、索敵爆撃機隊、雷撃機隊の4つの飛行隊が配備されていた。索敵爆撃機隊には急降下爆撃機が配備され、通常2機ずつペアになって偵察任務を行った。敵を発見した場合、空母に通報すると同時に爆撃を行うことになっていた。

日米とも、空母には常任の飛行隊が配備されるのが普通で、「レキシントン飛行隊」のように、空母の名前で呼ばれた。だが戦争が始まると、空母航空部隊の損失が激しく、消耗した飛行隊を後方に下げて再編成を行う必要が生じた。だが空母が無傷で航空部隊だけが消耗した場合、空母を遊ばせることになる。そのため、違う空母の飛行隊で部隊を編成したり、航空部隊を丸ごと交代させる措置が採られるようになった。

イギリスは第二次大戦当初、空戦任務と爆撃任務を兼ねた戦闘爆撃機と雷撃機の2機種で空母航空部隊を編成した。だが、イギリスの戦闘爆撃機は複座で鈍重だったため、早々に陸上機を改造した艦上戦闘機が配備されるようになる。そして攻撃をほぼ全面的に雷撃機に頼っていた。

戦争が激しさを増すと、空母や攻撃隊を護衛する戦闘機の必要性が高まり、空母航空部隊の中で、戦闘機の比率が高まっていった。また、戦争後期には戦闘機に爆弾を搭載して攻撃を行う戦術も採られるようになり、ますます戦闘機の比率が高まっていった。

第二次大戦時の日英米の空母航空部隊編成

●空母航空部隊の編成と変遷

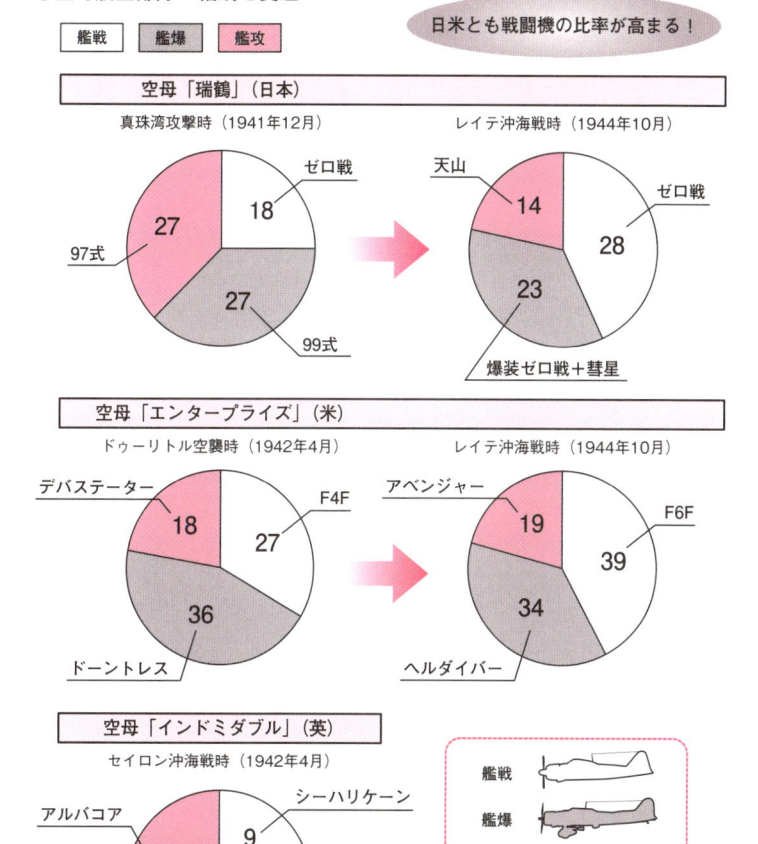

艦戦　艦爆　艦攻

日米とも戦闘機の比率が高まる！

空母「瑞鶴」(日本)

真珠湾攻撃時(1941年12月)
- ゼロ戦 18
- 97式 27
- 99式 27

レイテ沖海戦時(1944年10月)
- 天山 14
- ゼロ戦 28
- 爆装ゼロ戦＋彗星 23

空母「エンタープライズ」(米)

ドゥーリトル空襲時(1942年4月)
- デバステーター 18
- F4F 27
- ドーントレス 36

レイテ沖海戦時(1944年10月)
- アベンジャー 19
- F6F 39
- ヘルダイバー 34

空母「インドミダブル」(英)

セイロン沖海戦時(1942年4月)
- アルバコア 24
- シーハリケーン 9
- フルマー(複座戦闘機) 12

艦戦
艦爆
艦攻

英空母は雷撃機偏重！

豆知識

●**エンタープライズ**→アメリカの空母「エンタープライズ」は、ドゥーリトル空襲、ミッドウェー海戦、第二次ソロモン海戦、南太平洋海戦、マリアナ沖海戦、レイテ沖海戦など太平洋戦争の多くの海戦に参加し、大きな戦果を上げた武勲艦だ。戦後解体されてしまったが、艦名は世界初の原子力空母に受け継がれた。

No.084
機動部隊による空母の集中運用

空母を集中的に運用し、多数の艦載機による大規模な攻撃を実施したのは日本海軍が最初で、アメリカがそれに続いた。

●日本海軍が編み出した空母群の価値

　第二次大戦が始まり、空母艦載機の威力が認識されると、複数の空母を集中運用し、多数の艦載機で敵艦隊を集中攻撃する構想が生まれた。別々に行動する空母がそれぞれの艦載機で攻撃したのでは、敵に対応の機会を与え、各個撃破されてしまいかねない。空母を集中し大編成の艦載機で一気に攻撃すれば、敵は対応し切れず、大きな打撃を与えられるのである。

　真珠湾を攻撃して第二次大戦に参戦することとなる半年前、日本海軍は「第一航空艦隊」を編成する。この部隊は「赤城（あかぎ）」「加賀（かが）」「蒼龍（そうりゅう）」「飛龍（ひりゅう）」など、当時日本が保有していた主力空母のほぼすべてを1つにまとめた大空母部隊で、世界に類を見ない画期的なものだった。これに高速戦艦などの随伴艦を加えた部隊を、日本海軍は「機動部隊」と名付けた。これは機動力を生かして敵を攻撃するという意味合いを持つ。日本では低速な戦艦を中心にした部隊を「主力部隊」と呼んでいたが、それに対し、高速で遠距離から攻撃が可能な機動部隊を攻撃の先陣としたのである。

　1941年12月の真珠湾攻撃では、さらに「翔鶴（しょうかく）」「瑞鶴（ずいかく）」が加わって機動部隊の空母は6隻となり、これらから発進した約350機の艦載機が真珠湾を攻撃した。二波にわたって行われた攻撃は真珠湾に停泊していたアメリカ軍戦艦群に大打撃を与え、世界を驚愕させたのである。

　一方のアメリカ軍は、大戦当初は1〜2隻の空母で空母部隊を編成していたが、「エセックス」級空母が前線に配備され始めたマリアナ沖海戦以降になると、日本海軍と同様に空母を集中して運用するようになる。戦力に余裕のあるアメリカ軍は、空母2〜3隻と戦艦2隻、巡洋艦4隻、駆逐艦12〜16隻の護衛で任務群を編成した上でこれを複数集め、日本の機動部隊に相当する任務部隊を編成した。

機動部隊による空母の集中運用

●日本の機動部隊（真珠湾攻撃時）

> 日本の空母は2隻ずつ（航空戦隊）で行動するのが基本。大きな作戦のときはこれらが集まって機動部隊を編成する。

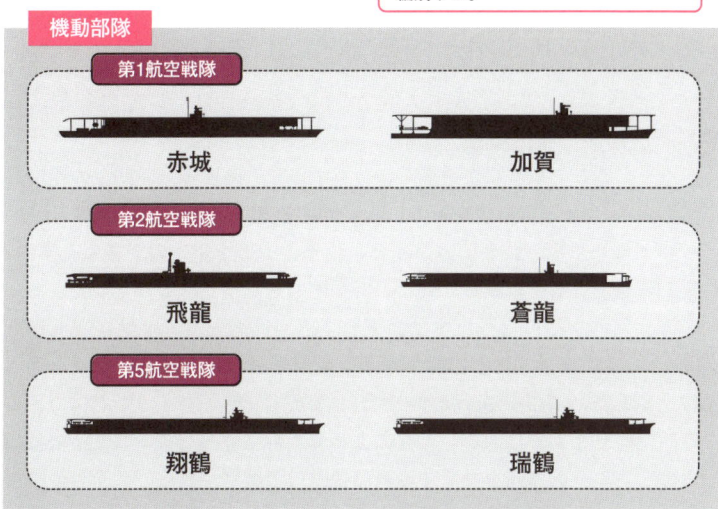

機動部隊

- **第1航空戦隊**
  - 赤城
  - 加賀
- **第2航空戦隊**
  - 飛龍
  - 蒼龍
- **第5航空戦隊**
  - 翔鶴
  - 瑞鶴

●アメリカ軍の空母部隊（1941年）

> 太平洋戦争開始時、アメリカの空母は単独で行動するのが基本だった。

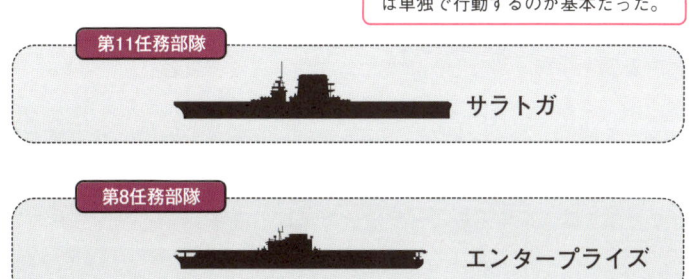

- **第11任務部隊**
  - サラトガ
- **第8任務部隊**
  - エンタープライズ

用語解説

●**航空戦隊**→日本海軍では編成単位として、上から順に「艦隊」「戦隊」「隊」を用いていた。戦艦や空母のような大型艦は2隻前後で戦隊を編成し、空母の場合は「航空戦隊」と呼ばれた。「隊」は駆逐艦や潜水艦のような小型艦の場合に用いられ、「駆逐隊」「潜水隊」と呼ばれた。

No.085
第二次大戦時の対艦攻撃ミッション

第二次大戦時の対艦攻撃は、艦上爆撃機(艦爆)が上空、艦上攻撃機(艦攻)が低空と、別々の方向から敵の弱点を狙って行った。

●爆撃と雷撃の共同攻撃

　空母を発進した航空隊が敵艦隊に接近すると、艦爆隊は急降下の開始高度である約3,000mに高度を取り、上空から敵艦を攻撃する。軍艦は一般に舷側よりも甲板の装甲の方が薄い。艦爆はそこを狙うのである。また、甲板上の対空兵器を破壊し、敵艦の対空能力を低下させることができる。

　一方、魚雷を積んだ艦攻隊は高度を下げ、魚雷を投下可能な50mから200mという海面近くにまで降下する。艦爆と艦攻は高空と低空から別々に接近することになるが、爆弾の投下と魚雷の発射のタイミングはできるだけ同時に行うように図る。これによって、敵艦は回避することが困難になるのである。攻撃隊を護衛する戦闘機隊は、艦爆、艦攻それぞれのやや上空を飛行し、敵戦闘機を攻撃隊に近づけないようにする。

　魚雷は投下後、着水してから目標まで水中を走行するので、命中するまでに時間を要する。また、船体に斜めに命中した場合、魚雷を爆発させる信管が作動しない恐れがあった。そのため、艦攻が魚雷を投下する際には敵艦の針路を予想することが重要であった。また、敵艦がどの方向に針路を変更しても命中するように、雷撃機ごとに魚雷の射角を変えたり、複数の方向から魚雷を投下するといった戦術も工夫された。

　艦艇の水面下の部分は比較的防御が弱いため、水中で爆発する魚雷は、1発で大きな損傷を与えることができる。日本海軍が撃沈したアメリカ軍空母のほとんどは魚雷によって致命傷を負っている。だが、戦艦のような重装甲の大型艦の場合、簡単には致命傷を与えられない。その場合、魚雷を片舷に集中して命中させ、片舷に大浸水をもたらすことで、敵艦を傾斜させて戦闘不能に追い込むという戦術を採ることもある。また、ドイツの戦艦「ビスマルク」は、雷撃機に舵を使用不能にされて航行不能に陥った。

第二次大戦時の対艦攻撃ミッション

●爆撃と雷撃の共同攻撃

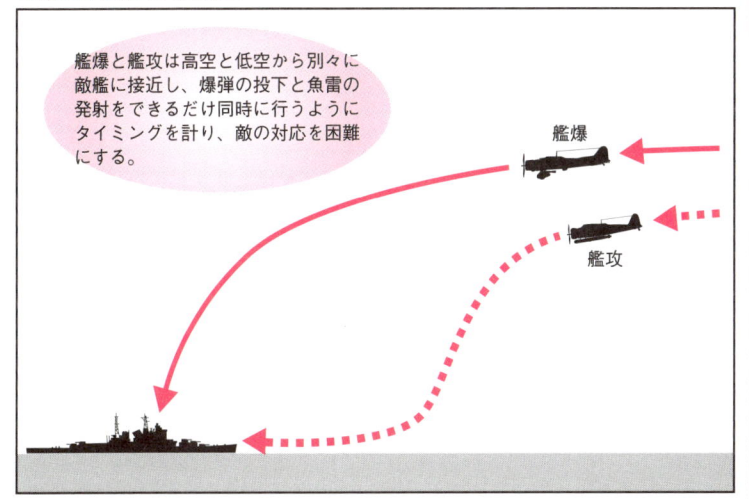

艦爆と艦攻は高空と低空から別々に敵艦に接近し、爆弾の投下と魚雷の発射をできるだけ同時に行うようにタイミングを計り、敵の対応を困難にする。

艦爆

艦攻

●敵艦の進路と雷撃の射角

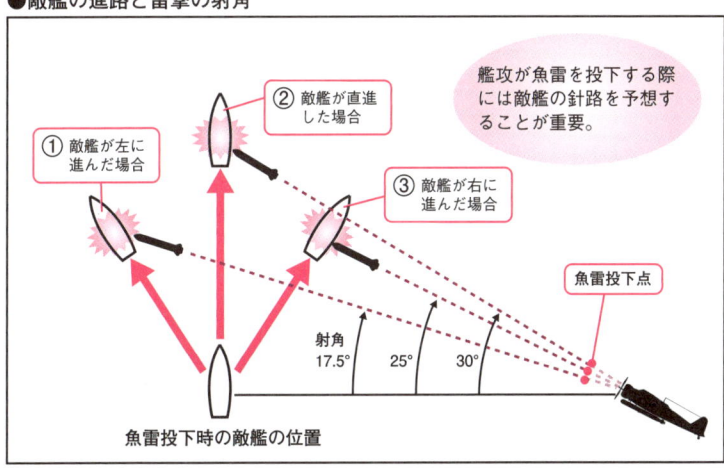

① 敵艦が左に進んだ場合

② 敵艦が直進した場合

③ 敵艦が右に進んだ場合

艦攻が魚雷を投下する際には敵艦の針路を予想することが重要。

魚雷投下点

射角 17.5°　25°　30°

魚雷投下時の敵艦の位置

豆知識

- **艦艇の防御**→第一次世界大戦までは、敵の砲撃が舷側に命中することが多く、舷側に厚い装甲を取り付けていた。戦艦の主砲の射程が延びたことで、砲弾が甲板に命中するようになり、新しい艦では甲板の装甲も強化されたが、古い艦は上からの攻撃にもろかった。

No.086
第二次大戦時の空母対空母の攻撃ミッション

空母対空母の戦闘は先手を取った方が優位に立つことができるが、優れた防空システムを構築したアメリカは先手を取らずに敵を撃破した。

●先手必勝だった空母戦は、システムの戦いに変化した

　敵の攻撃に脆弱な空母同士が戦う場合、相手より先に敵空母を発見、攻撃することが重要である。そのため敵空母の存在が予想される海域では偵察機などを発進させて、周辺の海域を索敵する。

　アメリカ軍は戦争前半には爆装した急降下爆撃機を使った索敵爆撃を採用していた。レーダーの信頼性が低かった日本海軍には効果的で、南太平洋海戦においては索敵していたドーントレスが小型空母「瑞鳳」に爆弾を命中させてその戦闘能力を奪っている。

　日本海軍は空母対空母の戦いにおける切り札として、「アウトレンジ戦法」を考案した。日本海軍の艦載機は、戦闘機、艦爆、艦攻のすべてがアメリカ軍と比べて航続距離が長いという特長を持っていた。これを生かして、従来400km程度の距離から攻撃隊を発進させていたところを、700kmという遠距離から発進させるのである。アメリカ軍艦載機が攻撃不可能な遠距離から艦載機を発進させて攻撃すれば、自軍空母が攻撃を受けることなく敵空母に打撃を与えられるというわけである。だが、この戦法は長距離、長時間の飛行を搭乗員に強いることとなり、未熟な搭乗員が多かった戦争後期の日本海軍はこの戦法の真価を十分発揮できなかった。

　一方のアメリカ軍は、空母の防御を重視し、優れたレーダーを活用した防空システムを作り上げた。レーダーが発見した日本軍機の情報は**戦闘情報センター（CIC）**で統合され、小型で高性能な通信機によって上空で哨戒する戦闘機に送られた。これによってアメリカ軍戦闘機は、効果的に日本軍艦載機を迎撃することが可能となった。アメリカ軍の防空システムを日本軍機が突破することは容易ではなく、いたずらに損害を負った。そして艦載機を失った日本海軍空母はアメリカ軍の前には無力だったのである。

第二次大戦時の空母対空母の攻撃ミッション

●アウトレンジ戦法vs.アメリカ軍の迎撃

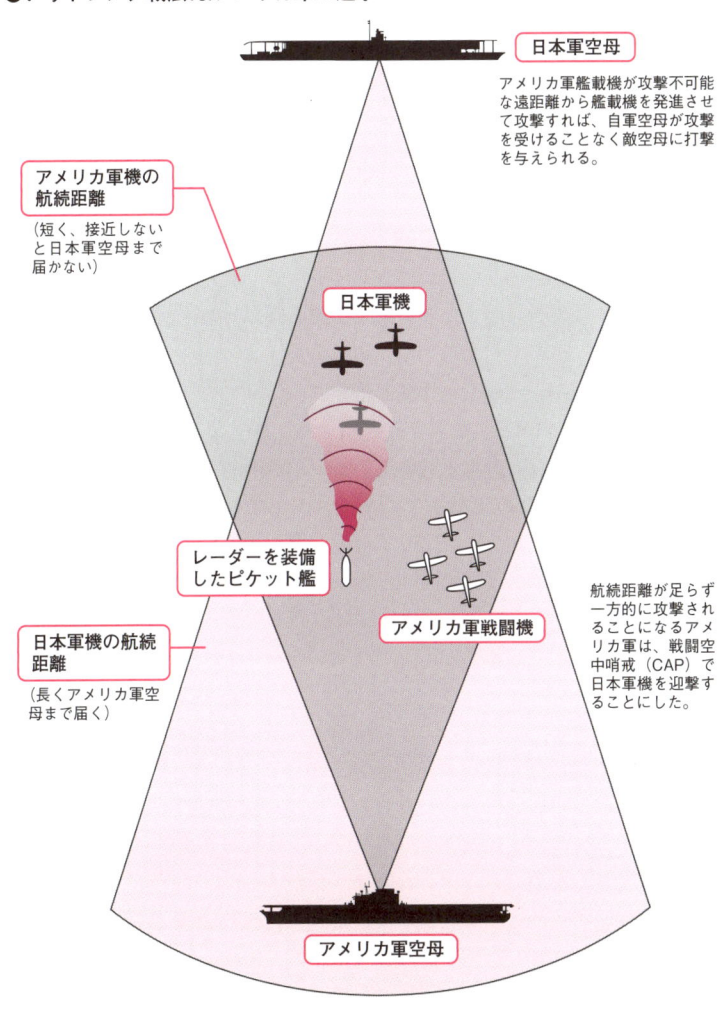

日本軍空母
アメリカ軍艦載機が攻撃不可能な遠距離から艦載機を発進させて攻撃すれば、自軍空母が攻撃を受けることなく敵空母に打撃を与えられる。

アメリカ軍機の航続距離
(短く、接近しないと日本軍空母まで届かない)

日本軍機

レーダーを装備したピケット艦

アメリカ軍戦闘機

航続距離が足らず一方的に攻撃されることになるアメリカ軍は、戦闘空中哨戒（CAP）で日本軍機を迎撃することにした。

日本軍機の航続距離
(長くアメリカ軍空母まで届く)

アメリカ軍空母

第4章●空母のミッションと運用

用語解説

●**戦闘情報センター（CIC）**→レーダーから得たデータを分析するための隔離された部屋として開設された。やがて多数の人員が配置され、無線機、レーダー、目視情報などを統合して、艦橋、砲、CAPなどに知らせるようになった。以後、艦の指揮の中枢は、艦橋から戦闘情報センターに移る。今はCDCと呼ぶ。

No.087
敵艦隊を発見せよ！

敵より先に相手を発見することは、古今東西どんな戦いでも重要なことだが、空母の戦いにおいては特に重要な要素だ。

●第二次大戦では複数の偵察機が扇状に飛行して索敵した

　空母同士の戦いはお互い視認できない遠距離で戦われるため、戦いはまず相手を探すことから始まる。これを索敵と呼ぶ。第二次大戦時の索敵は偵察機を飛ばし、搭乗員が目で空から敵艦を探すという方法で行われた。

　日本海軍は当初、戦艦や巡洋艦が搭載する浮舟（フロート）付きの水上偵察機を用い、その後97式艦攻などの艦上機や艦上偵察機も用いられるようになった。アメリカ軍は飛行時間の長い飛行艇や、艦上爆撃機を用いた。

　索敵は複数の偵察機が少しずつ針路をずらして飛行し、扇状に広がりながら海域をくまなく覆うようにして行う。開戦当時の日本海軍は「索敵線七線」、つまり7機の偵察機が扇状に飛行して索敵した。これは1つの偵察コースを1機が担当する一段索敵と呼ばれるもので、万が一偵察機が敵を見落としたり、雲が敵艦隊の上空を覆っていたりすれば、索敵に失敗する恐れがあった。

　またミッドウェー海戦時のように偵察機の発進が遅れた場合、移動する敵艦隊が偵察機の死角に入り込む恐れもあった。1つの偵察コースを複数機で索敵する二段索敵は、1943年になってから採用されることになる。

　米英では大型機に艦船捜索用のレーダーを搭載して運用しており、艦載機に搭載できる小型のレーダーも開発された。

　現代では、主に陸上から発進する偵察機（情報監視偵察機）が索敵を行い、米仏の空母では搭載した早期警戒機も用いる。これらの航空機はレーダーで敵を捜索し、敵の発する電波信号も探知する。また、監視衛星からの情報も用いる。冷戦期の旧ソ連がアメリカ軍空母部隊を監視艦で追尾していたように、平時であれば目視できる距離に常時艦船や航空機を配備するという方法もある。

敵艦隊を発見せよ！

●第二次大戦時の索敵パターン（日本軍）

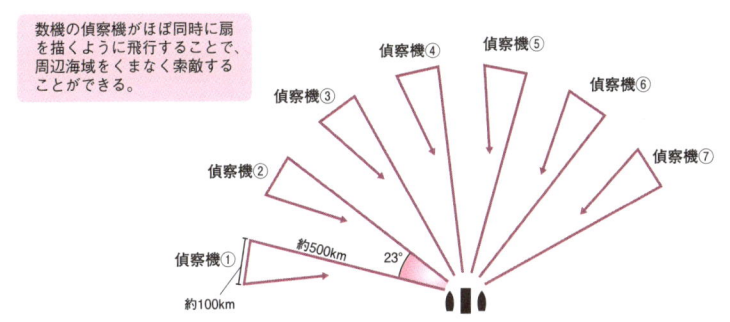

数機の偵察機がほぼ同時に扇を描くように飛行することで、周辺海域をくまなく索敵することができる。

偵察機①　偵察機②　偵察機③　偵察機④　偵察機⑤　偵察機⑥　偵察機⑦

約500km　23°
約100km

●第二次大戦時の二段索敵パターン（日本軍）

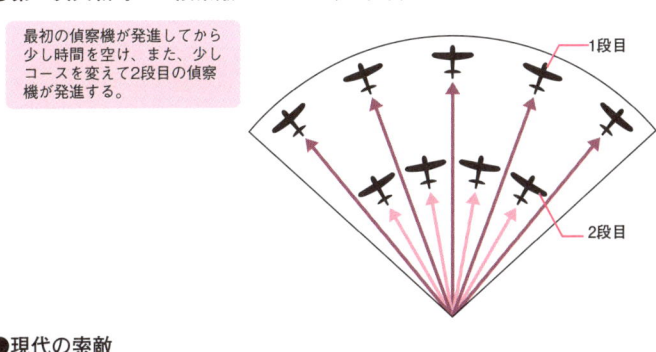

最初の偵察機が発進してから少し時間を空け、また、少しコースを変えて2段目の偵察機が発進する。

1段目
2段目

●現代の索敵

現代は陸上から発進した偵察機や艦上の早期警戒機、人工衛星などが電子的手段で索敵する。

偵察機

豆知識

●**空母艦載機による索敵**→艦載機に索敵させると、攻撃できる艦載機が減ってしまうため、戦争前半の日本軍はなかなか空母機を索敵に出さなかった。だがマリアナ沖海戦のころになると一度に十数機の空母艦載機に索敵させるようになっていた。

No.088 真珠湾攻撃

太平洋戦争の幕開けとなった、日本海軍による真珠湾攻撃は、空母部隊の威力を世界に示し、戦艦を海戦の主力の地位から引きずり降ろした。

●世界初の空母の集中運用による大空襲

　世界初の大規模空母部隊である「機動部隊」を編成した日本海軍は、千島列島を出撃し6,500km離れたハワイを目指した。かねてから空母の威力に注目していた連合艦隊司令長官山本五十六は、アメリカ太平洋艦隊の本拠地である真珠湾を攻撃し、そこに停泊した戦艦群を撃破して、緒戦を優位に戦おうとしたのである。

　機動部隊は、航行する船の少ないアリューシャン列島沖を12日かけてハワイ沖へ進出した。そして12月8日0130（現地時間12月7日0600）第一陣183機が発進、ほぼ1時間後に第二陣167機が発進した。真珠湾上空に達した第一陣は、まず戦闘機と急降下爆撃隊が飛行場を攻撃、駐機していたアメリカ軍機を撃破し反撃の芽を摘んだ。

　停泊中のアメリカ戦艦群への攻撃は艦攻隊が最初であった。雷撃には良好な視界が必要なため、爆撃によって火災と黒煙が生じる前に攻撃する必要があったのだ。真珠湾の水深はおよそ12mと浅く、普通に投下したのでは魚雷は海底に激突してしまう。そこで、艦攻は高度10～20mという超低空で魚雷を投下し、さらに魚雷には深度を抑えるための改良が加えられていた。艦攻隊は水平爆撃も行った。これに使用された爆弾は、戦艦の主砲用の砲弾を改造した800kg徹甲爆弾で、戦艦「アリゾナ」の上甲板を貫通し、同艦を撃沈した。続いて急降下爆撃が始まり、爆弾を戦艦群に浴びせた。第一陣が攻撃を終えると、今度は第二陣が襲い掛かった。第二陣は急降下爆撃と水平爆撃で、第一陣の攻撃を免れた艦艇や飛行場を攻撃した。

　二波の攻撃で日本海軍は戦艦2隻を撃沈し、3隻を着底させた他、航空機200機以上を撃破した。日本側の損害は航空機29機という圧勝で、海戦の主力が戦艦から空母へ変わったことを世界へ示したのである。

真珠湾攻撃

●機動部隊の針路

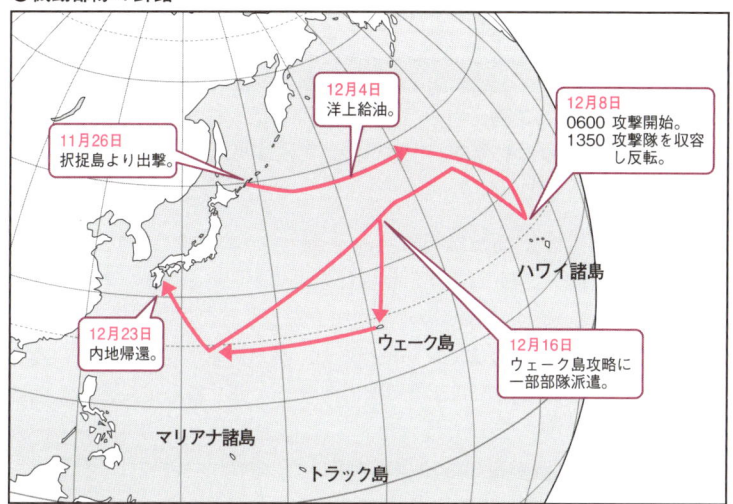

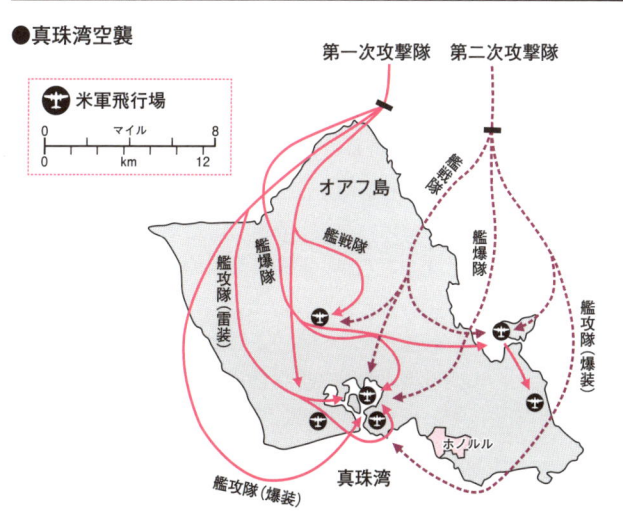

- **11月26日**：択捉島より出撃。
- **12月4日**：洋上給油。
- **12月8日**：0600 攻撃開始。1350 攻撃隊を収容し反転。
- **12月16日**：ウェーク島攻略に一部部隊派遣。
- **12月23日**：内地帰還。

（ハワイ諸島／ウェーク島／マリアナ諸島／トラック島）

●真珠湾空襲

第一次攻撃隊　第二次攻撃隊

米軍飛行場
0〜8 マイル
0〜12 km

オアフ島／艦戦隊／艦爆隊／艦攻隊（雷装）／艦攻隊（爆装）／艦爆隊／艦攻隊（爆装）／ホノルル／真珠湾

豆知識

●**91式航空魚雷改二**→投下されて着水した魚雷は慣性で深く沈むため、真珠湾のような浅い海域では海底にぶつかってしまう。そこで91式航空魚雷の側面と後部に木製の安定板を取り付け、着水時の魚雷の姿勢を安定させ、かつ海中に沈む深度を少なくすることに成功した。

No.089
ミッドウェー海戦

ミッドウェー島の攻略をもくろんだ日本海軍は空母4隻からなる機動部隊を同島に向かわせるが、手痛い敗北を喫する。

●太平洋戦争の転換期となった空母決戦

　太平洋戦争開始以来、日本空母部隊は太平洋からインド洋にわたる各地で戦果を上げていた。アメリカ軍も空母を中心とした任務部隊を編成し、**ヒットアンドアウェイ戦法**で反撃を行った。日米両軍の空母部隊が初めて戦ったのは1942年5月7～8日の珊瑚海海戦で、史上初めて双方が艦載機による攻撃を繰り出す海戦となった。

　次に日米空母部隊が戦った1942年6月のミッドウェー海戦は、日本海軍の主力空母4隻とアメリカ軍の主力空母3隻が参加する空前の空母戦となった。日本海軍は、ミッドウェー島を攻略することと、米空母の撃破の2つの目標を持って出撃した。一方のアメリカ軍は日本空母の撃破のみに目標を絞り、動ける3隻の空母すべてをミッドウェー島に向かわせたのである。

　6月5日早朝、機動部隊はミッドウェー島を攻撃したが、効果は不十分で第二次攻撃の必要があった。機動部隊では、敵空母に備えて対艦兵装の航空隊が待機していたが、米空母はいないと判断し、対地兵装に転換して島を攻撃させることになった。ところが、**対地兵装への転換**が終わった頃になって、初めて偵察機が米空母を発見したのだ。

　日本海軍は対地兵装を再び対艦兵装に転換することになり、再びあわただしく作業が行われる。米空母機が機動部隊に襲い掛かってきたのはそのときだった。まず米軍雷撃機が低空から来襲、これはゼロ戦隊によってほぼ全滅させられる。しかしその間に高空から急降下爆撃隊が来襲してきた。ゼロ戦隊は低空にあって迎撃が間に合わない。米軍機の爆弾は「赤城」「加賀」「蒼龍」を直撃し、3空母は大炎上した。残る「飛龍」は攻撃隊を発進させ、米空母1隻を大破させるが、やがて攻撃を受けて大破する。日本海軍は歴戦の4空母と、その艦載機すべてを失った。

ミッドウェー海戦

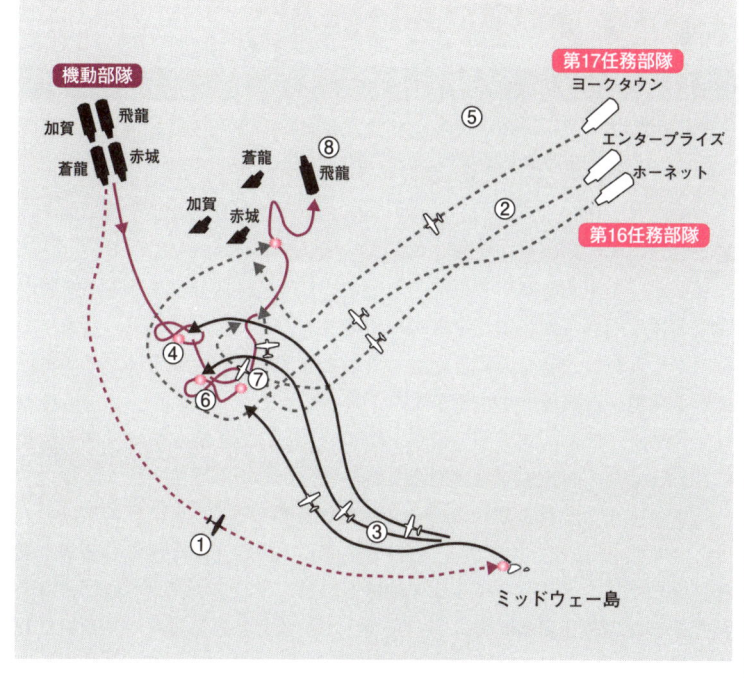

第4章 ● 空母のミッションと運用　No.089

```
機動部隊
加賀　飛龍        蒼龍  ⑧飛龍        ⑤           第17任務部隊
蒼龍　赤城     加賀                                ヨークタウン
                  赤城                             エンタープライズ
                                                  ホーネット
                        ④                ②
                        ⑥ ⑦                      第16任務部隊
                           ③
                    ①
                              ミッドウェー島
```

① 0430〜　日本軍はアメリカ軍空母の存在に気づかずミッドウェー島を攻撃。
② 0702〜0838　攻撃隊がアメリカ軍空母を発進。
③ 0710〜0839　ミッドウェー島からの散発的な反撃。機動部隊がすべて撃退するが絶えず回避行動を強いられる。
④ 0715　ミッドウェーへの第二次攻撃が決定。対艦兵装を対地兵装に転換。
⑤ 0728　偵察機がアメリカ軍空母を発見。
⑥ 0830　第二次攻撃中止が決定。対地兵装を対艦兵装に転換。
⑦ 0928〜1030　アメリカ軍艦載機の波状攻撃により、日本軍の3空母被弾。
⑧ 唯一残った「飛龍」は「ヨークタウン」を大破させるが、自らも大破させられる。
※時刻は現地時間。

用語解説
- **ヒットアンドアウェイ戦法**→小規模な攻撃を行って、すぐに撤退する戦法。相手に少しずつダメージを与え、混乱させる。
- **兵装の転換**→目標に応じて武装を換えること。敵艦に対しては装甲を貫通して爆発する徹甲弾と魚雷を、地上基地に対しては破片をまき散らす榴弾を用いる。

No.090 マリアナ沖海戦

グアム島やサイパン島が属するマリアナ諸島に侵攻したアメリカ軍に対し、日本軍はアウトレンジ戦法を敢行した。

●アウトレンジ戦法対戦闘空中哨戒（CAP）

　日本が「絶対国防圏」の一部としたマリアナ諸島は日本を守る上で欠かせない場所であった。これを米軍に突破されると、フィリピン、台湾、そして本土近海に敵艦隊の接近を許してしまうばかりか、本土はマリアナ諸島から発進する**B-29**の航続距離内に入ってしまう。しかし1944年6月11日、スプルーアンス大将率いる第5艦隊が空母15隻を擁してマリアナ諸島に押し寄せた。基地航空隊は不意を突かれ、たちまち壊滅状態に陥った。

　連合艦隊司令部は迎撃作戦「あ号」作戦を発令し、大小9隻の空母（「大鳳（たいほう）」「翔鶴（しょうかく）」「瑞鶴（ずいかく）」「隼鷹（じゅんよう）」など）を擁する小沢治三郎中将率いる第一機動艦隊がボルネオ沖**タウイタウイ泊地**を出撃、マリアナ諸島へと向かった。数で米軍に劣る小沢艦隊ではあったが、小沢長官には秘策アウトレンジ戦法があった。それは日本軍航空機の航続距離が米軍に比べ長いことを徹底的に生かすというものであった。40機以上の索敵機を発進させて三重に索敵を行った日本海軍は先に敵を発見することに成功し、19日アウトレンジ戦法が実施され、総数242機に及ぶ攻撃隊が発進した。

　しかしアメリカ軍はレーダーで事前に日本軍機の来襲を察知し、450機に達する艦上戦闘機が待ち構えていた。多数の日本軍機が撃墜され、やっとの思いで米艦隊上空へたどりついた機は、今度はVT信管を用いた正確で熾烈な対空射撃に直面し、米軍にほとんど損害を与えることができなかった。第一機動艦隊は航空機のほぼ3分の2を喪失しながらも戦果はわずかだった。米軍の損害はわずか29機、この一方的な戦いを米軍は「マリアナの七面鳥撃ち」と評した。小沢艦隊の悲劇はさらに続き、米潜水艦によって「大鳳」「翔鶴」を沈められる。この戦いで日本海軍はほとんどの艦載機を失い、以後日本空母部隊の戦力が回復することはなかった。

マリアナ沖海戦

●マリアナ沖海戦

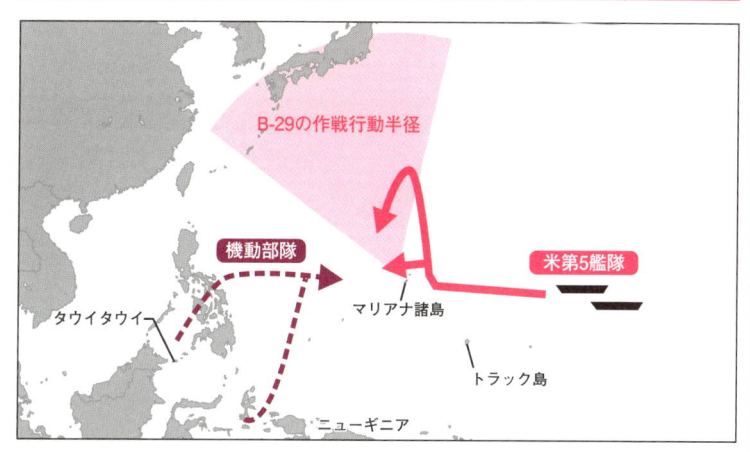

★=索敵機が報告した米空母の位置（実際の位置とのズレに注目）
※=米軍機の迎撃

1944年6月19日

米第58任務部隊
（主力空母×7、軽空母×8）

前衛部隊（空母「千歳」「千代田」「瑞鳳」）

機動部隊（空母「大鳳」「翔鶴」「瑞鶴」「隼鷹」「飛鷹」「龍鳳」）

① 0730　第一波発進。
② 0805　第二波発進。
③ 0900　第三波発進。
④ 1000　第四波発進。
⑤ 攻撃隊、相次いでアメリカ軍戦闘機の迎撃を受ける。
⑥ 「翔鶴」「大鳳」アメリカ軍潜水艦の攻撃を受け沈没。
※時刻は現地時間。

日本海軍はアメリカ軍艦載機の航続範囲の外側から次々に攻撃隊を発進させた。だが、長距離を2〜3時間飛行して目標に接近した日本軍機の前にアメリカ軍戦闘機が立ちはだかる。アメリカ軍は多方向からの日本軍機の接近をレーダーで探知しており、戦闘機で迎撃した。

用語解説

- **B-29**→エンジン4基を備えた大型爆撃機で、6t爆弾を搭載してマリアナ諸島から東京までの2,000kmを往復することができた。
- **タウイタウイ泊地**→ボルネオとフィリピンの間の島に設けられた日本海軍の基地。石油産地に近く、ニューギニア方面に出撃するにも好都合だった。

No.091
九州沖の大和迎撃戦

太平洋戦争末期、日本海軍の象徴ともいえる戦艦「大和」が沖縄へ出撃したが、アメリカ軍空母艦載機の大群が「大和」に襲い掛かった。

●空母艦載機に沈められた史上最大の戦艦

　第二次大戦も押し迫った1945年4月、アメリカ軍が沖縄に上陸した。それを迎撃するため、戦艦「大和」を中心とする日本艦隊が沖縄を目指して出撃した。すでに日本海軍の劣勢を覆す望みもなく、特攻としての出撃だった。日本近海で哨戒していた潜水艦からの報告でこれを知ったアメリカ軍は、沖縄上陸を支援する第58任務部隊に迎撃を命じる。

　3群からなるアメリカ軍空母12隻から367機に及ぶ艦載機が日本艦隊に襲い掛かり、うち117機が「大和」を攻撃したとされる。海域は厚い雲が覆っていたが、アメリカ軍は機載レーダーによって日本艦隊を発見する。

　1230アメリカ軍艦載機の第一波が雲の合間から「大和」に襲い掛かる。まず空母「ベニントン」所属の艦爆隊が爆弾を投下、続いて他の空母の艦爆隊も次々と爆弾を投下した。「大和」は多数の高角砲と機銃で応戦し、主砲の46cm砲も対空用の**三式弾**をアメリカ軍機の編隊に発射した。

「大和」に命中した爆弾は甲板上の対空兵器を破壊し、各所で火災を発生させた。それは対空砲火の勢いをそぎ、やがて雷撃機による攻撃が始まる。アメリカ軍は「大和」の左舷を狙って魚雷を発射した。さすがに不沈戦艦といわれただけあって、初めは魚雷の命中にもびくともしなかった「大和」だが、魚雷の開けた破孔から次第に浸水が激しくなる。

　1320第二波が始まる。攻撃は少数機による波状攻撃で行われ、雷爆同時攻撃が繰り返された。やがて「大和」は大きく左に傾斜し、対空射撃も困難になった。とどめとなったのは右舷への雷撃であった。左に傾斜した「大和」は装甲の薄い艦底をさらしており、そこに魚雷が命中する。これが致命的一撃となった。バランスを崩した「大和」は横転し、大爆発を起こして、鹿児島県坊ノ岬沖に沈んだのである。

九州沖の大和迎撃戦

●坊ノ岬沖海戦（1944年4月6～7日）

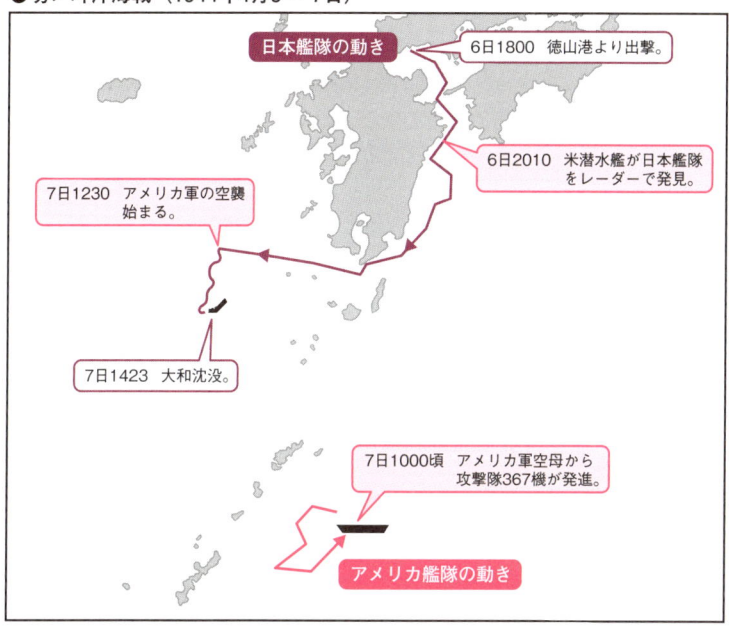

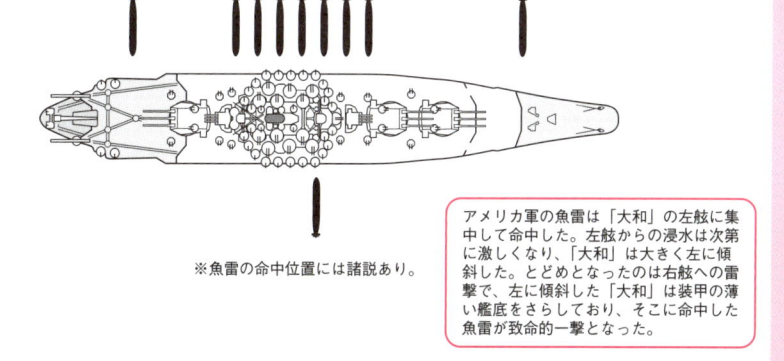

- 日本艦隊の動き
- 6日1800　徳山港より出撃。
- 6日2010　米潜水艦が日本艦隊をレーダーで発見。
- 7日1230　アメリカ軍の空襲始まる。
- 7日1423　大和沈没。
- 7日1000頃　アメリカ軍空母から攻撃隊367機が発進。
- アメリカ艦隊の動き

※魚雷の命中位置には諸説あり。

アメリカ軍の魚雷は「大和」の左舷に集中して命中した。左舷からの浸水は次第に激しくなり、「大和」は大きく左に傾斜した。とどめとなったのは右舷への雷撃で、左に傾斜した「大和」は装甲の薄い艦底をさらしており、そこに命中した魚雷が致命的一撃となった。

用語解説

●三式弾→焼夷性を持つ多数の弾片を空中に放出して敵機を撃墜しようというもので、戦艦や重巡洋艦の主砲から発射された。だが、高速で飛行する航空機を狙って発射するタイミングが難しく、あまり効果はなかったといわれる。

No.092
第二次大戦時の対地攻撃ミッション

第二次大戦は陸戦、海戦を問わず航空機の重要性が認識された戦争であった。特に空母なくしては洋上の島々への上陸作戦は不可能だった。

●奇襲が空母作戦の基本

　機動力が高い空母による攻撃は、予期することが難しく、奇襲となることが多い。空母が地上の施設や陸上部隊を攻撃するときも同様である。

　日米開戦から半年後の1942年4月18日、空母「ホーネット」は護衛の「エンタープライズ」とともにひそかに日本本土に接近した。そして「ホーネット」を発進した**B-25爆撃機**が東京、名古屋、神戸などを空襲したのである。B-25は陸上機だが、アメリカ軍は、日本本土から離れた地点から攻撃するために、通常の艦載機の代わりに航続距離の長い陸上機を使用したのである。B-25は空母に着艦することができないため、爆撃後は中国やソ連に離脱し、不時着するなどして全機が失われた。なお、「エンタープライズ」は通常の艦載機を搭載していた。この攻撃は攻撃隊指揮官の名を採ってドゥーリトル空襲と呼ばれ、爆撃の効果は軽微であったが、初めての日本本土爆撃は日本に衝撃を与え、アメリカの士気は大いに高まった。

　太平洋戦争の展開は日米による島々の取り合いとなった。島を占領している側は、航空基地で航空機を利用できるが、攻める側は自軍の島から遠いことが多いため、基地の航空機に対抗する空母による地上攻撃が欠かせない。海岸の敵は艦砲射撃などで制圧できるが、内陸部の敵を攻撃したり、上陸部隊への空からの攻撃を防ぐには空母による支援が必要なのである。空母を欠いた上陸の失敗例としては、第一次ウェーク島攻略戦が挙げられる。日本軍上陸部隊は同島のアメリカ軍機によって大損害を受け、結局空母の増援が到着するまで攻略作戦を延期しなければならなかった。

　ガダルカナル島をはじめとするアメリカ軍の上陸作戦には必ず空母の支援があった。また、日本軍のポートモレスビー作戦、ミッドウェー作戦は、空母部隊が大きな損害を負ったり、全滅したために中止に追い込まれた。

第二次大戦時の対地攻撃ミッション

●ドゥーリトルによる日本本土空襲（1942年4月18日）

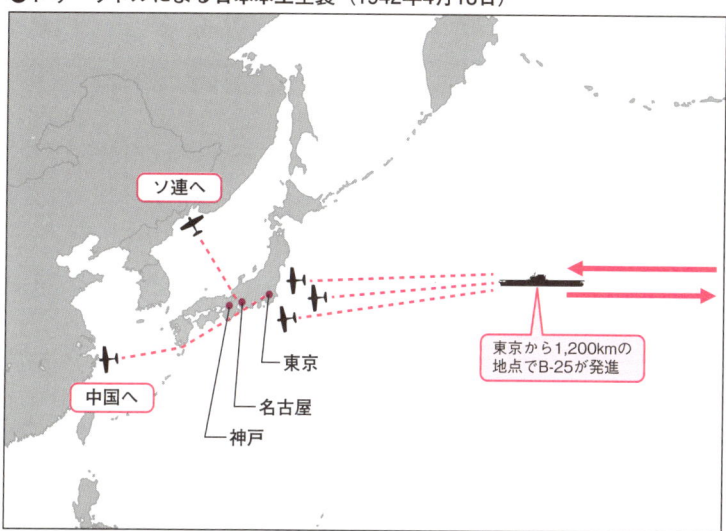

- ソ連へ
- 中国へ
- 東京
- 名古屋
- 神戸
- 東京から1,200kmの地点でB-25が発進

●上陸作戦での空母の役割

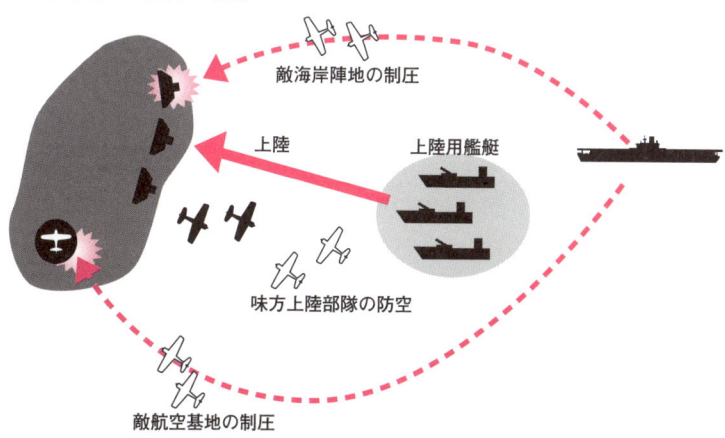

- 敵海岸陣地の制圧
- 上陸
- 上陸用艦艇
- 味方上陸部隊の防空
- 敵航空基地の制圧

用語解説

●**B-25爆撃機**→エンジン2基を備えた中型爆撃機で、爆弾を海面に反跳させて目標に到達させる反跳爆撃による対艦攻撃も行った。ドゥーリトル空襲の際は長距離飛行するために大型の増加タンクを取り付けた他、軽量化が図られ、最高機密だったノルデン式照準器も取り外された。

No.093
第二次大戦時の船団護衛ミッション

空母の重要な役割の1つに、物資や兵員を運ぶ船団の航路であるシーレーンの防衛があった。特にイギリスは多くの空母をこれに投入した。

●敵航空機や敵潜水艦から船団を守る空母

　空母の任務は攻撃だけではない。ときには兵員や物資を積んだ船団を護衛する任務にも従事した。航空機と潜水艦から船団を守るのである。

　特にイギリスは空母を船団護衛任務に多用した。地中海では枢軸軍（ドイツ＝イタリア）空軍から船団を守るために艦隊空母が護衛にあたった。地中海にはイギリス軍にとって重要な基地であるマルタ島があり、そこへ物資を送る必要があった。同島は大陸から近く、船団は枢軸軍航空機の脅威にさらされていたのである。イギリス軍空母は、戦前から優勢な陸上機との戦闘を想定し、飛行甲板を装甲化した「イラストリアス」級を建造していた。同級の空母は枢軸軍航空機によって被弾することもあったが、それに耐え、船団護衛を遂行し続けた。大戦後期太平洋に移動した「イラストリアス」は特攻機の攻撃を受けたが、大きな損害なく行動を続けている。

　また、イギリスは、大西洋を航行する船団を狙うドイツ軍潜水艦Ｕボートに悩まされていた。イギリス軍はＵボートから船団を守るため、船団に護衛空母を配備した。護衛空母は構造の簡単な、低速で小型の空母だが、軍艦よりも速度が遅い商船を護衛するには十分であった。

　護衛空母から発進した艦載機は、船団の周囲を哨戒し、潜水艦の航跡や潜望鏡などに目を光らせる。また、潜水艦が浅い深度で潜航している場合、空からなら潜水艦の輪郭を視認することができる。

　護衛空母には戦闘機の他、潜水艦攻撃用の爆雷を投下できるように改造された雷撃機などが搭載された。これらの搭載機は、必ずしも潜水艦を撃破する必要はない。船団周辺を航空機が哨戒しているだけで、潜水艦は船団攻撃が困難になり、あるいは攻撃を断念する。船団が無事であれば、護衛空母の任務は成功なのである。

第二次大戦時の船団護衛ミッション

●イギリス軍のマルタ島輸送任務

ジブラルタルから西地中海を通ってマルタ島へ向かう航路はドイツ＝イタリア軍航空部隊の空襲にさらされた。イギリスの装甲空母はこの過酷な任務を遂行した。のちに太平洋に移動したイギリス空母は特攻機の攻撃にも耐えた。

●大西洋での船団護衛ミッション

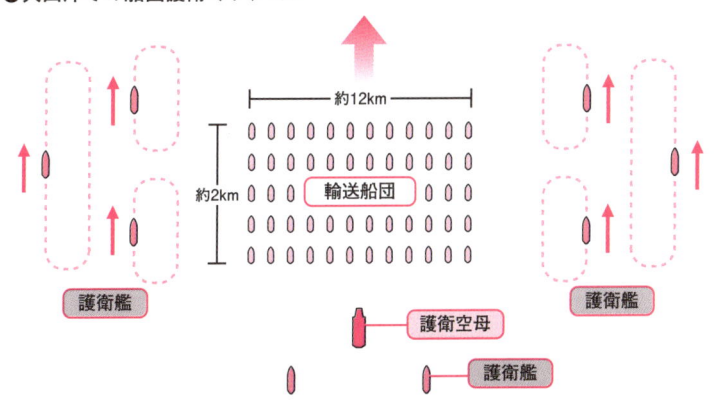

護衛空母から発進した艦載機が、船団の周囲を哨戒し、潜水艦の航跡や潜望鏡などに目を光らせる。

豆知識

- **船団の隊列**→艦船が潜水艦にもっとも狙われやすいのは、シルエットがもっとも大きくなる舷側である。そのため船団を組むときは、側面が小さくなるよう船を横長の長方形状に並べる。護衛の艦艇は側面を重点的に警戒する。

No.094
現代の空母航空団編成

現代の空母航空団は、制空と攻撃の両方の任務をこなす多用途機と支援機から構成される。国によっては対潜任務を重視した編成もある。

●アメリカの空母航空団は「小さな空軍」

　空母艦載機は機種ごとに**飛行隊**(スコードロン)を編成し、それぞれ専門の任務を遂行している。第二次大戦時には戦闘機、爆撃機、雷撃機の3機種がそれぞれ任務の異なる飛行隊を編成していた。現代では1機で様々な任務を遂行するマルチロール機の導入によって、複数任務を行う飛行隊が編成される。例えば、現代のアメリカ空母にはF/A-18系の戦闘攻撃機約48機で編成される4個戦闘攻撃飛行隊が配備されており、どの飛行隊も制空・対地・対艦任務のすべてを遂行できる。さらに現代のアメリカ空母は早期警戒機、電子戦機、対潜ヘリなど、空母を防御したり、空母艦載機の能力を高めるための飛行隊も配備されている。そのためアメリカの空母航空団はあらゆる航空作戦が遂行可能とされる。フランスの「シャルル・ド・ゴール」はマルチロール機、攻撃機、早期警戒機を搭載し、アメリカに近い編成を採っている。両国の空母航空部隊は高い制空・攻撃能力を備えた機の比率が高く、汎用で攻撃的な編成といえる。

　一方、カタパルトを備えていない他国の空母の場合、制空と攻撃を兼ねたマルチロール機が配備されているが、ペイロードに制約があるために対地・対艦任務では十分な性能を発揮できない。その代わり、カタパルトを必要としない対潜ヘリが多数配備され、対潜任務の比重が高い、防御的な空母航空部隊が編成されている。また、固定翼の早期警戒機を運用できないために早期警戒ヘリが配備されていることもあるが、警戒能力は固定翼機に比べてはるかに劣る。空母に分類されない日本の護衛艦「ひゅうが」の航空部隊は対潜ヘリと掃海ヘリなどで編成されている。

　どのタイプの空母でも、輸送機あるいは輸送ヘリ、救難ヘリといった、戦闘に直接参加しない航空機も配備されている。

現代の空母航空団編成

●各国空母の航空部隊のタイプ別構成比

カタパルトを装備しているアメリカ、フランスの空母と、装備していないロシア、イタリアの空母では航空部隊の編成が大きく異なる。

アメリカ空母「ニミッツ」級
- 対潜ヘリ 6 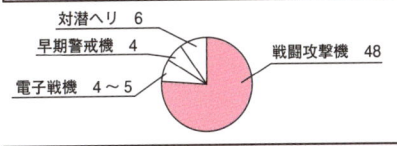
- 早期警戒機 4
- 電子戦機 4〜5
- 戦闘攻撃機 48

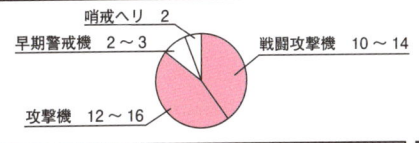

攻撃的！

アメリカ、フランスの空母は攻撃に使える艦載機の比率が高い。

フランス空母「シャルル・ド・ゴール」
- 哨戒ヘリ 2
- 早期警戒機 2〜3
- 戦闘攻撃機 10〜14
- 攻撃機 12〜16

ロシア空母「アドミラル・クズネツォフ」
- 早期警戒ヘリ 2 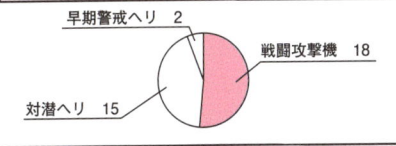
- 対潜ヘリ 15
- 戦闘攻撃機 18

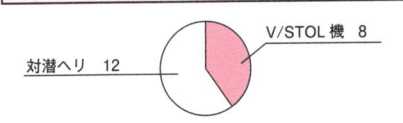

防御的！

ロシア、イタリアの空母は攻撃に使える艦載機の比率が低い。

イタリア空母「カブール」
- 対潜ヘリ 12
- V/STOL機 8

●アメリカ空母航空団の主な飛行隊の種類

名称	略号	装備機
戦闘攻撃飛行隊	VFA	F/A-18C/D,F/A-18E/F
海兵戦闘攻撃飛行隊（海兵隊所属）	VMFA	F/A-18C/D,F/A-18E/F
電子戦飛行隊	VAQ	EA-18/G
空中早期警戒飛行隊	VAW	E-2C
対潜ヘリコプター飛行隊	HS	SH-60F,HH-60H
艦隊兵站支援飛行隊	VRC	C-2A

用語解説

●飛行隊→航空機の部隊編成の基本単位。戦闘機や攻撃機なら10数機で編成される。支援機では2〜4機で編成されることもある。指揮官は中佐から大尉。

No.094 第4章●空母のミッションと運用

No.095
現代の対地攻撃ミッション

現代の対地攻撃は、敵の防空システム、指揮の中枢である司令部や通信施設、インフラ、そして地上部隊に対してピンポイントに行われる。

●敵の防空網を突破するためのチームワーク

　対地攻撃とは、敵の防空システム、指揮の中枢である司令部や通信施設、インフラ、そして地上部隊に対して行われる攻撃である。

　対地攻撃の主役は爆弾や対地ミサイルを搭載した攻撃機だが、敵の戦闘機や防空システムが健在で激しい反撃が予想される場合、それを突破するためにそれぞれの役割を担う各種艦載機が協力して攻撃が行われる。

　攻撃機の前方には対空ミサイルを装備した戦闘機が展開し、敵戦闘機の迎撃に備える。電子戦機がそれに続き、電子妨害を行って敵レーダーを無効化し、敵の目をくらます。その次に対レーダーミサイルを装備した攻撃機が敵レーダーを破壊、敵防空システムを無力化する。ただし、防空システムが強力な場合、空母艦載機だけで挑むのは危険で、空軍の**ステルス機**や攻撃機、電子偵察機などとの協力も求められる。

　攻撃機は生存性を高めるために少数編成で低空で侵入することが多く、精密誘導爆弾（スマート爆弾）、対地ミサイルのような精密誘導兵器が用いられる。仮にアメリカの空母航空団の戦闘攻撃機すべてを使えば一度に360tもの爆弾を投下することができる。空母には通常、大量の対地用兵器が搭載されており、数日から2週間程度、攻撃を続けることができる。

　これらの攻撃隊の後方にはアメリカ空母なら空中給油機が待機し、出撃時、帰投時に随時燃料を補給する。早期警戒機も後方に位置し、機載レーダーによって全体の戦況を捉え、出撃した各艦載機が効率的に作戦できるよう指示する。また、敵機が出現すればただちにそれを発見し、戦闘機に迎撃の指示を与えるのである。

　まだ空母にはステルス機は配備されていないが、将来はレーダーに映りにくいステルス機が対地攻撃の先陣を務めることが予想される。

現代の対地攻撃ミッション

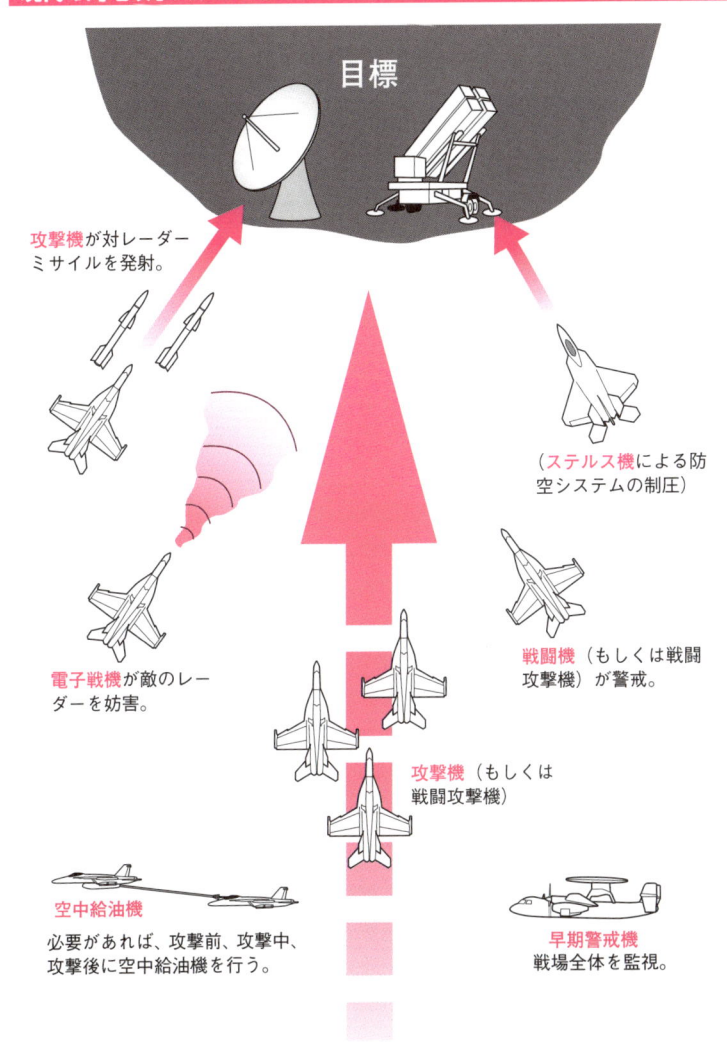

目標

攻撃機が対レーダーミサイルを発射。

（ステルス機による防空システムの制圧）

電子戦機が敵のレーダーを妨害。

戦闘機（もしくは戦闘攻撃機）が警戒。

攻撃機（もしくは戦闘攻撃機）

空中給油機
必要があれば、攻撃前、攻撃中、攻撃後に空中給油機を行う。

早期警戒機
戦場全体を監視。

用語解説

● **ステルス機**→機体の材質、構造、形状などを改善し、レーダー波の反射や赤外線の放出を抑えることにより、敵に感知されにくくした航空機。アメリカの次期艦載機であるF-35もステルス機であり、将来は無人機とともに空母航空団の主力になると予想されている。

第4章 ●空母のミッションと運用

No.095

No.096
現代の対艦攻撃ミッション

現代の空母艦載機による対艦攻撃には対艦ミサイルが用いられる。対艦ミサイルは、攻撃機が安全な、はるか前方から発射される。

●水平線の彼方の目標を捉える対艦ミサイル

　現代の空母による対艦攻撃は、攻撃機から対艦ミサイルを発射して行われる。対艦ミサイルは200kg前後の炸薬を積み、ターボジェットなどを動力として低空を飛行するミサイルである。射程はおよそ50kmから200kmで、中には大型でもっと長射程のものもある。代表的なものにアメリカの「ハープーン」、フランスの「エグゾセ」などがある。

　対艦ミサイルの登場により、攻撃機は敵の水上艦が対空戦闘を行える圏外から攻撃できるようになった。対艦ミサイルを積んだ攻撃機をミサイルの発射前に撃墜するには、戦闘空中哨戒（CAP）機に頼るしかない。

　攻撃機は、敵艦の位置座標などのデータを入力後、対艦ミサイルを切り離す。切り離された対艦ミサイルはジェットエンジンを点火し、入力された座標へ向かって飛行を開始する。対艦ミサイルはレーダーに探知されないように、また迎撃が困難なように海面すれすれを飛行することが多く、この能力を備えた対艦ミサイルを**シースキマー**と呼ぶ。

　目標に近づいたミサイルは、内蔵のレーダーを作動して最終目標を探す。多くの場合、もっともレーダー波を強く反射する目標、つまり大型艦の艦橋部が最終目標として選択される。最近では画像処理装置を備え、チャフなどによる電子妨害も利きにくい精密なミサイルも登場している。

　現代の艦艇は厚い装甲を持っていないため、目標に突入した対艦ミサイルは慣性で敵艦の外壁を突き破り、艦内で爆発する。この際、ミサイルに残った燃料が飛散し、火災を誘発する。

　対艦攻撃には爆弾を用いることもある。この場合、水上艦の対空兵器を避けるために、爆弾を搭載した攻撃機が低空で敵艦に接近し、直前で上昇することで爆弾を放り投げるトス爆撃などの戦術が用いられる。

現代の対艦攻撃ミッション

●対艦ミサイル（シースキマー）の攻撃

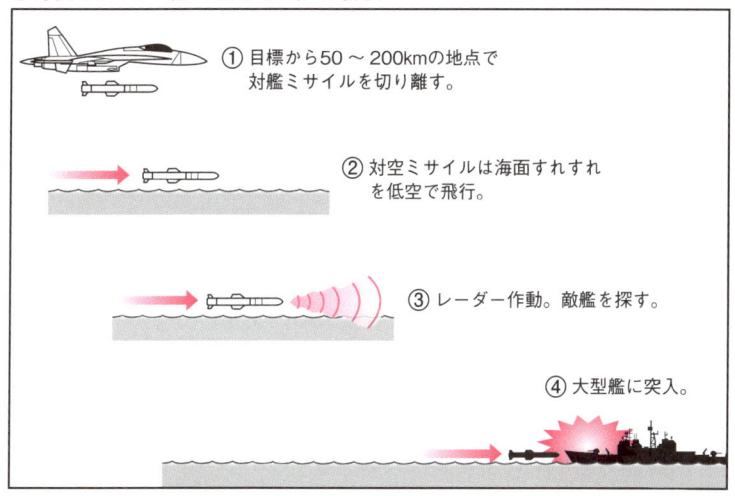

① 目標から50〜200kmの地点で対艦ミサイルを切り離す。

② 対空ミサイルは海面すれすれを低空で飛行。

③ レーダー作動。敵艦を探す。

④ 大型艦に突入。

●トス爆撃

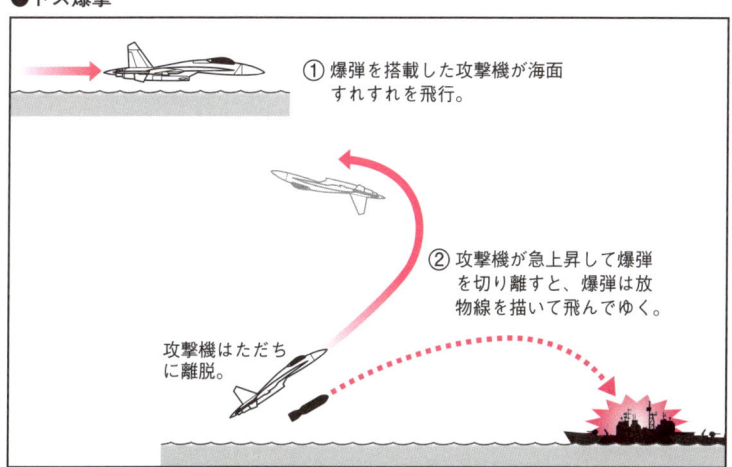

① 爆弾を搭載した攻撃機が海面すれすれを飛行。

② 攻撃機が急上昇して爆弾を切り離すと、爆弾は放物線を描いて飛んでゆく。

攻撃機はただちに離脱。

豆知識

●シースキマー→対艦ミサイルのほとんどはこの能力を備えているが、燃料を節約するために高空を飛行することもある。また、超低空を飛行していても、目標を探すために高度を上げる「ポップアップ」と呼ばれる行動を採ることもあり、このときは防空システムに捕捉されやすい。

No.097 現代の制空ミッション

様々な航空作戦を遂行するには、航空優勢が必要となるが、空母に搭載されたマルチロール機は陸上基地の制空戦闘機には能力で劣る。

●航空優勢を確保するための戦闘機の戦い

　制空任務とは、敵の戦闘機を撃破することによって自軍の航空部隊が妨害を受けないようにし、敵の航空部隊の行動を抑止する任務である。敵戦闘機を撃破して空域での主導権を得ることを航空優勢(制空権)と呼び、航空作戦を優勢に進める必須の条件である。

　航空優勢を確保するには2つの方法がある。1つは敵の航空基地を破壊し、敵戦闘機を地上で破壊することで、敵の航空基地に対地攻撃ミッションを実施することで行われる。

　もう1つは空対空戦闘(空中戦)を行って敵戦闘機を撃破することである。現代の空対空戦闘は長距離から敵を探知できるレーダーと、射程の長い空対空ミサイルで行われるが、互いに空対空ミサイルの攻撃が失敗して相対距離が縮まると、機関砲を使った格闘戦闘が行われる。よって、戦闘機は、これらの能力をバランスよく備えている必要がある。かつてアメリカ空母が搭載したF-14トムキャット戦闘機は、当時最大射程を誇るフェニックス空対空ミサイルを装備し、可変翼を生かして格闘戦闘にも優れていた。近年、純粋な**制空戦闘機**が空母に搭載されることはなくなり、マルチロール機が制空任務を担うことがほとんどである。

　ただし、これらのマルチロール機は地上の基地から発進する制空戦闘機には空戦能力的に分が悪い。また、空母に搭載された早期警戒機も、地上基地から発進するものに比べると小型で性能に劣る。そのため、小規模な空軍しか持たない敵でない限り、空母艦載機が地上航空部隊相手に制空戦闘を行うことは避けられる。よって空母艦載機の制空任務は対地・対艦任務の攻撃機を敵の航空攻撃から守ったり空母を守ったりといった限定的な航空優勢の確保を主な目的とするのである。

現代の制空ミッション

●現代の空対空戦闘

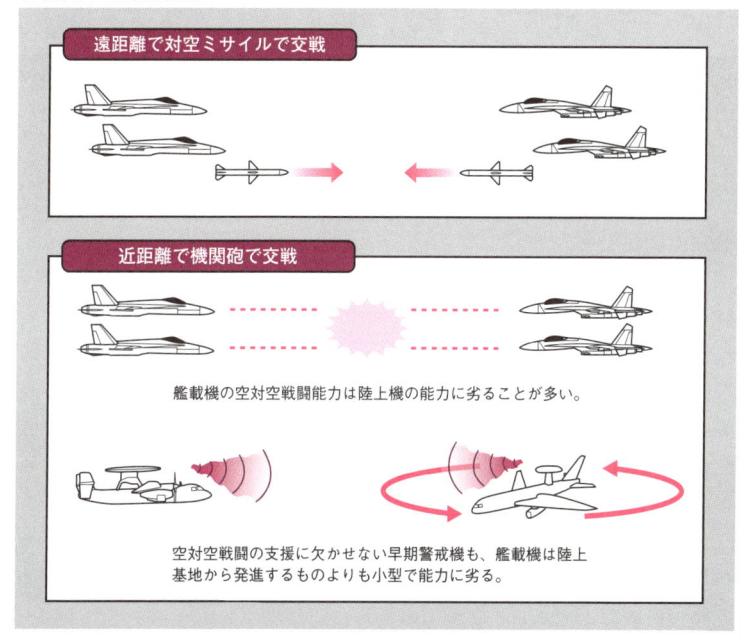

遠距離で対空ミサイルで交戦

近距離で機関砲で交戦

艦載機の空対空戦闘能力は陸上機の能力に劣ることが多い。

空対空戦闘の支援に欠かせない早期警戒機も、艦載機は陸上基地から発進するものよりも小型で能力に劣る。

●空母搭載のマルチロール機の制空任務は限定されている

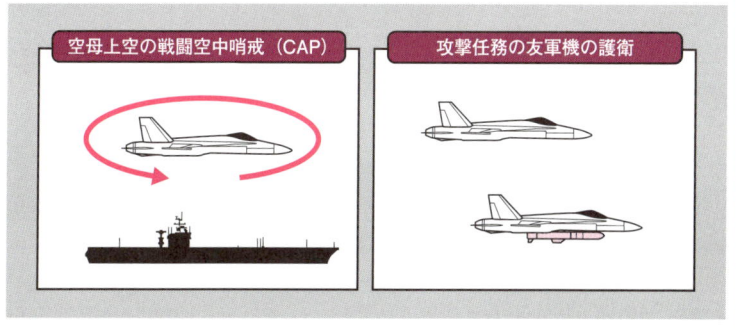

空母上空の戦闘空中哨戒（CAP）

攻撃任務の友軍機の護衛

用語解説

●制空戦闘機→敵の戦闘機を撃破して航空優勢を確保することを主な目的とする戦闘機。高速で高い運動性を持ち、遠距離からミサイルで攻撃できる高度な火器管制装置を備える。アメリカのF-14、F-15やF-22、ロシアのSu-27、Su-33などが代表。

No.098
シーレーン防衛と砲艦外交

洋上や大陸近海に展開する空母は、そのプレゼンス、つまり存在だけで安全保障や外交に大きな影響力を持つ。

●空母は存在感だけで影響力を及ぼすことができる

　海軍の大きな役割の1つにシーレーン(海上交通路)の防衛がある。シーレーンとは、各国の経済活動に欠かせない物資を日夜運ぶ商船やタンカーの航路もしくは流れのことだ。例えば原油を中東から日本に運ぶシーレーンは、中東からアラビア海、**インド洋**、東南アジア沿岸を通過して日本に至る非常に長いもので、途中どこかで紛争が勃発すればただちに危機にさらされる。第二次大戦では、多数の護衛空母が建造され、北米大陸からイギリスへ物資や兵員を運ぶ船団を護衛した。また冷戦時代は、有事にアメリカからヨーロッパへ増援部隊を送る船団を旧ソ連の潜水艦から守ることが空母の主な役割の1つだった。空母は移動することができ、艦載機を使って広い海域を哨戒することができるため、世界中に張り巡らされたシーレーンの安全保障には欠かせない存在なのだ。超大国が対立した冷戦が終結した現代では、シーレーンへの脅威は外洋では考えにくくなり、大陸沿岸海域で活動する海賊やテロリストが脅威の中心となった。そのため、小型の水上艦艇や搭載ヘリ、陸上基地から発進する哨戒機でも十分シーレーンへの脅威に対応できるようになっている。しかし、再び超大国が外洋で争う事態になれば、シーレーンの防衛に空母が必要になるだろう。

　空母は**プレゼンス**を示すだけ、つまり存在するだけで、友好国に安全保障を与え、敵対勢力に圧力をかけることができる。いわゆる砲艦外交である。砲艦外交とは武力を背景にした外交政略のことで、かつて欧米の列強が相手国の沖に砲艦を派遣して交渉を行ったことに由来する。空母は、いつでも敵性国家沖の公海上に派遣でき、そこにとどまることができる。沖にいる空母はいつでも攻撃を行えることになり、相手は引き下がったり、交渉に応じざるを得なくなるのである。

シーレーン防衛と砲艦外交

●日本のシーレーン

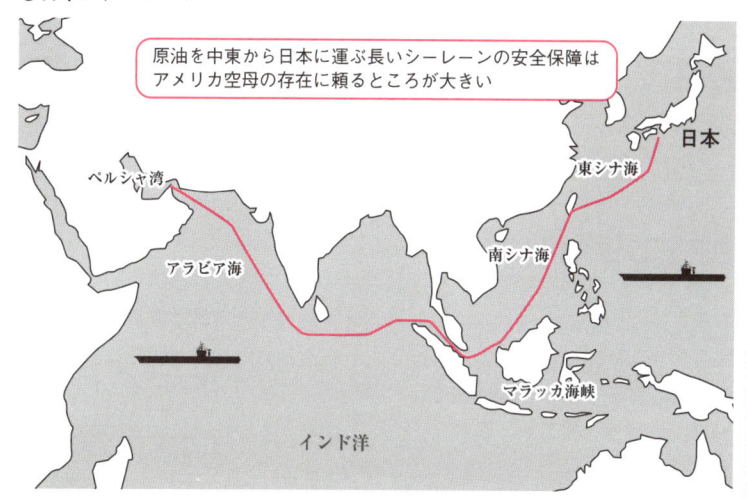

原油を中東から日本に運ぶ長いシーレーンの安全保障はアメリカ空母の存在に頼るところが大きい

ペルシャ湾
アラビア海
東シナ海
南シナ海
日本
マラッカ海峡
インド洋

●砲艦外交

空母が自国の海岸の沖合に存在すれば、交渉に応じざるを得なくなる。

いつでも飛ばせんぞ？

江戸時代末期、日本に開国を迫ったアメリカのペリー艦隊も砲艦外交といえる。

開国しなさい！

用語解説

- **インド洋**→日本の海上自衛とインド海軍は共同演習を行っている。
- **プレゼンス（presence）**→軍隊、国家などが強い存在感や大きな影響力を持つことを、「プレゼンスを示す」という。

No.099
空母による核攻撃

冷戦下において米ソ英仏の空母には核爆弾、核魚雷などの戦術核兵器が搭載されていたが、現在は姿を消しつつある。

●消えつつある空母上の核兵器

　第二次大戦末期に開発された核兵器はそれまでの軍事常識を一変させてしまうほどの威力を持っていた。そして核兵器さえあれば空母などの通常戦力は無意味で、空母も全廃すべきだという意見すら出るようになる。

　アメリカ海軍は空母の価値を示すため、核爆弾を運用できる大型の長距離艦上攻撃機A-3スカイウォーリアーを開発する。これによって、空母はアメリカの核戦略の一部を担うことができた。

　だが、やがて大陸間弾道ミサイル（ICBM）と潜水艦発射弾道ミサイル（SLBM）が開発されると、これに戦略爆撃機を加えた3つが核戦力の三本柱となり、戦略核戦力としての空母の役目は終わりを遂げる。

　一方、小型の核弾頭が開発されると、通常の艦上攻撃機でも核兵器を運搬可能になった。米ソ英仏の空母には戦場での使用を目的とした戦術核兵器、つまり核爆弾、核魚雷、核爆雷などが常時搭載されるようになった。また、アメリカは1980年代に核弾頭を搭載可能な巡航ミサイルを開発し、それを水上戦闘艦に配備した。空母とその艦載機は巡航ミサイルを運用しなかったが、空母打撃群を構成する艦艇が長い射程を持つ巡航ミサイルを搭載することで、再び空母も戦略核戦力の一翼を担うようになった。

　冷戦が終結すると、核兵器を空母などに配備しておく意味は薄れ、アメリカやロシアは、水上艦艇に核兵器を配備しないことを決定した。2013年現在、核兵器を所有している国で、空母に核兵器を搭載している国はフランスのみである。旧来アメリカの核の傘に依存しない戦略を採っていたフランスだけは例外で、空母「シャルル・ド・ゴール」に搭載されたシュペルエタンダール攻撃機は空対地核ミサイル「ASMP」を運用することができる。将来的にはマルチロール機のラファールMがこの任務を受け継ぐ予定である。

空母による核攻撃

●戦略核戦力の三本柱

基地から発射される
ICBM（大陸間弾道弾）

潜水艦から発射される
SLBM（潜水艦発射弾道ミサイル）

戦略爆撃機

冷戦下でも空母は「戦略」核戦力ではなかった。

●フランス空母が搭載する核兵器

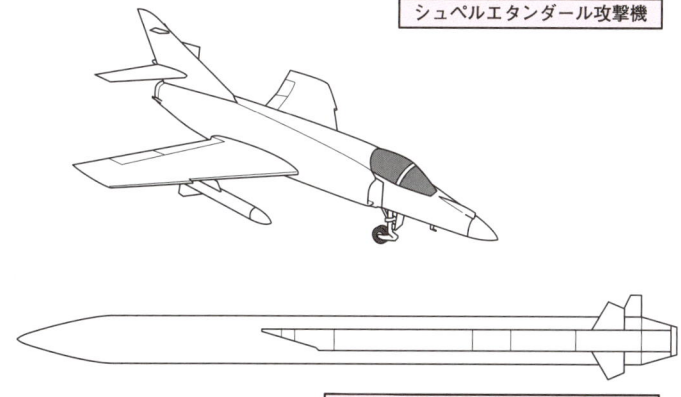

シュペルエタンダール攻撃機

フランスの空対地核ミサイル「ASMP」

TNT火薬300キロトン相当の弾頭を備え、高高度から発射した場合、最高速度はマッハ3、射程は250kmといわれる。

豆知識

● **空母不要論**→第二次大戦後、核兵器の登場により通常兵器はもはや不要だといわれ始め、アメリカでも高価な空母に特に冷たい視線が向けられた。そして1947年の「コーラル・シー」就役後、「フォレスタル」が就役する1955年まで新空母建造の空白期間が生じる結果となった。

No.100
全世界を網羅する米海軍

アメリカは常時空母2〜3隻を地中海、西太平洋、インド洋方面に派遣し続けている。また常時1隻が横須賀の海軍基地を母港としている。

●空母はどこにいる？

　世界のどこかで緊張が高まったとき、アメリカ大統領は側近にまず「空母はどこにいる？」と尋ねるといわれている。アメリカは世界の安全保障に深く関わっており、その力の裏づけとなるのが空母と海兵隊である。特に空母は世界の陸地の60％を艦載機の作戦行動範囲に収めるとされ、その中には世界の主要都市のほとんどが含まれる。アメリカの空母は多様な艦載機を搭載しており、制空、対地攻撃、偵察、哨戒など、空母1隻で様々な任務を遂行可能であることも長所である。ただし、F-14艦上戦闘機の引退後は、制空能力が減少し、攻撃任務の比重が高まった。

　空母が出動すれば、実際に武力を行使しなくとも、その地域の国々に無言の圧力を加えることができる。空母のプレゼンスによる砲艦外交である。緊張地域に出動し、そこに「居続ける」ことで紛争当事国の指導者に無言の「圧力」を加えることができるのだ。また、空母は洋上にあるため、海外に駐留するアメリカ軍基地と違って一般市民からは見えにくい。いたずらに他国民の反感を買う恐れが少ないのだ。空母が出動する際にもっとも重要なのは、**公海**の航行の自由である。アメリカにとって公海とは、すなわち空母が自由に移動できる海域のことなのである。

　アメリカ空母は常時、2、3隻が地中海、西太平洋、インド洋方面に派遣されている。中東、北朝鮮、台湾などの周辺海域に展開し、公海上から、テロリスト、敵性国家、敵性勢力を威嚇し、情報を収集しながら、不測の事態に備えているのである。また、空母1隻は横須賀を母港として本国に帰還することのない、いわゆる「前進配備」に置かれている。

　アメリカ空母は、朝鮮戦争、ベトナム戦争、湾岸戦争、イラク戦争などの際にも出動し、本国から遠く離れた戦場で、各種任務を遂行した。

全世界を網羅する米海軍

●アメリカ空母の主な展開海域

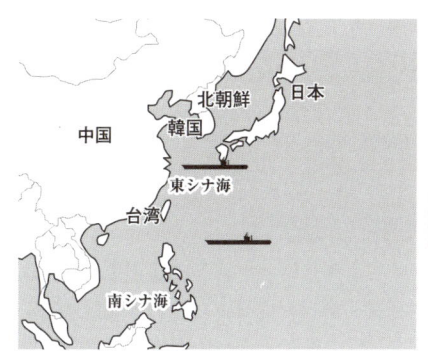

朝鮮半島沖
南北分裂の続く朝鮮半島で緊張が高まれば、空母が出動する。

台湾海峡
台湾の独立をめぐる意見の対立が深まれば、空母が出動するだろう。1996年の「台湾海峡ミサイル危機」の際にも空母が出動し、中国を牽制した。

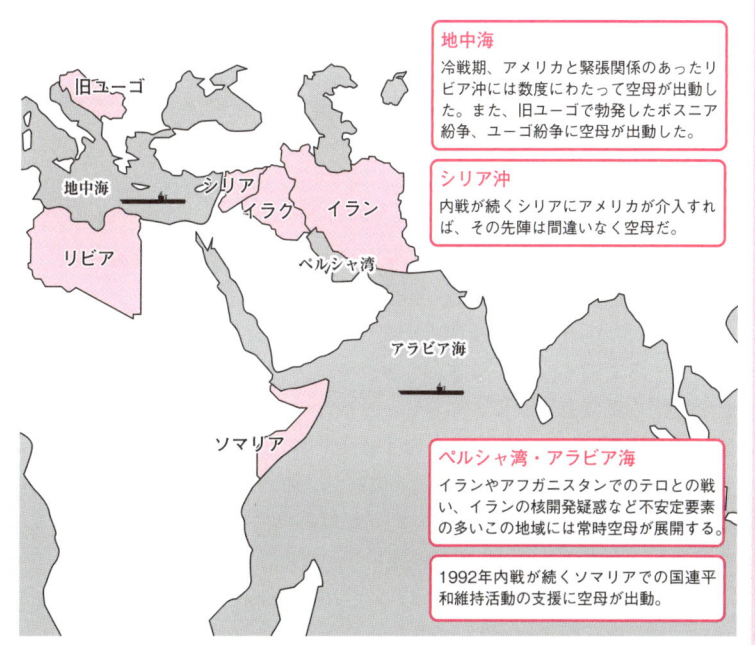

地中海
冷戦期、アメリカと緊張関係のあったリビア沖には数度にわたって空母が出動した。また、旧ユーゴで勃発したボスニア紛争、ユーゴ紛争に空母が出動した。

シリア沖
内戦が続くシリアにアメリカが介入すれば、その先陣は間違いなく空母だ。

ペルシャ湾・アラビア海
イランやアフガニスタンでのテロとの戦い、イランの核開発疑惑など不安定要素の多いこの地域には常時空母が展開する。

1992年内戦が続くソマリアでの国連平和維持活動の支援に空母が出動。

用語解説

●**公海**→ある国の海岸から12カイリ（約22km）の範囲の海域はその国の領海であり、公海はどの国の領海でもない海域である。各国の艦艇は公海を自由に航行できる。また、他国の領海内であっても沿岸国の安全を害しない限り通過することのできる「無害通航権」を持っている。

No.101
各国が空母に求める役割1 NATO諸国

かつて東欧諸国との戦争を想定していたNATO諸国は、今ではヨーロッパ周辺地域の安全保障に積極的に関わろうとしている。

●域内の防衛から域外の安全保障へ

　冷戦終結後、旧ソ連をはじめとする東側諸国との戦争に備えて結成されたNATO（北大西洋条約機構）軍の活動目的は、西ヨーロッパの安全保障から、東ヨーロッパを含むヨーロッパ全体の紛争予防や危機管理に移行した。そしてNATOは中東、アフガニスタン、北アフリカなどの地域にも活動の領域を広げつつあり、国連と協力して世界の安全保障にも関与している。

　その中にあって、NATO諸国の保有する空母の役割にも変化が見られる。冷戦期は主にイギリスの「インヴィンシブル」級空母やイタリアの「ジュゼッペ・ガリバルディ」といった旧ソ連海軍の潜水艦に対抗するために建造されたV/STOL空母が中心であった。だが現代では、空母に戦力投射、つまり対地攻撃任務や、上陸部隊を紛争地域に運ぶ任務を求めるようになった。現在イギリスはF-35Bを運用する大型空母「クイーン・エリザベス」（満載排水量65,000t）を建造中で、完成すれば制空、対地攻撃に能力を発揮するだろう。イタリアの「カブール」はV/STOL空母だが、揚陸艦としての機能も兼ね備えており、スペインの「ファン・カルロス1世」は強襲揚陸艦に分類されるがV/STOL機を運用することができる。この2隻は限定的な制空、対地攻撃能力を持っているだけでなく、上陸部隊や物資を運搬する能力を持たせて、1隻で地域紛争に対応することができる。この能力は災害派遣や人道支援に際しても有効である。

　フランスは原子力推進でCTOL機の運用能力を持つCATOBAR（キャトーバー）空母「シャルル・ド・ゴール」を運用している。「シャルル・ド・ゴール」はアメリカ空母とともにアフガニスタン戦争に出動し、偵察や対地攻撃を行った。また、「シャルル・ド・ゴール」は核ミサイルの運用能力を持っており、フランス空母はNATO諸国の中では飛び抜けて攻撃的な性格を持つといえよう。

各国が空母に求める役割1 NATO諸国

●NATO各国の空母の役割

アメリカのような本格的な空母を持ちたい！

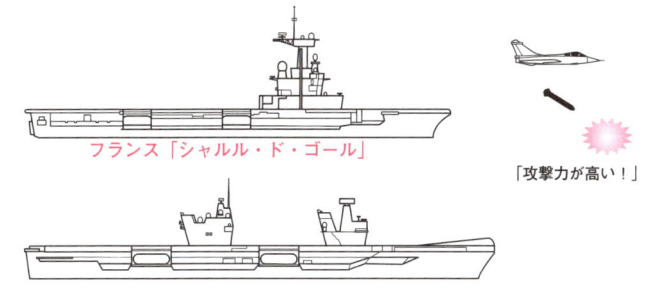

フランス「シャルル・ド・ゴール」

「攻撃力が高い！」

イギリス「クイーン・エリザベス」（建造中）

建造中の「クイーン・エリザベス」をCATOBARにするかSTOVLにするかで揺れていたが、2013年の時点ではF-35Bを運用するSTOVL形式になることになっている。

上陸部隊や物資も運びたい！

イタリア「カブール」

スペイン「ファン・カルロス1世」

「災害派遣や人道支援にも使えるね！」

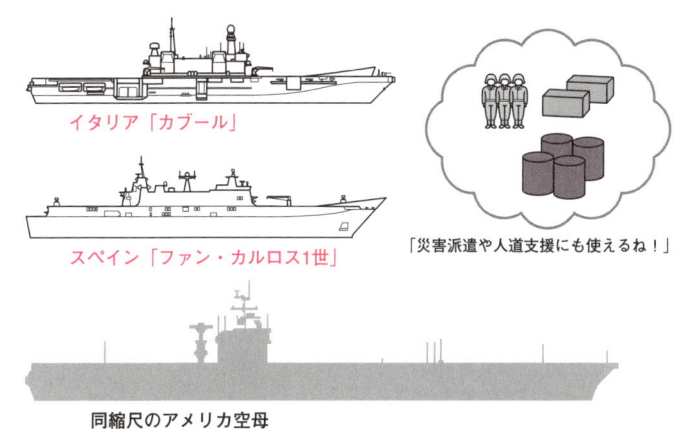

同縮尺のアメリカ空母

豆知識

●**NATOと世界の安全保障**→NATOはアメリカと西ヨーロッパ諸国が旧ソ連と東ヨーロッパ諸国に対抗するために結成された軍事機構だが、冷戦終結後は旧ユーゴスラビアなどNATO域外でも平和維持活動を行っている。2001年のアメリカ同時多発テロに際してNATOは集団自衛権を発動し、アフガニスタン戦争や戦後の平和維持活動に参加した。

No.102
各国が空母に求める役割2 その他

予算や政治的な制約などから、本格的な大型空母を保有できない国々は、用途を限定して空母を運用している。

●各国で異なる空母の運用

アメリカ、フランス以外の空母のほとんどはカタパルトを装備しておらず、CTOL機かV/STOL機をスキージャンプ台で発艦させる形式である。そのため重武装の艦載機を運用することができず、攻撃力、特に対地攻撃能力が劣っている。そのため、限定的な**洋上航空戦力**として防空任務に用いるか、対潜ヘリを搭載して対潜任務に用いることになる。また、大きな船体を生かし、災害時の物資輸送などにも用いられる。

ロシアのSTOBAR(ストーバー)空母「アドミラル・クズネツォフ」はSu-33艦上戦闘機や対潜ヘリなどを搭載し、防空及び対潜任務を主としている。

中国はSTOBAR空母「遼寧(りょうねい)」(旧ソ連が建造した「アドミラル・クズネツォフ」級空母「ワリヤーグ」)を試験運用中だ。J-15戦闘機を搭載する予定で、成長著しい**外洋艦隊**の防空任務に用いられると思われる。

インドはハリアーを搭載する「ヴィラート」(元イギリスの「ハーミーズ」)を運用中で、MiG-29艦上戦闘機を搭載する「ヴィクラマーディティヤ」(元ロシアの「**アドミラル・ゴルシコフ**」)が就役間近である。インドも空母を艦隊がアラビア海やベンガル湾などに出動する際の防空任務に用いているが、周辺国に対して軍事力を誇示する役割もある。

ブラジルはCATOBAR(キャトーバー)空母「サン・パウロ」(元フランスの「フォッシュ」)を運用しているが、搭載しているAF-1スカイホーク攻撃機は旧式だ。同様にタイは東南アジアで唯一、V/STOL空母「チャクリ・ナルエベト」を運用しているが、満水排水量は11,000tしかなく、能力は非常に低い。そのため両国の空母は国家のシンボルとしての意味合いが強い。

日本の「ひゅうが」「いずも」型護衛艦は空母同様の全通甲板を持つが、「いずも」型護衛艦が輸送能力を持つ他は基本的に対潜任務が主だ。

各国が空母に求める役割2 その他

洋上航空戦力として

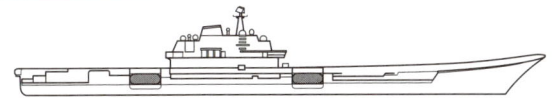

中国「遼寧」

J-15とヘリコプターを合わせて20機前後搭載することが可能と予想される。就役すれば中国航空戦力の活動範囲は大きく広がることになる。

国家のシンボル？

タイ「チャクリ・ナルエベト」

AV-8Sマタドール6機、対潜ヘリ4機しか搭載しておらず「王室用のヨット」などと揶揄されている。

対潜任務重視

日本のヘリコプター搭載護衛艦「ひゅうが」

空母ではないが、多数のヘリコプターを運用する艦艇は空母に準じる存在といえる。「ひゅうが」は対潜ヘリ、輸送ヘリなど最大10機程度運用可能。固定翼機は運用できないが、将来はティルトローター機オスプレイを運用する可能性もある。

同縮尺のアメリカ空母

用語解説

- **洋上航空戦力**→外洋で活動する艦隊を支援したり、外洋の敵艦隊を攻撃する航空機。陸上機の行動範囲の外では空母がその役割を担う。
- **外洋艦隊**→外洋での活動能力を備えた大型艦で編成された艦隊。
- **アドミラル・ゴルシコフ**→「キエフ」級空母4番艦で旧ソ連時代は「バクー」という艦名だった。

No.103 冷戦期の空母の役割

東西対立が激しかった冷戦期に起こった朝鮮戦争やベトナム戦争において、空母は戦場のすぐ近くに進出して各種任務を遂行した。

●冷戦期に勃発した「熱い戦争」に出撃した空母

　第二次大戦後、アメリカを中心とする西側諸国と旧ソ連を中心とする東側諸国が対立する冷戦の時代が訪れる。両陣営が大量の核兵器を配備したこの時代、空母不要論すら唱えられたが、通常戦力の中での空母の重要性は変わらなかった。第二次大戦のわずか5年後に勃発した朝鮮戦争において空母は重要な役割を果たした。1950年、北朝鮮軍が突如韓国に侵攻すると軽装備の韓国軍は総崩れとなり、国土のほとんどを占領される事態に陥った。だが、アメリカ空母「ヴァリー・フォージ」やイギリス空母「トライアンフ」などが急遽韓国の支援に派遣され、北朝鮮軍部隊とその補給線を攻撃して、大規模な地上軍の増援が駆けつけるまで、不利な状況をしのいだのである。その後3年間続いた戦争の全期間、空母部隊は各種任務を行った。朝鮮半島は全域が海から近く、空母は十分に能力を発揮したのだ。

　空母の価値は再認識され、アメリカは超大型空母「フォレスタル」級の建造を始める。同級が実戦に投入されたのはベトナム戦争が最初だった。分裂していた南北両ベトナム間の争いが本格的な戦争に発展し、南ベトナムを支援していたアメリカは、1964年の「**トンキン湾事件**」をきっかけに本格的な軍事介入を行ったのだ。常時数隻のアメリカ空母が北ベトナム沖のトンキン湾に展開し、海域は「ヤンキーステーション」と呼ばれた。「ミッドウェー」級、「フォレスタル」級、そして初の原子力空母「エンタープライズ」などが北ベトナムに対し対地攻撃や機雷敷設を行った。

　紛争地域への支援と並ぶ冷戦期の空母の重要な役割は、対潜任務だった。旧ソ連は大量の潜水艦を保有しており、西側諸国は世界規模でその動向を監視し、有事にはそれを撃破する必要があった。陸上から遠い外洋での対潜作戦では、空母から発艦する対潜機や対潜ヘリが、必須の戦力であった。

冷戦期の空母の役割

●朝鮮戦争に出動したアメリカ空母

> 38度線を越えて韓国に侵攻した北朝鮮軍は韓国全土を席巻する勢いだったが、急遽駆けつけたアメリカ空母による反撃がその勢いを弱めた。

中国
北朝鮮
38度線
韓国
日本

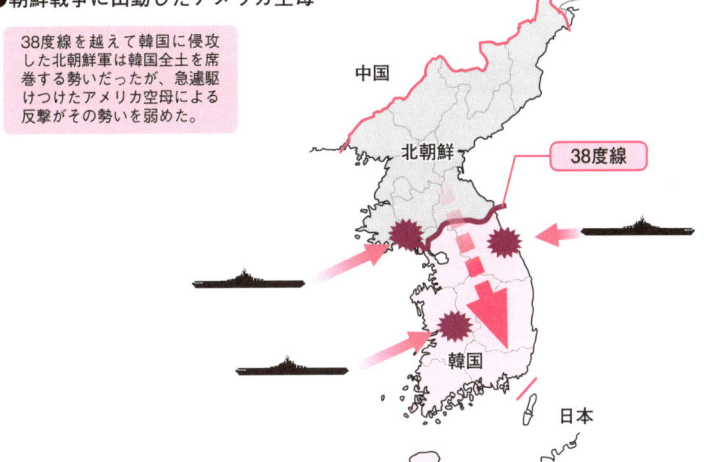

●ベトナム戦争に出動したアメリカ空母

中国
北ベトナム
トンキン湾
ラオス
タイ
カンボジア
南ベトナム

> 北ベトナム沖のトンキン湾には常時数隻のアメリカ空母が展開し、海域は「ヤンキーステーション」と呼ばれた。

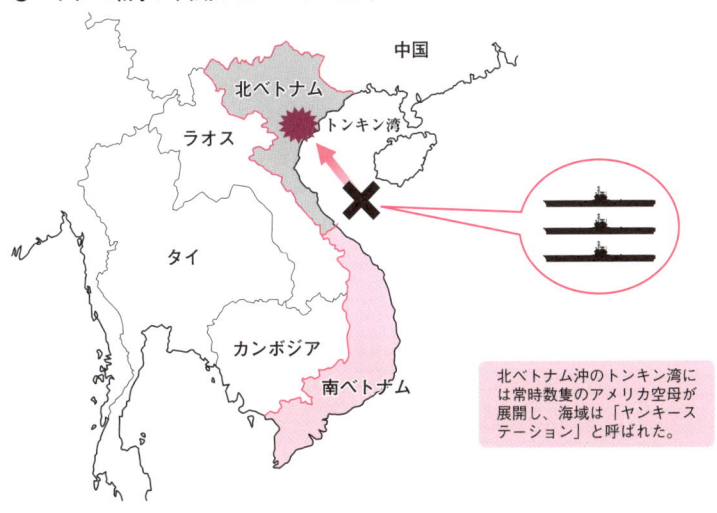

用語解説

● **トンキン湾事件**→南北ベトナムが戦争状態にあった1964年8月、トンキン湾を遊弋していたアメリカの駆逐艦を北ベトナムの哨戒艇が魚雷で攻撃したとされる事件。真相に関しては疑問の声もあり、南ベトナム艦艇と誤認したとも、アメリカの陰謀だともいわれる。

No.104
フォークランド戦争での空母の役割

フォークランド戦争において、イギリスの2隻のV/STOL空母は同諸島の奪還に決定的な役割を演じたが、防空能力に課題も残した。

●フォークランド奪還の必要条件だった

　1984年4月2日、アルゼンチンはかねてから領有を主張していたイギリス領フォークランド諸島を占領した。これに対しイギリスは、ただちに空母「インヴィンシブル」「ハーミーズ」を中心とする任務部隊と海兵隊を派遣し、国連による仲介も不調に終わったため、両国の衝突は避けられないものとなった。同諸島は南大西洋に位置し、もっとも近いイギリス軍航空基地であるアセンション島から2,000kmと遠く、大型爆撃機でさえ何度も空中補給を繰り返さなければ出撃できないような場所であった。

　海兵隊がフォークランドを奪回するには航空戦力の支援が欠かせないし、航空部隊は揚陸艦艇と上陸部隊をアルゼンチン空軍の攻撃から守らなければならない。それをすべて両空母に搭載されたハリアーが行った。当初は海軍のシーハリアー20機のみであった航空部隊は、空軍のハリアーGr.3も加わり最終的に42機がフォークランドに派遣された。

　アルゼンチン軍はイギリス軍の要である両空母を本土の基地からシュペルエタンダール攻撃機で攻撃しようとした。イギリス艦隊が発するレーダー波の方向へエグゾセ対艦ミサイルを発射したのである。1回目の攻撃は艦隊の外周でピケット艦となっていた駆逐艦「シェフィールド」を撃沈し、2回目の攻撃ではハリアーやヘリコプターの運搬に使用されていたコンテナ船「アトランティック・コンベア」を撃沈した。この2回目の攻撃は危うくイギリス空母に命中するところであったが、電子妨害で目標を見失ったエグゾセが次の目標として大きなコンテナ船を選択したために難を逃れたと推測されている。イギリス空母は早期警戒機を搭載しておらず、そのためにアルゼンチン軍機の接近を許したといわれ、戦後イギリスはレーダーを装備した早期警戒ヘリを空母に搭載するようになった。

フォークランド戦争での空母の役割

●フォークランド諸島の位置

イギリスからフォークランド諸島までは13,000km。その間でイギリス軍が利用できるのは、大西洋の真ん中にある小さなアセンション島しかない。アルゼンチンはイギリスがフォークランド諸島を奪回しにくるはずがないと思っていたが、当時の英首相サッチャーはこの大遠征を決断した。
イギリス空母艦載機は、目の前にある本土から飛来するアルゼンチン軍機と激しく戦った。

イギリス軍は空母の支援を受けつつ5月21日にフォークランド諸島に上陸、激しい戦いののち、6月14日に同諸島のアルゼンチン軍は降伏した。

●アルゼンチン軍機によるイギリス空母への攻撃（5月4日）

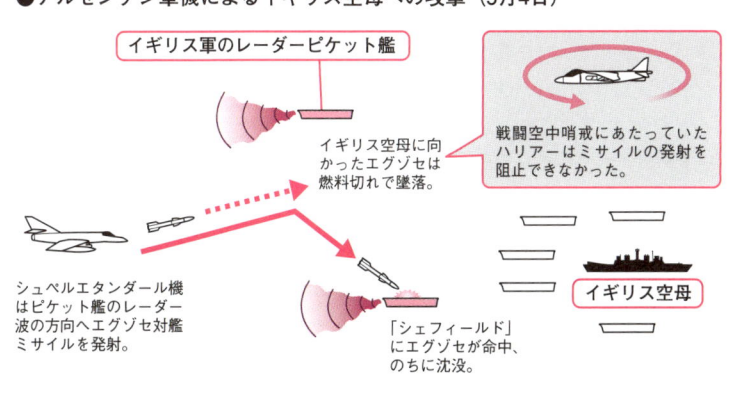

イギリス軍のレーダーピケット艦

イギリス空母に向かったエグゾセは燃料切れで墜落。

戦闘空中哨戒にあたっていたハリアーはミサイルの発射を阻止できなかった。

シュペルエタンダール機はピケット艦のレーダー波の方向へエグゾセ対艦ミサイルを発射。

「シェフィールド」にエグゾセが命中、のちに沈没。

イギリス空母

豆知識

●**アルゼンチンの空母**→アルゼンチンはA-4スカイホーク攻撃機やシュペルエタンダール攻撃機などを搭載した空母「ベインティシンコ・デ・マヨ」（元イギリスの「ヴェネラブル」）を保有していたが、機関が不調だったため戦役中1回出撃したのみで、本国の港にとどまった。もし空母同士が戦えば、1944年のレイテ沖海戦以来の空母対決となるところであった。

第4章 ●空母のミッションと運用

No.104

No.105
湾岸戦争での空母の役割

湾岸戦争時、多国籍軍の中核となったアメリカ軍は多数の空母を派遣した。この大空母部隊がイラク軍の戦意を喪失させたのだ。

●多数の空母が正規の軍隊を相手に戦った最後の戦争

1990年8月、イラクがクウェートに侵攻した。当時世界第4位の軍事大国といわれたイラクが軍事行動に踏み切ったことは世界に衝撃を与えた。アメリカはサウジアラビアからの要請を受け、これ以上のイラク軍の侵攻を思いとどまらせるためにペルシャ湾岸に部隊を展開する。前進配置についていた空母「インディペンデンス」は、ただちにインド洋からペルシャ湾に入り、戦闘空中哨戒を実施してイラク軍の動きに警戒した。やがて他の空母もペルシャ湾などに到着し、クウェートを解放するためにアメリカを中心として編成された多国籍軍の航空部隊及び地上部隊が現地に展開するまでのつなぎの役目を果たした。

翌1991年1月にはイラク軍に対する空爆が開始されるが、これには「サラトガ」「ケネディ」「**ミッドウェー**」「セオドア・ルーズベルト」「アメリカ」「レンジャー」の6隻のアメリカ空母が参加、トマホーク巡航ミサイルやステルス機がイラク軍の通信中枢や防空システムを破壊したのち、空軍と協力してイラク軍部隊を爆撃した。空母からはのべ14,000機以上が出撃し、スマート爆弾などの精密誘導兵器が効果を上げ、夜間の対地攻撃も行われた。艦載機の目標の1つに、対艦ミサイルを装備していたイラク海軍艦艇があったが、空母の脅威となりうるこれらには徹底的な攻撃が行われ、80隻以上のイラク軍艦艇が破壊された。

強襲揚陸艦の艦載機も空爆を行った。強襲揚陸艦に搭載されたAV-8BハリアーIIは夜間の対地攻撃能力を持っていなかったが、パイロットが暗視ゴーグルを装着して、昼夜を問わず攻撃を行ったのである。

また、戦後もイラクに設定された軍用機の飛行禁止区域の警戒を行うなど、空母の持つ持続性のある戦力投射能力が十分に発揮された。

湾岸戦争での空母の役割

●湾岸戦争に派遣されたアメリカ空母

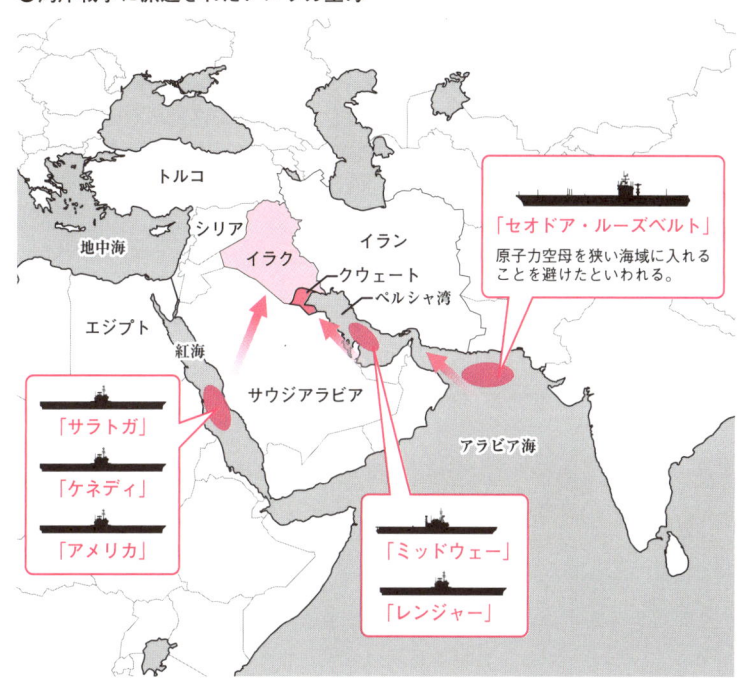

地図上の注記:
- トルコ
- 地中海
- シリア
- イラク
- イラン
- クウェート
- ペルシャ湾
- エジプト
- 紅海
- サウジアラビア
- アラビア海

「セオドア・ルーズベルト」
原子力空母を狭い海域に入れることを避けたといわれる。

「サラトガ」
「ケネディ」
「アメリカ」
「ミッドウェー」
「レンジャー」

●アメリカ空母艦載機の陣容

機種	機数
F-14 戦闘機	144
F/A-18 戦闘攻撃機	120
A-7 攻撃機	24
A-6E 攻撃機	60
E-2C 早期警戒機	24
EA-6B 電子戦機	24
KA-6D 空中給油機	24
計420機	

6個の空母打撃群の総戦力は420機に及び、これは航空自衛隊の総作戦機数を上回る。これだけの空母部隊が1つの作戦に投入されることは以後ないかもしれない。
1991年1月から行われた多国籍軍による空爆の効果は絶大で、2月24日に地上部隊が攻撃を開始する頃には、イラク軍は戦意を喪失していた。

豆知識

● ミッドウェー→第二次大戦末期に進水した同艦は長年現役にとどまり、1980年代には横須賀を母港にしていたため、年配の日本人にはなじみ深い艦名である。湾岸戦争には最古参の空母として出動し、1991年に「インディペンデンス」と交代して横須賀を離れ、翌年退役した。

No.106
アフガニスタン戦争、イラク戦争での空母の役割

アメリカがテロとの戦いと位置づけた2つの戦争に協力した国々は多くなかったが、アメリカは空母を使って戦争を遂行することができた。

●空母が洋上基地としての真価を発揮した

　2001年のアメリカ同時多発テロ後、アメリカはテロを実行したアルカーイダを支援するアフガニスタンのタリバン政権に対して攻撃を行う。周辺にアメリカ軍が利用可能な航空基地は限られ、アメリカは空母「カール・ヴィンソン」「エンタープライズ」「セオドア・ルーズベルト」「キティ・ホーク」の4隻の空母をアラビア海に派遣し、航空支援を行った。だがアラビア海からアフガニスタンまでは空母艦載機、特にF/A-18にとって遠すぎた。そのため、航続距離の長いF-14戦闘機に爆弾を積んで出撃させることも行われた。戦闘機であるF-14が爆撃任務を行うことができたのは、アフガニスタンの防空能力が早々に失われ、F-14は爆弾をただ機から落とすだけでよかったからである。爆弾は地上部隊が標的をレーザーで照射するか、GPSを利用して目標へ正確に誘導されたのである。

　また、横須賀から出撃した空母「キティ・ホーク」には、アメリカ陸海空軍及びイギリス軍の特殊部隊を乗せたヘリコプターが多数搭載され、特殊戦用ヘリの洋上基地としての役割を果たした。

　タリバン政権を倒したアメリカは、2003年にイラクのフセイン政権を攻撃する。大量破壊兵器の保有やテロへの関与が疑われるイラクのフセイン政権に対し再度武力を行使する。このイラク戦争においては、湾岸戦争時と異なり多くのイスラム諸国が自国の基地をアメリカ軍に使用させることを拒み、上空通過すら認めないこともあった。そのためアメリカはクウェートやカタールなどに置かれた空軍基地の他に、「コンステレーション」「ハリー・S・トルーマン」「エイブラハム・リンカーン」「セオドア・ルーズベルト」の4隻をペルシャ湾に派遣した。そしてこれらの空母はバグダッド陥落まで空爆を行い地上部隊を支援したのである。

アフガニスタン戦争、イラク戦争での空母の役割

●アフガニスタン戦争、イラク戦争におけるアメリカ空母

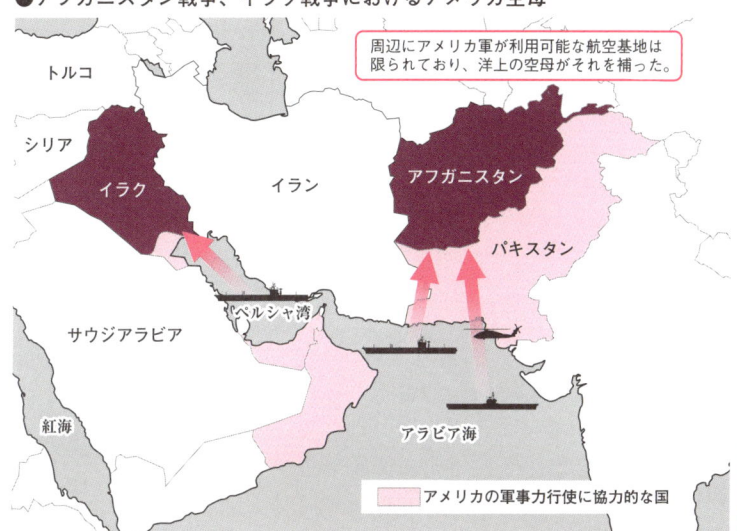

> 周辺にアメリカ軍が利用可能な航空基地は限られており、洋上の空母がそれを補った。

トルコ / シリア / イラク / イラン / アフガニスタン / パキスタン / ペルシャ湾 / サウジアラビア / 紅海 / アラビア海

アメリカの軍事力行使に協力的な国

❖ 航続距離と戦闘行動半径

航空機の性能を表すデータの1つに「航続距離」がある。これは燃料の効率を最大限高めるために、最適高度を最適速度で飛行するときの距離である。外部装備の増加タンクを使用することが条件となっていることもあり、実戦ではあまり意味のないデータだ。

一方、軍用機が任務に必要な兵装を搭載し、空母や基地を発進して任務を達成して同じ空母や基地に帰還できる最大距離を戦闘行動半径と呼ぶ。兵装や任務によっても変わるが、一般には航続距離の1/3程度とされる。戦闘行動半径より遠距離まで進出し、そこで任務を行うには空中給油機の支援が欠かせない。

アフガニスタンのような内陸で空母艦載機が任務を遂行するのはけして容易なことではなかった。

豆知識

●**爆撃任務のF-14**→地上目標を照準するための装置を取り付け、GPSとの連動やレーザー誘導爆弾の使用などを可能としたトムキャット。爆弾は、胴体下部のフェニックス・ミサイルを取り付ける場所に懸架した。対地攻撃能力を持つF-14のことを「ボムキャット」と呼ぶこともある。

「トモダチ作戦」(Operation Tomdachi)とアメリカ空母

　2011年3月11日14時46分、三陸沖で発生したマグニチュード9.0という大地震は、東北地方を中心に未曽有の災害をもたらした。各自治体の対応は早かった。地震発生からわずか数分から十数分後には自衛隊に災害派遣が要請され、その後最大10万人が動員されることとなる自衛隊の救援活動が開始されたのである。この事態を受けて、在日米軍を中心に太平洋地域に展開するアメリカ軍も救助活動と人道支援を開始、12日には正式に「トモダチ」作戦と命名された。

　地震発生当時、韓国軍との合同演習のために西太平洋を航行中だった空母「ロナルド・レーガン」(以下「レーガン」)は、針路を変更して急遽宮城県沖に向かい、13日から救援活動を開始した。仙台空港や松島基地が津波にみまわれるなどして、被災地には固定翼の輸送機が着陸できる場所がない。ヘリなら避難所にも着陸できるが、速度が遅く、多量の物資を運ぶこともできない。そこで、在日米軍厚木飛行場から「レーガン」まではC-2グレイハウンド輸送機が物資を運び、「レーガン」からは、空母打撃群に所属するHH-60シーホーク・ヘリや支援に駆けつけたAS-332スーパープーマ・ヘリが、100tを超える水、食糧、衣服、毛布、医療品を被災地までピストン輸送した。また、被災地で活動する自衛隊や海上保安庁のヘリコプターの一部は、「レーガン」から燃料の補給を受けた。「レーガン」は被災で使用不能となった各空港・飛行場に代わる航空拠点として、空母の強みを存分に発揮したのである。また、艦載機の情報収集能力も救援活動に一役買った。偵察ポッドを装着したF/A-18は被災地の道路の状況の把握や、孤立した被災者の捜索に活躍したのである。

　困難もあった。13日、「レーガン」は福島第一原子力発電所の事故の影響と思われる放射線を検出し、翌14日には、搭載のヘリ3機の要員17人が被曝したことが判明したため一時離脱しなければならなかった。「レーガン」は位置を北へ移して救援活動を再開したが、飛行甲板や艦載機の洗浄作業を行う必要があった。

　その後「レーガン」は4月4日まで三陸沖にとどまり、救援活動を行った。その間、「レーガン」の乗員から毛布やセーターなど1,000着以上の寄付も行われた。通常任務に復帰した「レーガン」は、4月19日にやっと佐世保に入港、乗員たちは久しぶりに上陸することができた。

　また、マレーシアに寄航していた強襲揚陸艦「エセックス」も、所要の物資と海兵隊を乗せて北上した。同艦は空母のように固定翼機を使った物資の中継には使えなかったが、ヘリが離発艦できる広い飛行甲板と上陸用舟艇が発進できるウェル・ドックを兼ね備えており、空と海から物資を運ぶことができた。また上陸した海兵隊員は被災地で大いに活躍した。

　アメリカ海軍は4月8日に作戦を終了するまで航空機130機、人員12,000名、16隻以上の艦艇を投入して、救助活動と人道支援を行ったのである。

索引

英数字

1層式格納庫	85
2層式格納庫	85
3層式格納庫	85
38度線	219
80番陸用爆弾	137
91式航空魚雷	137
91式航空魚雷改二	189
97式艦攻	136
A/S32A-35	79
A-4スカイホーク	142
A-6イントルーダー	142
AEM	152
AIM-54 フェニックス	145
AIM-7E スパロー	145
AIM-9L サイドワインダー	145
ASMP	210
AV	21
AV-8Aハリアー	146
AV-8BハリアーII	146
A整備	87
B-25	196
B-29	192
BB	9
B整備	87
C-2A グレイハウンド	158
C3規格型貨物船	28
CA	9
CAM船	28
CAP	172
CATCC	92
CATOBAR	22
CDC	90、92、185
CF	21
CIC	93、184
CIWS	100
CL	9
CPOメス	124
CSG	120
CTOL	22
CV	8、21
CVA	20
CVB	18、21
CVBG	120
CVE	20
CVH	20
CVL	18
CVN	21
CVS	20、36
CVSG	120
CVT	21
CVU	21
CVW	120
C整備	87
DD	9、21、36
DDH	21、48
D整備	87
E-2Cホークアイ	152
EA-6Bプラウラー	154
ECCM	155
ECM	155
F/A-18E/F スーパーホーネット	148、150
F/A-18ホーネット	148
F-14トムキャット	144
F-35B	48
F-35BライトニングII	146
F6Fヘルキャット	140
F9Fパンサー	144
HS	201

ICBM	210
LCAC	44
LHA	21、44
LHD	21
LPD	21
MACシップ	14
MAC船	28
MAD	157
MD-3	78
MH-60ナイトホーク	158
NATO	40、214
NLP	76
P-25	78
PCルーム	128
RAM	100
S-2トラッカー	156
SBDドーントレス	138
SEAD	154
SH-60K	157
SK-60K	37
SLBM	210
SS	9
STOBAR	22
STOVL	22
STOVL空母	34
TBF-Wアベンジャー	157
TBFアベンジャー	156
TV	128
Uボート	36
V/STOL機	146
V-22オスプレイ	158
VAQ	201
VAW	201
VFA	201
VMFA	201
VRC	201
VT信管	174
Yak-38	146

あ

アーガス	8、12、54
アイランド型	54、90
アウトレンジ攻撃	142
アウトレンジ戦法	184、192
赤城	12、54、102
あきつ丸	30
あ号作戦	192
アスロック	36
アセンション島	220
アタッカー	148
アドミラル・クズネツォフ	42、201、216
アドミラル・ゴルシコフ	216
アフガニスタン戦争	224
アベンジャー	156
アメリカ	38、212
アラビア海	213
アルコール	124
アルゼンチン	42
アレスティング・フック	70、74、133
アレスティング・ワイヤー	22、58、70、74
泡消火剤	78
アングルド・デッキ	16、58、70
安全保障	215
アンティータム	58
伊-400型	52
イーグル	12、54、81
イージス・システム	174
イージス艦	48
イオー・ジマ級	44
イギリス	40
医師	126
維持運用	46
いずも	46

伊勢	50
イタリア	40
一撃離脱戦法	140
一段索敵	186
一般居住区	123
医薬品	127
イラク	222、224
イラク戦争	224
イラストリアス	40、198
医療設備	126
インヴィンシブル	34
インディペンデンス級	14、18
インド	42
インド洋	208
イントルーダー	142
インボードエレベーター	80
ウィークポイント	104
ヴィクラマーディティヤ	42
ヴィクラント	42
ヴィラート	42
ウェルドック	44
ヴェロモルスク北方艦隊基地	43
右舷	54
ウルフパック	37
雲鷹	31
雲龍	14
映画	128
エセックス級	14、81
エバレット海軍基地	39
エレベーター	80
エンクローズド・バウ	82
エンタープライズ（CV-6）	13、32、38、98、179
エンタープライズ（CVN-65）	16、19
煙突	60
オアフ島	188
大型空母	18
オーダシティ	28
オープン・バウ	82
オスプレイ	44、158

か

階級	120、122、124
海上公試運転	112
海上交通路	208
改造空母	26
外燃機関	96
開発費	46
海兵戦闘攻撃飛行隊	201
開放式格納庫	82
開放式艦首	82
外洋艦隊	216
加賀	12、54
核魚雷	210
核攻撃	210
格闘戦	140
格納庫	82、84
核爆弾	210
核兵器	210
菓子	124
ガスタービン	96
型	15
カタパルト	16、62、64
カタパルト・オフィサー	68
カブール	34、40、201、214
火薬式カタパルト	64
艦橋	90
艦舷エレベーター	80
艦攻	136
艦載機	132、134
艦載救難作業車	78
艦載レーダー	153
艦首	82
艦種記号	9

艦上機	132	強襲揚陸艦	21、44
艦上攻撃機	134、136、142、182	居住環境	122
艦上戦闘機	140、144	魚雷	136、182
艦上早期警戒機	152	魚雷艇	9
艦上対潜哨戒機	156	銀行ATM	128
艦上偵察機	150	近接信管	174
艦上電子戦機	154	近接防御火器システム	100
艦上爆撃機	134、138、182	クイーン・エリザベス級	48、214
艦上輸送機	158	クウェート	222
艦上雷撃機	134、136	空間識失調	76
艦戦	140	空気式カタパルト	64
艦隊	181	空対空戦闘	206
艦隊空母	20	空中給油	148
艦隊陣形	170	空中戦	206
艦隊兵站支援飛行隊	201	空中早期警戒	152
艦隊編成	166	空中早期警戒飛行隊	201
艦長	92、120、122、124	空母	8
艦長室	122	空母航空管制所	92
艦爆	138	空母航空団	118、120、200
キール	112	空母航空団編成	200
キエフ級	22、102	空母航空部隊	178
起工	112	空母航空部隊編成	178
基準排水量	19	空母戦闘群	120
艤装	112	空母対空母	184
北大西洋条約機構	214	空母打撃群	38、120、166
キティ・ホーク	81	空母打撃群司令部	119
キティ・ホーク級	16、32、38	空母任務群	166
機動部隊	166、180、188	空母不要論	211
記念グッズ	128	駆逐艦	9
脚引き込み式	136	駆逐隊	181
キャトーバー	22	グライド・スロープ	72
ギャラリーデッキ	122	クラッシュバリアー	74
級	15	グラマンA-6イントルーダー	143
急降下爆撃	134、138	グラマンC-2Aグレイハウンド	159
救難機	158	グラマンF-14トムキャット	144
救難ヘリ（ヘリコプター）	158	グラマンF6F-3ヘルキャット	141
給油	108	グラマンF9Fパンサー	144

グラマンS-2トラッカー	157
グラマンTBF-Wアベンジャー	157
グレイハウンド	158
クレーン車	78
クレマンソー級	40
軍事衛星	94
群狼戦法	37
軽空母	18、34
迎撃任務	24
ケースメート方式	102
現金	128
原子力	98
原子力機関	99
原子力空母	21、32
原子炉	98
建造	112
建造ドック	112
建造費	46
公海	212
航海艦橋	90、93
光学着艦誘導装置	72、76
降下進入角度	72
航空管制所	90、92
航空機中間整備部門	86
航空魚雷	136
航空巡洋艦	21
航空戦艦	21、50
航空戦隊	166、180
航空打撃戦	24
航空母艦	8
航空優勢	206
航空雷撃	137
攻撃型空母	20
公試	112
公衆電話	128
合成風力	66
航続距離	32、140、225

護衛艦	21
護衛空母	20、28、198
小型空母	18
娯楽室	128
コンビニエンスストア	128

さ

彩雲	150
災害救助活動	126
材質	56
最大離陸重量	23
サイドエレベーター	80
サイドワインダー	144
サウスジョージア島	220
索敵	186
サッタヒープ海軍基地	43
サン・パウロ	42、216
三座	134
三式弾	194
サンディエゴ海軍基地	39
散髪	128
シースキマー	204
シースパロー	100
シーハリアー	34
ジープ空母	28
シーレーン	208
ジェット・ブラスト・デフレクター	68
ジェット機	142、144
ジェラルド R. フォード級	48、98
支援車両	78
支援任務	24
士官	92、120、122、124
指揮	92
指揮系統	120
磁気探知装置	156
嗜好品	124
シコルスキーMH-60ナイトホーク	159

信濃	14、18、100	ジョージ H.W. ブッシュ	38
島型	54	初期費用	47
射角	183	食事	124
弱点	104	食料	110
射出機	64	除籍	116
ジャミング	154	しらね	36
車両	78	シリア海	213
シャルル・ド・ゴール	16、32、40、200、214	司令部艦橋	90
シャワー	122	人員	118
ジャンヌダルク	36	真珠湾攻撃	136、188
重空母	18、21	水上機	11、133
重航空巡洋艦	42	水上機母艦	21
集中治療室	126	水上偵察機	150
収容力	110	垂直着陸	146
修理	86	垂直離着陸	146
主機	96	垂直離着陸機	146
受給艦	109	垂直離陸	146
手術室	126	水平爆撃	138
ジュゼッペ・ガリバルディ	40	推力偏向	146
シュペルエタンダール	210	スーパーキャリア	32、38、86、98、110、128、130
主力空母	20	スーパーホーネット	148
主力部隊	180	スカイホーク	142
隼鷹	26	スキージャンプ台	16、22、34、62、146
巡洋艦	9	スクリーン	170
乗員	118、130	スコードロン	200
哨戒任務	24、156	スタンチョン	74
哨戒ヘリ（ヘリコプター）	37	ステルス機	202
翔鶴	12	ストーバー	22
消火剤	78	ストーブル	22
上甲板	56	ストーブル空母	34
蒸気カタパルト	64	スパロー	144
蒸気タービン	96	スペイン	40
照星灯	72	スリング運搬	108
傷病者	126	生活サイクル	130
消防車	78	正規空母	20
照門灯	72	制空権	206

制空戦闘機	206
制空任務	24、140、206
制式空母	20
整備	86、114
精密爆撃	148
晴嵐	52
ゼロ戦	140
戦艦	9
センサー	94
戦術核兵器	210
前進配備	212
潜水艦	156、168
潜水艦発射弾道ミサイル	210
潜水空母	52
潜水隊	181
戦隊	181
船台	112
船台建造方式	112
洗濯	128
全通甲板	54
戦闘空中哨戒	172
戦闘攻撃飛行隊	201
戦闘行動半径	225
戦闘指揮所	90、92
戦闘情報センター	184
戦闘捜索救難	158
戦闘爆撃機	148
戦略核戦力	210
戦略爆撃機	210
早期警戒機	152
造船所	112
蒼龍	12
ソナー	36、176
ソノブイ	156
ソ連	42

た

ダーティシャツ	124
タービン	96
ターボプロップエンジン	152
ターラント海軍基地	41
タイ	42
隊	181
第一航空艦隊	180
退役	116
対艦攻撃	182、204
対艦弾道ミサイル	168
対艦兵器	102
対艦ミサイル	168、204
対空警戒陣形	171
対空兵器	100
対空ミサイル	100、174
対水上警戒陣形	171
対潜空母	20、36
対潜水艦警戒陣形	171
対潜水艦作戦	177
対潜任務	24
対潜ヘリ（ヘリコプター）	36、156
対潜ヘリ空母	36
対潜ヘリコプター飛行隊	201
対地攻撃	202
ダイブブレーキ	138
大鳳	14
大鷹	26、30
大陸間弾道弾	210
隊列	199
大連	43
台湾海峡	213
タウイタウイ泊地	192
ダグラスA-4スカイホーク	143
ダグラスSBDドーントレス	139
多層式格納庫	85
多層式飛行甲板	55

タッチ＆ゴー ……58、74
タッチダウン ……74
ダメージコントロール ……106
多目的空母 ……21
タラワ級 ……44
短距離離陸 ……146
単座 ……134
弾着観測 ……162
弾道ミサイル ……168
弾幕 ……174
弾薬 ……88
単葉 ……136
地中海 ……213
千歳 ……26
チャクリ・ナルエベト ……42、216
着陸復航 ……74
着陸誘導灯 ……72
着艦 ……70、72、74、76
着艦コース ……72
着艦制動装置 ……70、132
着工 ……112
チャペル ……128
チャンスボート ……151
中国 ……42
厨房 ……124、128
冲鷹 ……31
朝鮮戦争 ……218
朝鮮半島 ……213
直衛戦闘機 ……172
直掩任務 ……24、140
ツェッペリン飛行船 ……134
低高度侵入能力 ……142
偵察機 ……150、186
偵察任務 ……24、150
偵察ポッド ……150
ティリー ……79
ティルトローター ……158
敵防空網制圧任務 ……154
デュアルロールファイター ……148
デリック ……10
転換（兵装） ……190
電気推進 ……96
電子攻撃 ……154
電磁式カタパルト ……64
電子戦 ……154
電子戦機 ……154
電子戦飛行隊 ……201
天敵 ……168
トイレ ……122
ドゥーリトル空襲 ……196
トゥーロン軍港 ……41
搭載機数 ……19
動力 ……96
トーイング・トラクター ……78
ドーントレス ……138
特設空母 ……20、30
図書室 ……128
トス爆撃 ……204
トムキャット ……144
トラクター ……78
トラッカー ……156
ドリー ……88
ドロップタンク ……133
トンキン湾事件 ……218

な

内舷エレベーター ……80
ナイトホーク ……158
内燃機関 ……96
中島 彩雲 ……151
中島97式艦上攻撃機 ……137
二段索敵 ……186
日用雑貨 ……128
日本本土爆撃 ……196

ニミッツ級	...16、32、38、98、100、201
入院設備	126
任務部隊	166、180
燃料棒	32、98、114
燃料棒交換	114
燃料補給	109
濃縮ウラン	33
ノーズギア	68
ノースロップ・グラマン E-2C ホークアイ	152
ノースロップ・グラマン EA-6B プラウラー	155
ノーフォーク海軍基地	39
乗組員	118、130

は

バーティゴ	76
ハーミーズ	12、42
バーミンガム	10
パイクリート	50
売店	128
パイロット	118
パイロン	88
爆撃	138
爆弾投下アーム	138
薄暮攻撃	76
爆雷	176
バッカニア	142
発艦	62、66、68、76
発艦速度	62
ハボクック	50
ハリアー	146
ハリアーII	146
ハリケーン・バウ	82
はるな	36
パンサー	144
ハンター・キラー	36
汎用駆逐艦	36
ピケット艦	170、173
飛行甲板	8、54、56
飛行隊	200
飛行艇母艦	21
飛行前点検	87
ヒットアンドアウェイ戦法	190
ひゅうが	36、200、216
日向	50
費用	46
氷山空母	50
飛龍	19
貧者の空母	22
ファーストフード	124
ファイター	148
ファランクス	100
ファン・カルロス1世	40、214
フィットネスジム	128
フードル	10
フェニックス	144
フォークランド諸島	220
フォークランド戦争	34、220
フォージャー	147
フォッシュ	42
フォレスタル級	16、38、218
武器	88
武器庫	88
武器昇降用エレベーター	88
複座	134
復水器	98
福利厚生	128
武装	100、102
フック	132
物資補給	109
フューリアス	10、12
フライトデッキ・コントローラー	91
フライトデッキ・コントロール	90、93

235

項目	ページ
プライマリー・フライト・コントロール	91
プラウラー	154
ブラジル	42
フラッグ・ブリッジ	90
ブラックバーン・バッカニア	143
フランス	40
ブリッジ	90、93
プリンシペ・デ・アストゥリアス	40
プレゼンス	208
ブレマートン海軍基地	39
ブロック建造方式	112
分解整備	86
ベアルン	12
米海軍	212
閉鎖式格納庫	82
平射砲	102
ペイロード	22
ベインティシンコ・デ・マヨ	117、221
ベッド	122
ベトナム戦争	38、218
ヘリ強襲揚陸艦	21
ヘリ空母	20
ヘリ搭載駆逐艦	21
ヘリ搭載護衛艦	21、36、48
ベル・ボーイングV-22オスプレイ	159
ヘルキャット	140
ペルシャ湾	213
ボイラー	96
砲艦外交	24、208
防空システム	174
鳳翔	12、116
坊ノ岬沖海戦	195
飽和攻撃	168
ホークアイ	152
ボーグ級	28
ポーツマス海軍基地	41
ホーネット	148
補給	108
補給艦	108
補助空母	20、30
ポップアップ	205
ホバークラフト型揚陸艇	44
ボムキャット	225

ま

項目	ページ
真水	109、110
マリアナ沖海戦	192
マリアナの七面鳥撃ち	192
マルタ島	198
マルチロール艦載機	148
マルチロール機	24、142、148
満水排水量	19
ミートボール	77
ミサイル	88、100、168
ミサイル艇	9
ミッドウェー	223
ミッドウェー海戦	190
ミッドウェー級	16、38、56
三菱 SH-60K	157
三菱 零式艦上戦闘機 21型	141
密閉式艦首	82
南太平洋海戦	27
無害通航権	213
無人偵察機	150
メスデッキ	124
メニュー	124
メンテナンス	114
モスクワ級	36、42
モスボール	116
モニタリング・ルーム	90

や

項目	ページ
ヤーマス	10

夜間	76
夜間離着陸訓練	76
薬局	126
大和	194
ヤンキーステーション	218
油圧式カタパルト	64
誘導装置	72
郵便局	128
輸送空母	21
輸送船団	199
洋上航空戦力	216
洋上補給	108
揚陸艇	44
揚力	62
ヨークタウン	12
横須賀基地	39
予備役	116

ら

雷撃	136、182
雷撃機	134、136
ライトニングⅡ	146
落下式増槽	133
ラック	88
ラテックス	56
ラングレイ	12
ランチ・バー	68
ランチャー	88
ランドリー	128
リオデジャネイロ海軍工廠	43
陸上機	11、132
リフトエンジン	146
竜骨	112
龍驤	19
遼寧	42、216
両用砲	102
リンクシステム	94
輪形陣	170、173
ルワル海軍基地	43
零式艦上戦闘機	140
冷戦	34、218
レーダー	94、152、154
レーダードーム	152
レーダーピケット艦	173
レキシントン	12、102
レシプロエンジン	152
レンジャー	12
練習空母	21
ローテーション	114
ロシア	42
ロタ海軍基地	41
ロッキード・マーチンF—35BライトニングⅡ	147
ロナルド・レーガン	33
ロング・アイランド	28

わ

ワードルーム	124
若宮	10
ワシントン海軍軍縮条約	162
ワスプ級	44
ワリヤーグ	42、216
湾岸戦争	38、222

参考文献

『福井静夫著作集 軍艦七十五年回想記 第3巻 世界空母物語』 福井静夫 著／阿部安雄、戸高一成 編 光人社
『福井静夫著作集 軍艦七十五年回想記 第7巻 日本空母物語』 福井静夫 著／阿部安雄、戸高一成 編 光人社
『空母ミッドウェイ アメリカ海軍下士官の航海記』 ジロミ・スミス 著 光人社
『空母入門 動く前線基地徹底研究』 佐藤和正 著 光人社
『護衛空母入門 その誕生と運用メカニズム』 大内建二 著 光人社
『間に合った兵器 戦争を変えた知られざる主役』 徳田八郎衛 著 光人社
『グラマン戦闘機 零戦を駆逐せよ』 鈴木五郎 著 潮書房光人社
『写真集 日本の戦艦』「丸」編集部 編 光人社
『トム・クランシーの空母 (上、下)』 トム・クランシー 著／町屋俊夫 訳 東洋書林
『図解 軍艦』 高平鳴海、坂本雅之 著 新紀元社
『図解 戦闘機』 河野嘉之 著 新紀元社
『歴群 [図解] マスター 航空母艦』 白石光、おちあい熊一 著 学研パブリッシング
『知られざる空母の秘密 海と空に展開する海上基地の舞台裏に迫る』 柿谷哲也 著 ソフトバンククリエイティブ
『軍用機パーフェクトbook.2』 安藤英彌、後藤仁、嶋田久典、谷井成章 著 コスミック出版
『世界の傑作機別冊 世界の空母』 坂本明 著 文林堂
『世界の傑作機別冊 アメリカ海軍機1909-1945』 野原茂 著 文林堂
『世界の艦船別冊 世界の空母ハンドブック』 海人社
『世界の艦船増刊 アメリカ航空母艦史』 海人社
『別冊ベストカー 空母マニア！』 三推社
『アメリカ海軍「ニミッツ」級航空母艦』 イカロス出版
『日本の防衛戦略』 江畑謙介 著 ダイヤモンド社
『ミサイル事典』 小都元 著 新紀元社
『ゲームシナリオのためのミリタリー事典』 坂本雅之 著 ソフトバンククリエイティブ
『空母決戦のすべて～激突!! 日米機動部隊～』 坂本雅之、坂東真紅郎、竹内修、奈良原裕也 エンターブレイン
『マルタ島攻防戦』 ピーター・シャンクランド、アンソニー・ハンター 著／杉野茂 訳 朝日ソノラマ
『日本海軍空母vs米海軍空母 太平洋1942』 マーク・スティル 著／待兼音二郎、上西昌弘 訳 大日本絵画
『同一縮尺「世界の空母」パーフェクトガイド』 太平洋戦争研究会 著 世界文化社
『戦争のテクノロジー』 ジェイムズ・F. ダニガン 著／小川敏 訳 河出書房新社
『真相・戦艦大和ノ最期』 原勝洋 著 ベストセラーズ
『第二次大戦海戦事典』 福田誠、光栄出版部 編 光栄
『軍事学入門』 防衛大学校・防衛学研究会 編著 かや書房
『平成23年版 日本の防衛 ―防衛白書―』 防衛省 著 ぎょうせい
『戦史叢書 南東方面海軍作戦〈1〉―ガ島奪回作戦開始まで―』 防衛庁防衛研修所戦史室 編 朝雲新聞社

『第二次世界大戦 全作戦図と戦況』 ピーター・ヤング 編著／戦史刊行会 編訳　白金書房
『ライフ大空への挑戦 日米航空母艦の戦い』 クラーク・G・レイノルズ 著／堀元美、小秋元龍 訳　タイムライフブックス
『続軍用機知識のABC』 イカロス出版
『「アメリカ空母」完全ガイド』 潮書房光人社
『徹底解剖！ 世界の最強海上戦闘艦』 洋泉社
『軍事研究』 ジャパン・ミリタリー・レビュー
『丸』 潮書房光人社
『世界の艦船』 海人社
『エアワールド』 エアワールド

『The Official History of the Falklands Campaign』 Lawrence Freedman (Author)　Routledge
『Carrier: A Guided Tour of an Aircraft Carrier』 Tom Clancy (Author)　Berkley Trade
『Conway's All the World's Fighting Ships 1922-1946』 Roger Chesneau (Author)　Conway Maritime Press
『Fleet Tactics and Coastal Combat 2nd Edition』 Wayne P. Hughes (Author)　Naval Institute Press
『History of United States Naval Operations in World War II: Volume III The Rising Sun in the Pacific』 Samuel Eliot Morison (Author)　Little, Brown and Company
『History of United States Naval Operations in World War II: Volume XIV Victory in the Pacific』 Samuel Eliot Morison (Author)　Little, Brown and Company
『Battles and Campaigns: Mapping History』 Malcolm Swanston (Author)　Cartographica Press
『War in Peace: An Analysis of Warfare Since 1945』 Robert Thompson (Author)　Orbis Publishing
『The Naval Institute Guide to Combat Fleets of the World, 16th Edition』 Eric Wertheim (Author)　Naval Institute Press
『Naval Institute Proceedings』 Naval Institute Press

F-Files No.045

図解 空母

2014年6月4日 初版発行

著者	野神明人（のがみ　あきと）
	坂本雅之（さかもと　まさゆき）
本文イラスト	福地貴子
図解構成	福地貴子
編集	株式会社新紀元社 編集部
DTP	株式会社明昌堂
発行者	藤原健二
発行所	株式会社新紀元社
	〒160-0022　東京都新宿区新宿1-9-2-3F
	TEL：03-5312-4481
	FAX：03-5312-4482
	http://www.shinkigensha.co.jp/
	郵便振替　00110-4-27618
印刷・製本	株式会社リーブルテック

ISBN978-4-7753-1235-3
本書記事およびイラストの無断複写・転載を禁じます。
乱丁・落丁本はお取り替えいたします。
定価はカバーに表示してあります。
Printed in Japan